服装设计
与制板系列

服装CAD制板
实用教程（第五版）

马仲岭◎主编

马仲岭 李祥丽◎编著

人民邮电出版社

北京

图书在版编目（CIP）数据

服装CAD制板实用教程 / 马仲岭主编；马仲岭，李
祥丽编著. -- 5版. -- 北京：人民邮电出版社，
2023.3
（服装设计与制板系列）
ISBN 978-7-115-59456-3

Ⅰ. ①服… Ⅱ. ①马… ②李… Ⅲ. ①服装设计－计
算机辅助设计－AutoCAD软件－教材 Ⅳ. ①TS941.26

中国版本图书馆CIP数据核字(2022)第103042号

内 容 提 要

本书以富怡服装 CAD V10.0 为基础，系统地介绍如何进行服装的制板、放码、排料等操作。本书案例均采用经典的服装款式，搭配结构图、放缝图、推板图，结合服装 CAD 软件的各种功能，通过具体的操作步骤一步步地指导读者设计服装。

本书既可作为各服装院校的服装 CAD 软件教材，也可作为从事服装行业的人员提高技能的培训教材，还可作为广大服装设计爱好者的参考用书。为方便读者自学，本书配套资源包含富怡服装 CAD Super V8 免费版软件、书中案例的结果文件及部分实例操作的动画教学文件。

◆ 主　编　马仲岭
　 编　著　马仲岭　李祥丽
　 责任编辑　李永涛
　 责任印制　王　郁　胡　南
◆ 人民邮电出版社出版发行　　北京市丰台区成寿寺路 11 号
　 邮编　100164　电子邮件　315@ptpress.com.cn
　 网址　https://www.ptpress.com.cn
　 北京天宇星印刷厂印刷
◆ 开本：787×1092　1/16
　 印张：20　　　　　　　　　2023 年 3 月第 5 版
　 字数：465 千字　　　　　　2023 年 3 月北京第 1 次印刷

定价：69.90 元

读者服务热线：(010)81055410　印装质量热线：(010)81055316
反盗版热线：(010)81055315
广告经营许可证：京东市监广登字 20170147 号

前　言

服装 CAD 软件的使用可以切实改善服装企业的生产环境，提高生产效率，增加生产效益；还可以拓展设计师的思路，降低样板师的劳动强度，提高裁剪的准确性。使用服装 CAD 软件可以随时对样图进行调用及修改，充分体现了服装工作的技术价值。因此，对于现代服装企业而言，从业人员学习和掌握服装 CAD 软件的使用已成当务之急。

本书第一版自 2006 年出版以来，受到了广大读者的欢迎。许多高等院校、中等职业学校和培训机构将其作为数字化服装设计的专业教材，许多读者提出了宝贵的意见和中肯的建议，在此对所有关注数字化服装设计教育的朋友表示衷心感谢。

根据前几版的使用情况和读者的意见，以及目前服装设计技术的发展情况，我们对书中内容再次进行修订。本书所有案例都是以富怡（Richpeace）服装 CAD V10.0 为基础进行讲解的。

本次改版主要具有以下特点。

（1）本书以日本新文化式服装原型为基础，讲述如何运用服装 CAD 软件进行制板、放码、排料。日本新文化式原型即日本文化服装学院推出的第八代文化式服装原型，该原型近年来在国内服装院校被广泛运用于教学。它增加了多个省道设计，省道位置合理，造型更加贴合人体。新原型上衣和袖子的制板看起来比旧原型更复杂，但是只要掌握了原型的绘制方法，接下来的款式结构设计就比运用旧原型方便多了。本书不仅详细讲解了新文化式女装原型的绘制方法，还在第 4 章末尾附上新文化式男装原型制板图、新文化式童装原型制板图，帮助读者进一步尝试男装制板与童装制板。

（2）本书基于富怡服装 CAD V10.0 版本编写。在本书配套资源中提供了富怡服装 CAD Super V8 免费版，其基本功能与 V10.0（正式版）相同，可以保存文件，可以 1∶1 输出绘图，还可以直接用于服装的生产与加工。

与旧版软件相比，新版软件在功能和操作上都有很大的改变。新版软件将制板系统与放码系统整合成设计与放码系统。操作工具中的【智能笔】工具具有更多的功能，结合鼠标右键、【Shift】键，可以自由切换丁字尺、曲线、折线、平行线、延长线、调整、复制、删除、圆规、偏移、水平垂直线、矩形等 20 多种功能，使用起来更加方便。新版软件的放码简化为"点放码"方式，并增加了显示放码标注功能，使放码数据一目了然。新版软件的设计与放码系统中增加了播放演示工具。只要选择该工具，单击大部分图标，都会自动播放有声视频，极其方便。新版软件的排料系统中增加了超级排料工具，不过需要另外购买。

本书共 15 章：第 1 章介绍服装 CAD 制板的基础知识；第 2 章介绍富怡服装 CAD 的使用方法；第 3 章介绍富怡服装 CAD 公式法操作；第 4 章介绍服装原型 CAD 制板；第 5 章至第 10 章分别介绍省道、分割线、褶裥、领型、袖型、短裙的 CAD 制板；第 11 章介绍女式衬衫 CAD 制板；第 12 章介绍服装 CAD 放码；第 13 章介绍服装 CAD 模板制作；第 14 章、第 15 章分别介绍服装 CAD 排料与超级排料。本书的附录列有 CAD 系统的快捷键。

　　本书的出版得到了富怡集团深圳市盈瑞恒科技有限公司的大力支持。另外，本书还参考了富怡公司独家授权的用户手册，该手册对富怡服装 CAD 软件系统进行了详细而直观的介绍。在此一并向他们表示深深的谢意。

　　本书可作为服装院校的服装 CAD 软件教材，也可作为相关企业对员工进行培训的技术参考书。即使是对计算机操作不太熟悉的读者，也可以按照本书提供的方法在计算机上自学。本书的附赠资源中不仅有免费的富怡服装 CAD Super V8，还有书中案例的结果文件及部分实例操作的动画教学文件。

　　读者在学习本书的过程中如果遇到问题，可与本书作者之一李祥丽老师（QQ：1804671058）联系交流。

作者

2022 年 2 月

目　　录

第 1 章

服装 CAD 制板概述

随着计算机技术的飞速发展，计算机辅助设计被广泛应用于商业、工业、医疗、艺术设计、娱乐等各个领域。目前，计算机技术已经被应用到从服装设计到制作的大部分工序中。计算机技术在服装领域的应用主要包括 3 个方面：服装计算机辅助设计（Garment Computer Aided Design，服装 CAD）、服装计算机辅助制造（Garment Computer Aided Manufacture，服装 CAM）、服装管理信息系统（Garment Management Information System，服装 MIS）。其中，服装 CAD 系统包括款式设计、样片设计、放码、排料、人体测量、试衣等功能；服装 CAM 系统包括裁床技术、智能缝纫、柔性加工等功能；服装 MIS 的功能是对服装企业中的生产数据、销售数据、财务数据等进行管理。随着经济的发展，现代服装的生产方式由传统的大批量、款式单调转变为小批量、款式多样。服装企业利用计算机技术，可以提高服装的设计质量，缩短服装的设计周期，获得较高的经济效益，降低劳动强度，便于生产与管理。

 ## 1.1　认识服装 CAD

服装 CAD 是利用计算机的软、硬件技术，对服装产品和服装工艺按照服装设计的基本要求，进行输入、设计及输出等操作的一项专门技术，是一项集计算机图形学、数据库、网络通信等计算机领域和其他领域知识于一体的综合高新技术。它被人们称为艺术和计算机科学交叉的边缘学科。传统的服装制作有 4 个过程，即款式设计、结构设计、工艺设计及生产过程。服装 CAD 覆盖了款式设计、结构设计和工艺设计这 3 个过程和生产过程中的放码、排料环节，另外还增加了模拟试衣系统。服装 CAD 能与服装 CAM 结合，实现自动化生产，提高企业的快速反应能力，减少由人工因素带来的失误和差错，并能够显著地提高工作效率和产品质量。服装 CAD 技术融合了设计师的思想、技术和经验，利用计算机强大的计算能力，使服装设计更加科学、高效，为服装设计师提供了一种现代化的工具。服装 CAD 技术是未来服装设计的重要手段。

1.1.1　服装 CAD 系统的组成

服装 CAD 系统主要包括款式设计系统（Fashion Design System）、结构设计及推板设计系统（Pattern Design and Grading Design System）、排料设计系统（Marking Design System）和试衣设计系统（Fitting Design System）。

> **注：**
>
> 大部分服装 CAD 系统的打板与推板为同一个界面，其中公式法可以实现自动放码。

一、款式设计系统

款式设计系统的主要目标是辅助服装设计师设计出新的服装款式。款式设计系统是应用计算机图形学和图像处理技术，为服装设计师提供一系列完成服装设计和绘图的工具。款式设计系统的功能包括以下几个方面：提供各种工具来绘制服装画、款式图、效果图，或者调用款式库内的样式进行修改并生成需要的图样；提供工具来生成新的图案，并将其填充到指定的区域，或者调用图案库内的图案以形成印花图案；调用图形库的零部件并对其进行修改，再将其装配到服装上；模拟织布，并可将织物放在模特身上模拟着装，显示出褶皱、悬垂、蓬松等效果。

用计算机进行款式设计的优势在于：计算机内可存储大量的款式、图案，可以快速对它们进行调用和修改；不制作服装就能看到设计效果，缩短了开发的时间。

某款式设计系统的操作界面如图 1-1 所示。

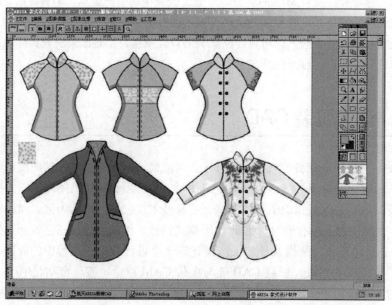

图 1-1

二、结构设计及推板设计系统

结构设计及推板设计系统也就是打板及放码（也称开样放码）系统，主要包括衣片的输入，各种点、线的设计，衣片的绘制、生成、自动放码、手动放码、输出等功能。

衣片的输入可使用结构设计及推板设计系统里的工具，通过输入公式或具体数据来确定；也可以用数字化仪、扫描仪、照相机等输入。

结构设计及推板设计系统中的点、线工具用于完成各种辅助直线、自由曲线的绘制，通过点、线生成衣片的外轮廓、内部分割线、加工标志。结构设计及推板设计系统能够对生成的衣片进行省道分割、省道转移、褶展开等结构变化，同时还能精确测定直线和曲线的长度。

衣片生成后，可以对衣片进行对折、旋转、分割、加缝边等处理；用公式法自动完成放码，用自由法按样板师平时的操作习惯来进行放码。

可以通过绘图机、切割机等输出衣片，生成文件后传入排料设计系统进行下一步生产操作。

用计算机进行结构设计及推板设计的优势在于：计算机可以存储大量的纸样，方便保存和修改，占用空间很少，易于查找。

富怡服装 CAD 结构设计及推板设计系统的操作界面如图 1-2 所示。

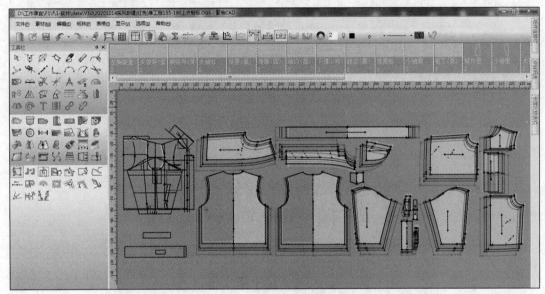

图 1-2

三、排料设计系统

排料设计系统可分为交互排料、自动排料与超级排料三大类。交互排料是由操作者根据不同种类和不同型号的衣片，通过平移、旋转等操作来制作排料图。自动排料是计算机根据用户的设置，让衣片寻找合适的位置自动靠拢已排好的衣片或布边。超级排料目前属于国际领先技术，只需给定时间与布料利用率，系统即可在短时间内完成一个唛架，且利用率可以达到甚至超过手工排料的利用率。

计算机排料的优势在于：可多次试排，精确计算各种排料方法的用布率，从而找出最优方法；减少漏排、重排、错排的次数；减少排料人员来回走动的工作量；缩小排料工作占用的厂房面积；排料图可存储在计算机内以便对其进行各方面的管理，或传输给计算机裁床直接进行裁剪。

某排料设计系统的操作界面如图 1-3 所示。

四、试衣设计系统

试衣设计系统是通过数码相机或连接在计算机上的摄像机输入顾客的形象，然后将计算机内存储的服装效果图自动"穿"在顾客身上，显示出着装效果。这样不需要提供真实的样衣，就能起到促销和导购的作用。

某试衣设计系统的操作界面如图 1-4 所示。

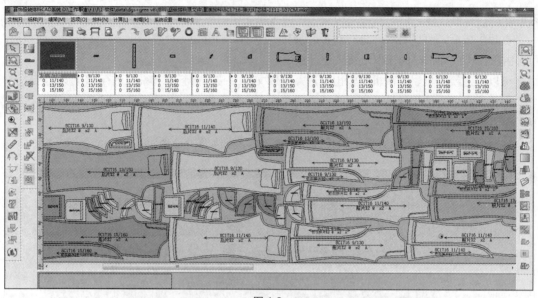

图 1-3

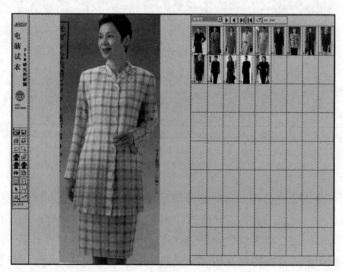

图 1-4

1.1.2 服装 CAD 系统的硬件

服装 CAD 系统以计算机为核心，由软件和硬件两大部分组成。硬件包括计算机、数码相机、摄像机、扫描仪、手写板、数字化仪、打印机、绘图仪、计算机裁床等设备。其中，计算机里的服装 CAD 软件起核心控制作用；其他的设备统称为计算机外部设备，分别执行输入、输出等特定功能。

1. 计算机：包括主机、显示器、键盘、鼠标等，操作系统可以是 Windows 7/Windows 8/Windows 10；显卡根据显示器的分辨率选配，高分辨率的显示器最好使用独立显卡；硬盘空间至少要有 500GB；内存容量要在 8GB 以上。

2．数码相机、摄像机、扫描仪：用这些设备可以方便地输入图像。例如，拍摄顾客、模特的外形，或者拍摄服装、布料、图案、零部件，并将图像输入计算机，以便进行款式设计。

3．手写板：与鼠标的用途相似，主要用于屏幕光标的快速定位；它的分辨率很高，而且定位也十分精确，可用于结构设计中的数据输入等。

4．数字化仪：一种图形输入设备，在服装 CAD 系统中，往往采用大型数字化仪作为服装样板的输入工具，它可以迅速将企业纸样或成衣输入计算机中，并修改、测量及添加各种工艺标识，读取数据方便，定位精确，如图 1-5 所示。

5．打印机：可以打印彩色效果图、款式图，或者打印小比例的结构图、放码图、排料图。

6．绘图仪：一种输出 1∶1 纸样和排料图的必备设备，大型的绘图仪有笔式、喷墨式、平板式和滚筒式 4 种；绘图仪可以根据不同的需要使用 90～220cm 宽幅的纸张；图 1-6 所示为喷墨式绘图仪。

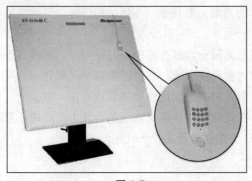

图 1-5

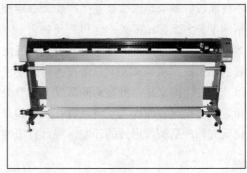

图 1-6

7．计算机裁床：按照服装 CAD 排料设计系统的文件对布料进行自动裁切，可以最大限度地使用服装 CAD 排料设计系统的文件，实现高速度、高精度、高效率的自动切割，如图 1-7 所示。

图 1-7

1.2 国内外服装 CAD 的发展状况

服装 CAD 是 20 世纪 60 年代初在美国发展起来的，到了 20 世纪 70 年代，亚洲的纺织服装产品冲击西方市场，西方国家的纺织服装工业为了摆脱危机，在计算机技术高速发展的背景下，加快了服装 CAD 系统的研制和开发。服装 CAD 系统作为现代设计工具，是计算机技术与传统服装行业结合的产物。

最早使用的服装 CAD 系统是美国于 1972 年研制的 MARCON 系统。在此基础上，美国格柏（Gerber）公司研制出一系列服装 CAD 系统并将其推向国际市场，这在 CAD 领域引起了不错的反响，并引发了其他公司对服装 CAD 系统的研制热潮。短短几年内，便有十多个国家的几十套有影响的服装 CAD 系统在世界范围内进行激烈的市场竞争。

我国的服装 CAD 技术起步较晚，在"六五"计划期间才开始研究服装 CAD 技术；进入"七五"计划之后，服装 CAD 产品有了一定的雏形，但还是只停留在院校的实验室和研究单位的攻关项目上；到"八五"计划后期才真正推出我国自己的商品化服装 CAD 产品。国内服装 CAD 产品虽然在开发、应用的时间上比国外产品晚，但发展速度非常快。我国自行设计的服装 CAD 产品不仅能很好地满足服装企业生产和大专院校教学的需求，而且在实用性、适用性、可维护性和更新速度等方面都比国外产品更具优势。

虽然国内服装 CAD 技术的发展速度很快，但还局限于二维技术的工具性应用。服装打板纸样智能化系统和服装 CAD 三维技术的研发现已成为世界性课题，各个国家都处在研究、开发阶段。一些发达国家在三维技术的研发上已有突破，但是离满足实用性的需求还有很大的差距。近几年，我国在这方面投入了巨资进行研究和开发，在打板纸样智能化系统的研发上已完成了基础理论研究和产品初级形式的开发，现已有服装 CAD 三维技术产品投入使用。

1.3 服装生产过程

现代服装生产过程是一个成衣的生产过程。成衣是指按标准号型批量生产的成品服装。现代服装生产在组织形式上分为设计、生产和销售三大部门。设计部门的工作是：收集、分析市场信息；选用面料、辅料；设计单件成品；打出基本样板，制作样衣；进行成本分析；确定基本样板后，根据款式采用不同的号型规格对基本样板进行缩放，把缩放后的每个样板排放在纸上，并画出排板图。生产部门的工作是：按排板图铺上布料并进行裁剪，将裁剪后的衣片分配到生产流水线的各个岗位。生产流水线又包含缝制、熨烫、检验、包装等工序。销售部门的工作是：销售，提供售前、售中、售后服务。

1.3.1 样板

样板即"纸样""板型"。样板以平面的形式表现服装的立体形态，它是以服装结构制图为基础制作出来的。样板包括用于单件生产的定制服装样板和用于批量生产的工业样板。在现代服装生产的过程中，往往采用不同的规格尺寸，批量生产同一款式的服装，且要求服装工业样板全面、准确、标准。

制板即制作服装工业样板，又称"打板""开样"。制板的方法有立体裁剪、平面制图等。平面制板的过程是参照款式图或者样衣，先绘制各个衣片和零部件的净样板，再加放缝份、折边等，成为毛样板。这个毛样板称为"基础板"，又称"头板""母板""标准板"。

一、制板的程序

1．根据效果图、款式图或样衣，分析服装的造型、放松度，分析服装各部位的轮廓线、分割线、零部件的形状和位置，分析服装的开合部位、缝制方法，并选用面料和辅料。

2．选择产品的规格尺寸。内销产品的规格尺寸可按照国家号型标准系列规格选择，外销产品的规格尺寸可按销售目的国的号型标准系列规格选择。另外，还可以按客户的要求选择产品的规格尺寸。

3．绘制样板结构图。根据款式特点选用适宜的绘制方法，有原型法、比例法、立体造型法等，绘制出衣片及各种零部件和辅料纸样。

4．样板放缝。根据选用的面料、辅料和缝制方法，给各个纸样加放缝份和折边。

5．加定位标记。定位标记有剪口、孔眼等。

二、样板的说明

样板上还需要加上一些必要的文字说明和标注。如果是单片不对称的样板，其文字说明一律标注在实际部位的反面，使生产能更准确地进行。样板上的文字说明包括以下几点。

1．产品编号及款式名称。

2．号型规格。

3．样板的结构、部件名称。

4．标明面、里、衬、袋布等使用的材料。

5．左右不对称的产品，要在样板上标明左、右、上、下及正、反等的区别。

6．丝缕的方向，倒顺标记。

7．标明裁剪的片数。

8．其他必要的说明。例如，需要利用面料布边的位置。

1.3.2　推板

推板是制板的后续步骤。推板就是使用基本样板，按照相应的号型系列规格，兼顾款式外形，对基本样板进行缩放；再绘制出不同尺寸的系列样板，以满足不同体型顾客的需要。推板也称为"推档""放码""扩号"等。

推板的依据是产品的号型系列规格。推板的主要任务是根据样板的号型系列规格，找出各部位的档差，以基本样板的各点为依据进行推移、缩放。推板后样板的造型、款式与基本样板的造型、款式必须相同或相近。因此，分析和计算各部位的档差是处理产品规格时最重要的一环。

推板时要找两条互相垂直的基准线，在对各个号型的样板进行推板时要与这两条基准线对齐。以这两条基准线的交点为坐标原点，对各个号型的样板进行纵横平移。

推板后要核对领圈与衣领、袖窿与袖山的大小是否一致，检验各条弧线是否圆滑，有没有变形。

一、基本样板的选用

1．一般以中间号型的样板为基本样板，分别向小号型和大号型缩放，这样可以减少误差。

2．将最大号和最小号的样板作为基本样板，从样板中选定两条互相垂直的基准线，将最大号和最小号的样板重叠在一起，中间号型的样板用平行和等分的方法绘制出来，这种方法叫等分绘制法，其最大的特点是不用计算档差。

二、基准线的选用

1. 选取主要部位的结构线。

2. 选取直线或曲率小的弧线。

3. 选取纵向和横向上两条互相垂直的线。

4. 要有利于推板后各号型样板的轮廓线拉开距离，避免各号型样板的轮廓线距离太近、重叠或交叉。

1.3.3　排板

排板就是在同一种布料上，用最小的面积摆放所有的样板。

排板是铺布、划样、裁剪的依据，通过排板可以知道用料的准确长度，避免材料的浪费。排板要根据款式要求和制作工艺决定每个样板的排列位置。

一、样板的正反

面料分为正反两面，服装衣片多数是左右对称的。左右对称的两个样板只需要绘制其中一个，但在排板的时候要一正一反地排两次。如果是单个不对称的样板，其标注的文字说明应该与面料的反面在同一个面上。

二、样板的方向

面料的经向挺拔垂直，不易伸长变形，此方向应为服装上受力较大的方向，例如样板中衣长、袖长、裤长、裙长的方向，腰带、吊带等带状部件的长度方向，以及贴边、牵条、嵌条等零部件的长度方向。面料的纬向略有伸长，此方向应为服装上较柔软的部位的方向，例如样板中胸围、臀围等围度的方向，还有翻领、袋盖等零部件也常用横丝缕来制作。面料的斜向弹性较大，悬垂性好，有较大变形，此方向应为服装上需要变形或有褶皱的部位的方向，例如镶边、滚边等布条的方向，另外，有时裙子、上衣、衣领也用斜丝缕来制作。在摆放样板时，样板上的丝缕标记应该与面料的经向一致，倾斜误差不大于 1cm。

当服装使用易起毛、起绒的面料时，要注意样板的摆放方向要一致，不能首尾互换，因为面料的绒毛有倒、顺两个方向，从不同的方向看面料，色泽不同，手感也不同。面料的绒毛倒着时光泽暗，服装看起来新；面料的绒毛顺着时光泽亮，服装看起来旧。所以样板一般按绒毛倒着的方向摆放。另外，当使用风景或人物图案的面料时，样板的摆放方向也要一致，避免图案倒置。

三、样板的位置

由于印染技术的问题，服装面料往往会存在色差。为了避免色差，在排板时，应该将同一件服装的各个部件尽量靠在一起。距离越大，色差可能越大。

当服装使用条格面料，并且条格宽度大于 1cm 时，在排板时就要对条对格。对条对格要求按照款式设计，将两个样板上对应的部位摆放在条格对应的位置，使两个样板相接后，样板上的图案连贯。对条对格使各个样板摆放的位置受到了很大的限制，因此需要使用较多的面料。

四、排板的原则

1. 先大后小。先排好主要的、较大的样板，再把次要的、较小的样板插放在空隙中。

2. 形状相对。样板的边线各不相同，排板时要根据样板的形状采取直对直、斜对斜、凹对凸等方法，尽量减少样板之间的空隙。

3．合并缺口。有的样板有凹形缺口，但缺口太小，放不下其他部件，造成面料的浪费。这时可以将两个样板的缺口合并在一起，使样板之间的空隙增大，以摆放小的样板。

4．大小搭配。将大小不同的样板互相搭配，统一摆放，节约用料。

 ## 1.4　服装制板术语

1．原型样板（Basic Pattern）：指上衣、袖子、裙子、裤子等的基本样板，不加任何设计元素，一般不加放缝份。各个国家和地区都有自己的原型样板：日本分为女装原型样板、男装原型样板和童装原型样板；美国按年龄将女装分为妇女原型样板、少女原型样板；英国按服装款式分为衬衣原型样板、外套原型样板、针织原型样板等。

2．工业样板（Production Pattern）：已经修改完善的样板，包括完成整套服装的所有样板，并加有缝份、剪口等记号，用于推板和排料。

3．推板（Pattern Grading）：按相应的号型系列规格，将基本样板成比例地放大或缩小。

4．排料图（Pattern Marker）：将同一次裁剪的所有衣片排放在图纸上形成的图。

5．省道（Dart）：服装样板上用于缝合或会被剪掉的楔形部分，省道是使布料合在一起的部分。

6．褶裥（Pleat）：服装样板上要折进去的部位。与省道不同的是，褶裥的一端缝死，另一端散开。

7．覆势（Yoke）：也叫过肩、覆肩、育克，连接前后衣片的肩部衣片。

8．袖头（Cuff）：也叫克夫，缝在袖口的部件。

9．止口（Front Edge）：也叫门襟止口，指成衣门襟的外边沿。

10．缝份（Seam Allowance）：为了缝合两块布料而在样板边缘褶加的部分。

11．剪口（Notch）：在缝份上增加的切口，是缝合布料时的记号。

12．孔眼（Dot）：在样板上开的小孔，表示省尖或袋位等标记。

 ## 1.5　服装规格

在服装生产的过程中，规格与参考尺寸是很重要的，它们是制板和推板的依据。不同的国家和地区使用不同的服装规格。

1.5.1　女装规格

一、我国女装规格

我国女装规格用号型来表示。号指人体的身高，是服装长度的参考依据。型指人体的胸围或腰围，是服装围度的参考依据。我国于 2008 年公布了新的服装号型标准，将成年男女的体型分为 Y、A、B、C 这 4 种。以身高的数值为号，以胸围或腰围的数值为型。新标准设置了身高以 5cm 分档，胸围以 4cm 分档，腰围以 4cm、2cm 分档。身高与胸围搭配组成 5·4 号型系列，身

高与腰围搭配组成 5·4 和 5·2 号型系列。我国成年女子的 4 种体型如表 1-1 所示。

表 1-1　　　　　　　　　　　　　　我国成年女子的 4 种体型

体型分类代号	Y	A	B	C
胸围与腰围之差/cm	19～24	14～18	9～13	4～8

注：根据国家标准，数值采用整数形式。

新标准对服装设置了身高以 5cm 分档、胸围以 4cm 分档的 5·4 号型系列。在 5·4 号型系列中，Y、B、C 这 3 种体型，胸围的一个数值搭配了腰围的两个数值；A 体型，胸围的一个数值搭配了腰围的 3 个数值，间隔为 2cm。因此下装就腰围而言，是以 2cm 分档的，从而形成了 5·2 号型系列。

我国成年女子各体型、各成衣号型系列如表 1-2～表 1-5 所示。

表 1-2　　　　　　　我国成年女子 Y 体型 5·4/5·2 成衣号型系列　　　　　　单位：cm

身高 / 腰围

胸围	145	145	150	150	155	155	160	160	165	165	170	170	175	175	180	180
72	50	52	50	52	50	52	50	52								
76	54	56	54	56	54	56	54	56	54	56						
80	58	60	58	60	58	60	58	60	58	60	58	60				
84	62	64	62	64	62	64	62	64	62	64	62	64	62	64		
88	66	68	66	68	66	68	66	68	66	68	66	68	66	68	66	68
92			70	72	70	72	70	72	70	72	70	72	70	72	70	72
96					74	76	74	76	74	76	74	76	74	76	74	76
100							78	80	78	80	78	80	78	80	78	80

表 1-3　　　　　　　我国成年女子 A 体型 5·4/5·2 成衣号型系列　　　　　　单位：cm

身高 / 腰围

胸围	145	145	145	150	150	150	155	155	155	160	160	160	165	165	165	170	170	170	175	175	175	180	180	180
72				54	56	58	54	56	58	54	56	58												
76	58	60	62	58	60	62	58	60	62	58	60	62	58	60	62	58	60	62						
80	62	64	66	62	64	66	62	64	66	62	64	66	62	64	66	62	64	66	62	64	66			
84	66	68	70	66	68	70	66	68	70	66	68	70	66	68	70	66	68	70	66	68	70			
88	70	72	74	70	72	74	70	72	74	70	72	74	70	72	74	70	72	74	70	72	74	70	72	74
92				74	76	78	74	76	78	74	76	78	74	76	78	74	76	78	74	76	78	74	76	78
96							78	80	82	78	80	82	78	80	82	78	80	82	78	80	82	78	80	82
100										82	84	86	82	84	86	82	84	86	82	84	86	82	84	86

表 1-4　　　　　　　我国成年女子 **B** 体型 5·4/5·2 成衣号型系列　　　　　单位：cm

胸围	身高 145		150		155		160		165		170		175		180	
	腰围															
68			56	58	56	58	56	58								
72	60	62	60	62	60	62	60	62	60	62						
76	64	66	64	66	64	66	64	66	64	66						
80	68	70	68	70	68	70	68	70	68	70	68	70				
84	72	74	72	74	72	74	72	74	72	74	72	74	72	74		
88	76	78	76	78	76	78	76	78	76	78	76	78	76	78	76	78
92	80	82	80	82	80	82	80	82	80	82	80	82	80	82	80	82
96			84	86	84	86	84	86	84	86	84	86	84	86	84	86
100					88	90	88	90	88	90	88	90	88	90	88	90
104							92	94	92	94	92	94	92	94	92	94
108									96	98	96	98	96	98	96	98

表 1-5　　　　　　　我国成年女子 **C** 体型 5·4/5·2 成衣号型系列　　　　　单位：cm

胸围	身高 145		150		155		160		165		170		175		180	
	腰围															
68	60	62	60	62	60	62										
72	64	66	64	66	64	66	64	66								
76	68	70	68	70	68	70	68	70								
80	72	74	72	74	72	74	72	74	72	74						
84	76	78	76	78	76	78	76	78	76	78	76	78				
88	80	82	80	82	80	82	80	82	80	82	80	82				
92	84	86	84	86	84	86	84	86	84	86	84	86	84	86		
96			88	90	88	90	88	90	88	90	88	90	88	90	88	90
100			92	94	92	94	92	94	92	94	92	94	92	94	92	94
104					96	98	96	98	96	98	96	98	96	98	96	98
108							100	102	100	102	100	102	100	102	100	102
112									104	106	104	106	104	106	104	106

二、日本女装规格

日本女装规格是参照日本工业标准（Japanese Industrial Standard，JIS）制定的，它的尺寸以身高、围度（胸围、腰围、臀围）来制定。

1. 胸围的分类

胸围的分类如表 1-6 所示。

表 1-6 胸围的分类

号数	3	5	7	9	11	13	15	17	19	21
胸围/cm	74	77	80	83	86	89	92	96	100	104

2．体型的分类

A 体型：标准体型。

Y 体型：臀围比 A 体型小 4cm。

AB 体型：臀围比 A 体型大 4cm。胸围可以增加到 124cm。

B 体型：臀围比 A 体型大 8cm。

3．身高的分类

身高的分类如表 1-7 所示。

表 1-7 身高的分类

身高/cm	142	150	158	166
符号	PP	P（Petit）	R（Regular）	T（Tall）
含义	更矮的	矮的	普通的	高的

三、英国女装规格

英国女装规格采用了中等身高的女性（即身高为 160～170cm 的女性）的量体数值，中等身高是最常见的欧洲女性身高。英国女装规格如表 1-8 所示，这个女装规格表适合欧洲女性。16 号是英国女装规格的中等规格，对于身材偏高或偏矮的女性，在个别尺寸上做了调整。

表 1-8 英国女装规格

规格	8	10	12	14	16	18	20	22	24	26	28	30
胸围/cm	80	84	88	92	97	102	107	112	117	122	127	132
腰围/cm	60	64	68	72	77	82	87	92	97	102	107	112
臀围/cm	85	89	93	97	102	107	112	117	122	127	132	137

四、美国女装规格

美国女装规格将女性服装分成多个系列。

1．女青年服装：适合年轻的、苗条的、匀称的女性；女青年有比少女更长的腰身，以及更丰满的胸部和臀部，但又不是发育成熟的妇女体型。

2．妇女服装：适合更成熟和发育更完全的女性，所有尺寸都较肥大。

3．带有半号的女青年服装：适合发育完全的女性；女青年的三围比例类似于妇女的三围比例。

4．少女服装：适合年轻的、矮小的女性；少女的肩比女青年的肩窄，且胸部较高，腰围较小。

表 1-9 是前两个系列的美国女装规格。

表 1-9 　　　　　　　　　　　　　　　　　　美国女装规格

规格	女青年服装					妇女服装				
	12	14	16	18	20	36	38	40	42	44
胸围/cm	88.9	91.4	95.3	99.1	102.9	101.6	106.7	111.8	116.8	122
腰围/cm	67.3	71.1	74.9	78.7	82.6	77.5	82.6	87.6	92.7	97.8
臀围/cm	92.7	96.5	100.3	104.1	105.4	104.1	109.2	114.3	119.4	124.5

另外，美国女装规格表中的三围尺寸已经包括了基本放松量，其中胸围加放了 6.4cm、腰围加放了 2.5cm、臀围加放了 5.1cm。

1.5.2　男装规格

一、我国男装规格

我国男装规格和女装规格一样，也用号型来表示。

我国成年男子的 4 种体型如表 1-10 所示。

表 1-10 　　　　　　　　　　　　　　我国成年男子的 4 种体型

体型分类代号	Y	A	B	C
胸围与腰围之差/cm	17～22	12～16	7～11	2～6

注：根据国家标准，数值采用整数形式。

1. 中间体的确定

以大量实测的人体数据为基础，通过计算求出的均值即为中间体。在设定服装规格时，必须以中间体为依据建立中间号型，按一定的分档数值，向上下、左右推档，组成规格系列。另外，中间号型的设置应根据各地区的不同情况及服装的销售方向而定，我国成年男子体型的中间体数据如表 1-11 所示。

表 1-11 　　　　　　　　　　　　　我国成年男子体型的中间体数据

体型	Y	A	B	C
身高/cm	170	170	170	170
胸围/cm	88	88	92	96

2. 成衣号型系列

我国成年男子各体型、各成衣号型系列如表 1-12～表 1-15 所示。

表 1-12 　　　　　　　我国成年男子 Y 体型 5·4/5·2 成衣号型系列　　　　　　　单位：cm

胸围	身高															
	155		160		165		170		175		180		185		190	
	腰围															
76			56	58	56	58	56	58								
80	60	62	60	62	60	62	60	62	60	62						

续表

胸围	身高															
	155		160		165		170		175		180		185		190	
	腰围															
84	64	66	64	66	64	66	64	66	64	66	64	66				
88	68	70	68	70	68	70	68	70	68	70	68	70	68	70		
92			72	74	72	74	72	74	72	74	72	74	72	74	72	74
96					76	78	76	78	76	78	76	78	76	78	76	78
100							80	82	80	82	80	82	80	82	80	82
104									84	86	84	86	84	86	84	86

表1-13 　　　　　　　我国成年男子 A 体型 5·4/5·2 成衣号型系列 　　　　　　单位：cm

胸围	身高																							
	155			160			165			170			175			180			185			190		
	腰围																							
72				56	58	60	56	58	60															
76	60	62	64	60	62	64	60	62	64	60	62	64												
80	64	66	68	64	66	68	64	66	68	64	66	68	64	66	68									
84	68	70	72	68	70	72	68	70	72	68	70	72	68	70	72	68	70	72						
88	72	74	76	72	74	76	72	74	76	72	74	76	72	74	76	72	74	76	72	74	76			
92				76	78	80	76	78	80	76	78	80	76	78	80	76	78	80	76	78	80	76	78	80
96							80	82	84	80	82	84	80	82	84	80	82	84	80	82	84	80	82	84
100										84	86	88	84	86	88	84	86	88	84	86	88	84	86	88
104													88	90	92	88	90	92	88	90	92	88	90	92

表1-14 　　　　　　　我国成年男子 B 体型 5·4/5·2 成衣号型系列 　　　　　　单位：cm

胸围	身高																	
	150		155		160		165		170		175		180		185		190	
	腰围																	
72	62	64	62	64	62	64												
76	66	68	66	68	66	68	66	68										
80	70	72	70	72	70	72	70	72	70	72								
84	74	76	74	76	74	76	74	76	74	76	74	76						
88			78	80	78	80	78	80	78	80	78	80	78	80				
92			82	84	82	84	82	84	82	84	82	84	82	84	82	84		
96					86	88	86	88	86	88	86	88	86	88	86	88	86	88
100							90	92	90	92	90	92	90	92	90	92	90	92
104									94	96	94	96	94	96	94	96	94	96
108											98	100	98	100	98	100	98	100
112													102	104	102	104	102	104

表1-15　　　　　　　　我国成年男子 C 体型 5·4/5·2 成衣号型系列　　　　　　　　单位：cm

（表头：胸围；身高 150~190，每一身高下对应两个腰围值）

胸围	150		155		160		165		170		175		180		185		190	
	腰围																	
76			70	72	70	72	70	72										
80	74	76	74	76	74	76	74	76	74	76								
84	78	80	78	80	78	80	78	80	78	80	78	80						
88	82	84	82	84	82	84	82	84	82	84	82	84	82	84				
92			86	88	86	88	86	88	86	88	86	88	86	88	86	88		
96			90	92	90	92	90	92	90	92	90	92	90	92	90	92	90	92
100					94	96	94	96	94	96	94	96	94	96	94	96	96	
104					98	100	98	100	98	100	98	100	98	100	98	100	98	100
108									102	104	102	104	102	104	102	104	102	104
112											106	108	106	108	106	108	106	108
116													110	112	110	112	110	112

二、日本男装规格

日本男装规格是参照日本工业标准制定的，它的尺寸以身高、围度（胸围、腰围、臀围）来制定。在日本，成年男子以胸围与腰围的差（胸腰差）作为划分体型的依据，分为 J、JY、Y、YA、A、AB、B、BB、BE、E 这 10 种体型，其中 A 体型为标准体型。我国的 A 体型相当于日本的 Y、YA、A 体型，B 体型相当于日本的 AB、B 体型，C 体型相当于日本的 BE 体型。日本男装身高代号表如表 1-16 所示。日本男装的号型表示法是"胸围+体型+身高代号"，例如，92A5 是指胸围为 92cm、A 体型、身高为 170cm。

表1-16　　　　　　　　　　　　　　日本男装身高代号表

代号	1	2	3	4	5	6	7	8
身高/cm	150	155	160	165	170	175	180	185

日本男装规格系列表（部分）如表 1-17 所示。

表1-17　　　　　　　　　　　　　日本男装规格系列表（部分）

体型	胸腰差/cm	身高/cm	胸围/cm	腰围/cm	臀围/cm	肩宽/cm	袖长/cm	立裆/cm	下裆/cm	背长/cm
Y	16	155	84	68	85	41	50	23	65	43
		160	86	70	87	42	52	23	68	44
		165	88	72	88	42	53	23	70	46
		170	90	74	90	43	55	24	71	47
		175	92	76	92	45	57	25	74	48
		180	94	78	96	45	58	25	75	50
		185	96	80	98	45	60	26	76	51

续表

体型	胸腰差/cm	身高/cm	胸围/cm	腰围/cm	臀围/cm	肩宽/cm	袖长/cm	立裆/cm	下裆/cm	背长/cm
YA	14	155	84	70	85	40	50	23	64	43
		155	86	72	87	41	51	23	64	43
		160	86	72	88	41	52	23	66	44
		160	88	74	89	42	52	23	66	44
		165	88	74	89	42	53	23	69	46
		165	90	76	90	43	54	24	69	46
		170	90	76	81	43	55	24	71	47
		170	92	78	82	44	55	24	71	47
		175	92	78	93	44	57	25	74	49
		175	94	80	95	45	57	25	74	49
		180	94	80	95	45	58	25	76	50
		180	96	82	97	45	58	26	76	50
		185	96	82	100	45	60	27	77	51
		185	98	84	102	46	60	27	77	51
A	12	155	86	74	87	41	51	23	64	43
		155	88	76	88	42	52	23	64	43
		160	88	76	89	42	52	23	66	45
		160	90	78	90	42	52	23	66	45
		165	90	78	90	42	54	23	69	46
		165	92	80	92	43	54	24	69	46
		170	92	80	92	43	54	24	71	47
		170	94	82	94	44	55	24	71	47
		175	94	82	94	44	56	24	74	48
		175	96	84	97	45	57	25	74	48
		180	96	84	97	45	58	25	76	50
		180	98	86	100	46	58	26	75	50
		185	98	86	102	46	60	27	77	51
		185	100	88	104	46	61	28	76	51
AB	10	155	88	78	88	41	51	23	64	44
		155	90	80	90	41	51	23	64	44
		160	90	80	91	42	52	23	66	45
		160	92	82	92	42	52	24	66	45
		165	92	82	93	43	54	24	67	46
		165	94	84	95	43	54	24	67	46
		170	94	84	96	44	55	24	69	48

续表

体型	胸腰差/cm	身高/cm	胸围/cm	腰围/cm	臀围/cm	肩宽/cm	袖长/cm	立裆/cm	下裆/cm	背长/cm
AB	10	170	96	86	96	44	56	25	69	48
		175	96	86	97	45	57	25	71	49
		175	98	88	98	45	57	25	71	49
		180	98	88	100	46	58	27	73	50
		180	100	90	102	46	58	28	72	50
		185	100	90	102	46	60	28	75	51
		185	102	92	104	46	61	28	75	51
B	8	155	90	82	91	41	51	23	64	44
		155	92	84	92	42	51	23	64	44
		160	92	84	93	42	52	23	66	45
		160	94	86	95	42	53	24	66	45
		165	94	86	95	42	53	24	67	47
		165	96	88	96	43	54	24	67	47
		170	96	88	97	44	57	25	69	48
		170	98	90	99	44	57	25	69	48
		175	98	90	99	45	57	25	71	49
		175	100	92	99	45	57	25	71	49
		180	100	92	99	45	58	26	74	50
		180	102	94	104	46	58	27	76	50
		185	102	94	104	46	60	27	77	51
		185	104	96	106	46	61	28	76	51
BE	4	155	92	88	93	41	51	24	64	44
		155	94	90	94	42	51	24	64	44
		160	94	90	95	42	52	25	65	46
		160	96	92	97	43	53	25	65	46
		165	96	92	98	43	54	26	67	47
		165	98	94	99	44	54	26	67	47
		170	98	94	99	44	55	27	68	48
		170	100	96	101	44	56	27	68	49
		175	100	96	101	44	57	28	71	49
		175	102	98	102	44	57	28	71	49
		180	102	98	102	44	58	29	72	50
		180	104	100	104	46	58	29	72	50
		185	104	100	104	46	60	30	74	51
		185	106	102	106	46	61	30	74	51

续表

体型	胸腰差/cm	身高/cm	胸围/cm	腰围/cm	臀围/cm	肩宽/cm	袖长/cm	立裆/cm	下裆/cm	背长/cm
		155	94	94	100	43	51	27	62	44
		155	96	96	102	44	51	27	62	44
		160	96	96	102	44	54	28	64	46
		160	98	98	104	45	54	28	64	46
		165	98	98	104	45	55	29	66	47
		165	100	100	106	46	55	29	66	47
E	0	170	100	100	106	46	56	29	68	48
		170	102	102	108	47	56	29	68	48
		175	102	102	108	47	57	29	70	49
		175	104	104	110	47	57	29	70	49
		180	104	104	110	47	58	30	72	50
		180	106	106	112	48	58	30	72	50
		185	106	106	112	48	60	32	72	51

三、英国男装规格

英国男装规格采用了 35 岁以下、身高为 170～178cm 的男性的量体尺寸，身高分档数值为 2cm，胸围分档数值为 4cm，如表 1-18 所示。

表 1-18　　　　　　　　　　　英国男装规格系列表

身高/cm	170	172	174	176	178	170	172	174	176	178
胸围/cm	88	92	96	100	104	108	112	116	120	124
臀围/cm	92	96	100	104	108	114	118	122	126	130
腰围/cm	74	78	82	86	90	98	102	106	110	114
低腰围/cm	77	81	85	89	93	100	104	108	112	116
半背宽/cm	18.5	19	19.5	20	20.5	21	21.5	22	22.5	23
背长/cm	43.4	43.8	44.2	44.6	45	45	45	45	45	45
领围/cm	37	38	39	40	41	42	43	44	45	46
袖长/cm	63.6	64.2	64.8	65.4	66	66	66	66	66	66
直裆/cm	26.8	27.2	27.6	28	28.4	28.8	29.2	29.6	30	30.4
适用体型	35 岁以下青年，运动型身材					35 岁以上中年，身材肥胖				

注：低腰围是指腰围下 4cm 处。

1.6 服装各部分线条名称

上衣线条名称如图 1-8 所示。

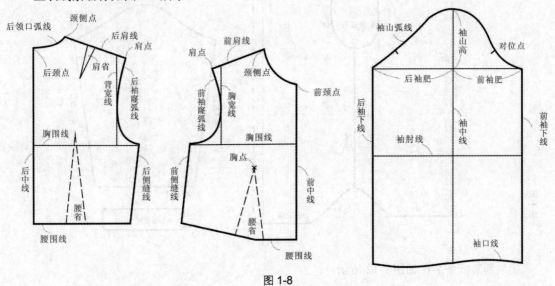

图 1-8

裙子线条名称如图 1-9 所示。

西裤线条名称如图 1-10 所示。

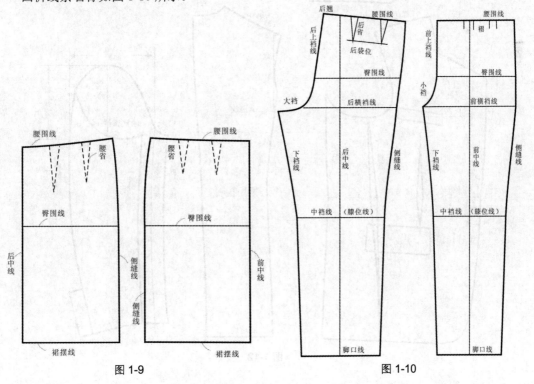

图 1-9

图 1-10

男装衬衫线条名称如图 1-11 所示。

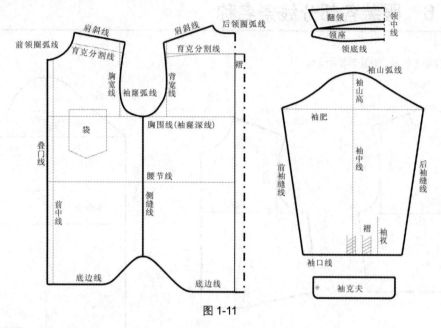

图 1-11

男装西装线条名称如图 1-12 所示。

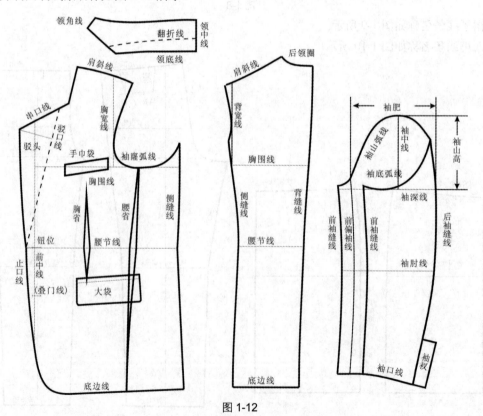

图 1-12

1.7　部位代号

在结构制图中使用部位代号主要是为了书写方便，同时也为了制图画面的整洁。大部分的部位代号都以相应的英文单词的首字母（或 2 个/3 个首字母的组合）表示，如表 1-19 所示。

表 1-19　部位代号

部位	代号	说明
胸围	B	Bust
腰围	W	Waist
臀围	H	Hip
颈围	N	Neck
胸围线	BL	Bust Line
腰围线	WL	Waist Line
臀围线	HL	Hip Line
下胸围	UB	Under Bust
腹围	MH	Middle Hip
腹围线	MHL	Middle Hip Line
肘线	EL	Elbow Line
膝线	KL	Knee Line
肩线	SL	Shoulder Line
前中线	FCL	Front Center Line
后中线	BCL	Back Center Line
侧颈点	SNP	Side Neck Point
前颈点	FNP	Front Neck Point
后颈点	BNP	Back Neck Point
肩点	SP	Shoulder Point
胸点	BP	Bust Point
袖窿	AH	Arm Hole
长度	L	Length
头围	HS	Head Size

1.8　绘图符号

绘图符号主要用于服装结构制图及服装样板生产中。在服装结构制图中，绘图符号的作用是让观者理解打板的方法。在服装样板生产中，绘图符号的作用是指导生产。因此，绘图符号具有标准、规范的特点。掌握绘图符号，能更方便地制作和使用样板，如表 1-20 所示。

表 1-20　　　　　　　　　　　　　　绘图符号

绘图符号	名称	说明
	轮廓线	样板净缝线
	辅助线	辅助线条
	对称线	表示双层折叠
	缝份线	在净缝线以外表示应该加放的缝份
	等分线	将某一条线平均分成若干等份
▲●★	相等	符号相同的两条线段长度相等
	丝缕方向	在排板时样板的箭头方向与面料的经向一致
	顺毛方向	在排板时样板的箭头方向与绒毛的倒向一致
	垂直	表示两条线的夹角为90°
	交叉	表示两个样板中有交叉重叠的部分
	省	面料上要缝起来的部分
	褶	面料上要折叠的部分
	缩褶	通过缩缝制作的碎褶
	剪口	剪在样板的缝份上，起对位作用
	纽扣	表示纽扣的位置
	扣眼	表示扣眼的位置
	对接	表示两个纸样在该线对接连裁

第 2 章
富怡服装 CAD 的使用方法

本书使用的富怡服装 CAD 版本为富怡服装 CAD 系统 V10.0（设计与放码系统）、富怡服装 CAD 系统 V10.0（排料系统）。下面介绍富怡服装 CAD 的主要特点。

（1）设计与放码系统整合公式法与自由法，该系统最大的特点是联动，包括结构线间的联动，纸样与结构线的联动，转省、合并调整、对称等工具的联动。调整一个部位，其他相关部位会一起被调整。剪口、扣眼、钻孔、省、褶等元素也可联动。

（2）系统采用公式法进行操作，结构线可以自动放码，可以随时检查放码是否正确，线条是否圆顺。

（3）设计与放码系统保留原有的服装 CAD 的功能，可以加省、转省、加褶等；提供丰富的缝份类型、工艺标识；可自定义各种线型；允许用户建立部件库，如领子、袖口等部位，使用时可直接载入。

（4）设计与放码系统提供多种放码工具，包括结构线与纸样均可使用的自动放码、点放码、方向键放码、规则放码，以及比例放码、平行放码等专用放码工具。

（5）设计与放码系统的扣眼、布纹线、剪口、钻孔等可以直接在结构线上编辑。

（6）设计与放码系统提供充绒功能，以计算整片或局部的充绒量，便于羽绒服企业计算用量与成本。

（7）纸样信息栏、长度比较栏、点放码窗口可以浮动，也可以停靠，以便随时查看纸样信息，比较长度、放码量等。

（8）增加分层功能，辅助线、转省线等可以放到不同的层，便于清晰、准确地查看。

（9）增加标注功能，可将部位尺寸，如胸围、袖长等的长度清晰地显示在工作区。

（10）支持导入其他多种格式的文件，如 DXF、AAMA、ASTM、DWG、PLT 文件等。

（11）排料系统可直接读取设计与放码系统中的文件，双界面同时排料，提供超级排料、手动排料、人机交互排料、对条对格排料等多种排料方式。其中超级排料属于国际领先技术，系统可以在短时间内完成一个唛架，其利用率可以达到甚至超过手动排料的利用率。超级排料可进行排队超排、避段差和边差等操作，这样可以节省时间，提高工作效率。手动排料可对纸样进行灵活倾斜、微调及借布边，以提高利用率。

（12）排料系统为玩具、手套、内衣等量身定做制帽功能，复制、倒插唛架功能可以使排料达到很高的利用率。

（13）排料系统可成功读入各种 HPGL 文件，并能导入 HPGL 格式的绘图文件及裁床格式的文件，进行重新排料。

（14）排料系统可以算料，快速计算用布量及裁剪件数，提高生产效率，提升对市场的掌控力，节省时间与成本。

（15）排料系统支持内轮廓排料及切割，可与输出设备接驳，进行小样的打印及 1∶1 纸样的绘制和切割。

本书中使用的计算机操作术语归纳如下。

（1）单击：按住鼠标左键，并立即在还没有移动鼠标的情况下松开鼠标左键。

（2）单击鼠标右键：按住鼠标右键，并立即在还没有移动鼠标的情况下松开鼠标右键。

（3）拖选：把鼠标指针移到对象上，按住鼠标左键并移动鼠标。

（4）左键框选：在没有把鼠标指针移到对象上前，按住鼠标左键并移动鼠标；如果距离线比较近，为了避免变成拖动，可以在按住鼠标左键之前按住【Ctrl】键。

（5）右键框选：在没有把鼠标移到对象上前，按住鼠标右键并且保持按住状态移动鼠标。

2.1 RP-DGS 设计与放码系统

RP-DGS 设计与放码系统即制板系统和放码系统，是服装行业专用的制板、放码软件。该系统可以在计算机上进行制板、放码，也能将手工纸样通过数字化仪读入计算机，之后再进行制板、放码。

2.1.1 工作界面

系统的工作界面就像是用户的工作室，熟悉了这个界面也就熟悉了工作环境，自然就能提高工作效率，该系统的工作界面如图 2-1 所示。

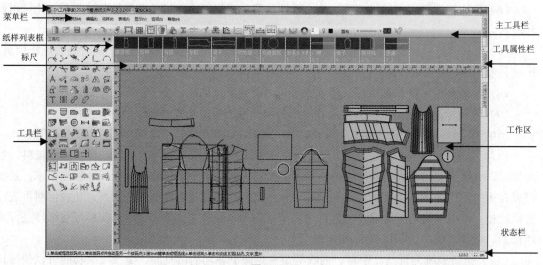

图 2-1

一、存盘路径

工作界面最上方显示当前打开的文件的存盘路径。

二、菜单栏

菜单栏是放置菜单的地方，展开每个菜单，其子菜单中又有各种命令。可以直接用鼠标指针选择一个命令；也可以按住【Alt】键单击菜单后的对应字母，展开菜单，再用方向键选择需要的命令。

三、主工具栏

主工具栏用于放置常用命令的快捷图标，为快速完成设计与放码工作提供了极大的便利。

四、纸样列表框

纸样列表框用于放置当前款式中的纸样。每一个纸样放置在一个小的纸样框中，纸样框的布局可选择【选项】→【系统设置】→【界面】→【纸样列表框布局】命令来改变。纸样列表框中放置了当前款式的全部纸样，纸样名称、份数和序号都显示在这里。拖动纸样可以对纸样的顺序进行调整，不同的布料会显示不同的背景色。

五、标尺

标尺用于显示当前使用的度量单位。

六、工具栏

工具栏中放置绘制及修改结构线、纸样、放码的工具。

七、工具属性栏

单击某个工具，侧边会相应地显示该工具的属性栏，使一个工具能够满足更多的功能需求，减少对工具的切换。

八、工作区

工作区如同一张无限大的纸，用户可在此尽情设计。在工作区中既可设计结构线，也可以对纸样进行放码。绘图时工作区可以显示纸张边界。

九、状态栏

状态栏位于系统界面的最底部，显示当前所选的工具名称，有些工具还有操作步骤提示。

2.1.2 主工具栏

主工具栏如图 2-2 所示。

图 2-2

一、新建 【Ctrl+N】

功能：单击该工具，可新建一个空白文件。

二、打开 【Ctrl+O】

功能：单击该工具，可打开一个保存过的文件。

三、保存 【Ctrl+S】

功能：保存文件。

四、撤销 【Ctrl+Z】

功能：按顺序撤销执行过的操作，单击就可以撤销一步操作。

五、重新执行 【Ctrl+Y】

功能：把撤销的操作恢复，单击就可以复原一步操作，可以单击多次。

六、读纸样

功能：借助数化板（数字化仪）、鼠标，可以将手工做的基码纸样或放好码的网状纸样输入计算机中。

七、绘图

功能：按比例绘制纸样或结构图。

八、规格表

功能：编辑号型尺码及颜色，以便进行放码；可以输入服装的规格尺寸，方便打版、自动放码时采用数据；同时备份了详细的尺寸资料，可以快速打开在 Excel 里编辑过的尺寸表。

操作：单击该工具，会弹出【规格表】对话框，如图 2-3 所示。在该对话框中可以输入尺寸或打开已有的尺寸表，也可以替换尺寸、编辑档差等。

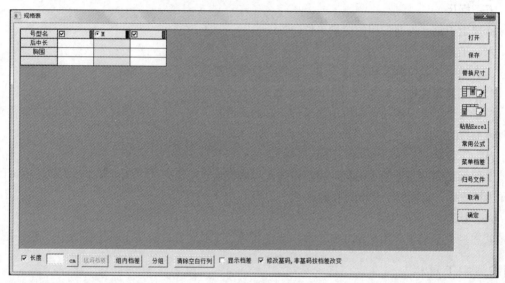

图 2-3

九、显示/隐藏结构线 （可在【选项】→【系统设置】→【自定义快捷键】里定义快捷键）

功能：单击该工具会显示结构线，再次单击则隐藏结构线。

操作：单击该工具，工具凹陷则显示结构线；再次单击该工具，工具凸起则隐藏结构线。

十、显示/隐藏样片 （可在【选项】→【系统设置】→【自定义快捷键】里定义快捷键）

功能：单击该工具会显示纸样，再次单击该工具则隐藏纸样。

操作：单击该工具，工具凹陷则显示纸样；再次单击该工具，工具凸起则隐藏纸样。

十一、仅显示一个纸样

功能：单击该工具，工作区中只有一个纸样并且其以全屏的方式显示，即当前纸样被锁定。纸样被锁定后，只能对该纸样进行操作，这样可以排除干扰，也可以防止对其他纸样进行误操作。

操作：选中纸样，单击该工具，工具凹陷则纸样被锁定；单击纸样列表框中的其他纸样，即可锁定新纸样；单击该工具，工具凸起则取消锁定。

十二、公式法自由法切换

功能：在自由法打版与公式法打版之间切换。

操作：工具凹陷为公式法打版，工具凸起为自由法打版。

十三、按不同颜色显示线类型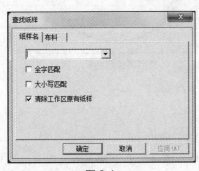

功能：针对公式法里特殊曲线显示的颜色进行显示，如平行线、旋转线、对称线。

> **注：**
>
> 单击该工具，工具凹陷，线的颜色才会显示，否则不显示。

十四、将工作区的纸样收起

功能：将选中的纸样从工作区收起。

十五、纸样按查找方式显示

功能：按照纸样名或布料把纸样放置在工作区中，便于检查纸样。

操作：单击该工具，弹出【查找纸样】对话框，如图 2-4 所示，可根据需要选择适当的选项。

十六、点放码表

功能：对单个点或多个点进行放码时使用的功能表，可以设置点的类型，也可以进行点放码、方向键放码、规则放码、分组放码等。

操作：单击该工具，弹出图 2-5 所示的对话框，可根据需要选择相应的选项。

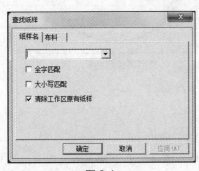

图 2-4

图 2-5

十七、匹配参考图元

功能：设置画线时与参考图元（可以是点、线、钻孔、剪口等）是否匹配。

操作：单击该工具，工具凹陷，表示匹配，否则表示不匹配。

十八、显示/隐藏标注

功能：显示或隐藏标注。

操作：单击该工具，工具凹陷，会显示标注，否则会隐藏标注。

十九、显示/隐藏变量标注

功能：同时显示或隐藏所有的变量标注。

操作：用【比较长度】、【测量两点间距离】工具记录尺寸。单击该工具，工具凹陷，会显示变量标注，否则隐藏变量标注。

二十、定型放码

功能：让其他码的曲线的弯曲程度与基码的曲线的弯曲程度一样。

操作：选中需要定型处理的线段，如领窝，单击该工具，结果如图 2-6 所示。

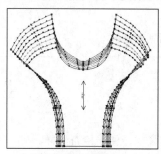 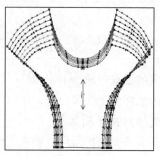

领窝未采用定型放码　　　　　　　领窝采用定型放码

图 2-6

二十一、等幅高放码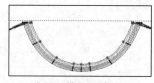

功能：两个放码点之间的曲线按照等幅高的方式进行放码。

操作：选中需要等幅高处理的线段，单击该工具，结果如图 2-7 所示。

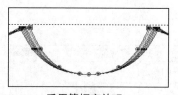

未采用等幅高放码　　　　　　　采用等幅高放码

图 2-7

二十二、颜色设置

功能：设置纸样列表框、工作视窗和纸样号型的颜色。

操作：单击该工具，弹出【系统设置】对话框，该对话框中有 3 个选项卡；单击选项卡名称，单击修改项，再选择一种颜色，单击【确定】按钮即可改变所选项的颜色；可同时设置多个选项，最后单击【确定】按钮。

二十三、线类型

功能：设置或改变结构线的类型。

操作如下。

（1）设置线类型：展开【线类型】下拉列表，选中线型，这时用画线工具画出的线的类型为选中的线类型。

（2）改变已绘制好的结构线的线型或辅助线的线型：展开【线类型】下拉列表，选中合适的线类型，再单击【设置线的颜色类型】工具，在需要修改的线上单击或左键框选线。

（3）设置虚线间距：选中该线型，再单击【设置线的颜色类型】工具，鼠标指针会变成 ；输入 L 的数据，按【Enter】键，再输入 D 的数据，再按【Enter】键，鼠标指针上的 L、D 的数据会变为输入的数据，设置好后单击或左键框选要改的线即可。

（4）设置 $\boxed{\text{R} \odot_{\text{D}} \odot}$ -圆半径及两圆间距的方法与设置 $\boxed{\text{←L→D→}}$ 虚线间距的方法相同。

2.1.3　工具栏

工具栏中的工具如图 2-8 所示。

图 2-8

一、调整 $\boxed{}$ （A）

功能：调整曲线的形状，查看曲线的长度，修改曲线上控制点的数量，转换曲线点与转折点。
操作如下。

1. 调整单个控制点。

（1）用该工具在曲线上单击，曲线会被选中，单击曲线上的控制点，拖动至满意的位置单击。当显示弦高线时，按小键盘上的数字键可改变弦高线的等分数量；移动控制点至弦高线上，鼠标指针上的数据为曲线长和调整点的弦高（显示/隐藏弦高线的快捷键为【Ctrl+H】组合键，显示/隐藏移动点之间的距离的快捷键为【Shift+H】组合键），操作过程如图 2-9 所示。

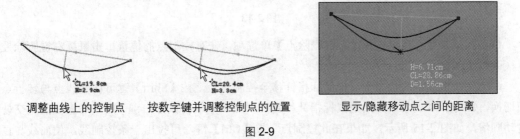

调整曲线上的控制点　　　按数字键并调整控制点的位置　　　显示/隐藏移动点之间的距离

图 2-9

（2）定量调整控制点：用该工具选中曲线后，把鼠标指针移到控制点上，按【Enter】键，在弹出的对话框中单击【确定】按钮，结果如图 2-10 所示。

按【Enter】键后　　　　　　　　　　　　　确定后

图 2-10

（3）选中曲线后，可在右侧的工具属性栏里选择相应的选项，如图 2-11 所示。

（4）在右侧的工具属性栏里选择【右键修改公式】单选项，用鼠标右键单击点，可以修改公式，并且将鼠标指针放到有公式的点上。 ☑显示选中点公式 适用于公式法，如图 2-12 所示。

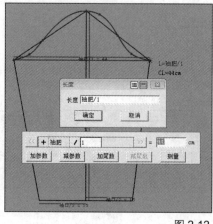
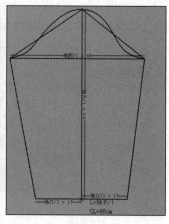

图 2-11　　　　　　　　　　　　　　　　　　图 2-12

（5）在曲线或折线上增加控制点、显示曲线或折线上的控制点：单击曲线或折线，使其处于选中状态，在没点的位置单击增加控制点（或按【Insert】键）；或把鼠标指针移至曲线上，按【Insert】键使控制点可见，如图 2-13 所示。

原线　　　　　　　　过程　　　　　　　　结果

图 2-13

（6）在工具属性栏里选择【右键删除点】单选项，在有控制点的位置单击鼠标右键删除控制点（或按【Delete】键）。

（7）在线被选中的状态下，把鼠标指针移至控制点上，按【Shift】键可在曲线点与转折点之间切换，如图 2-14 所示。如果把鼠标指针移到控制点上并单击鼠标右键，曲线与直线的相交处会自动顺滑，如图 2-15 所示。如果在此控制点上按【Ctrl】键，可拉出一条控制线，使曲线与直线的相交处顺滑相切，如图 2-16 所示。

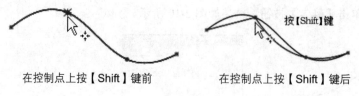

在控制点上按【Shift】键前　　　　　　在控制点上按【Shift】键后

图 2-14

（8）用该工具在曲线上单击，曲线会被选中，按小键盘上的数字键可更改曲线上的控制点数量，如图 2-17 所示。

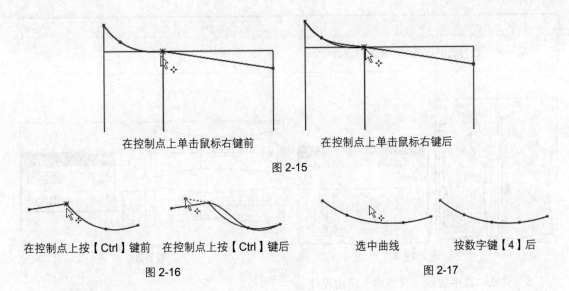

在控制点上单击鼠标右键前　　　　在控制点上单击鼠标右键后

图 2-15

在控制点上按【Ctrl】键前　在控制点上按【Ctrl】键后　　　选中曲线　　　按数字键【4】后

图 2-16　　　　　　　　　　　　　　　　　图 2-17

2．调整多个控制点。

按比例调整多个控制点分为两种情况，下面分别进行介绍。

情况一：调整点 C 时，点 A、点 B 按比例调整，如图 2-18 所示。此情况适用于自由设计结构线。

操作如下。

（1）如果在结构线上调整，先把鼠标指针移到结构线上，然后拖选 AC，鼠标指针变为平行拖动状态。

（2）按【Shift】键将鼠标指针切换成按比例调整状态，单击点 C 并拖动，弹出【偏移对话框】。

（3）输入调整量，单击【确定】按钮。

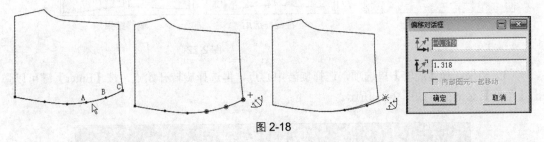

图 2-18

情况二：在纸样上按比例调整时，让控制点显示，其操作与在结构线上的操作类似。

3．平行调整多个控制点。

操作：拖选需要调整的点，鼠标指针变成平行拖动状态，单击其中的一点并拖动，弹出【偏移对话框】，输入适当的数值，单击【确定】按钮，如图 2-19 所示。如果有内部图元，可选择内部图元一起移动。

4．移动框内所有控制点（只适用于自由设计）。

操作：左键框选后按【Enter】键，会显示控制点，在弹出的对话框中输入数据，这些控制点都会偏移，如图 2-20 所示。

> **注：**
>
> 第一次框选为选中，再次框选为取消选中。

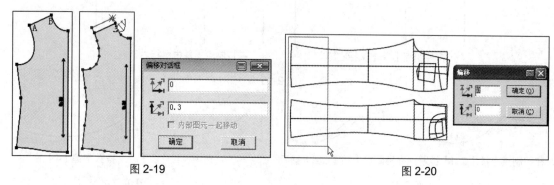

图 2-19   图 2-20

5. 只移动选中的线（只适用于自由设计）。

操作如下。

（1）右键框选线，在工具属性栏里选择【移动】或【旋转】单选项，如图 2-21 所示。

（2）如果选择【移动】单选项，按【Enter】键，在弹出的对话框中输入数据，单击【确定】按钮。也可自由移动线，如图 2-22 所示。

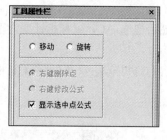 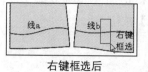 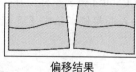

图 2-21   图 2-22

（3）如果选择【旋转】单选项，选择旋转中心点，再选择旋转开始点，按【Enter】键可以弹出【角度】对话框，如图 2-23 所示。

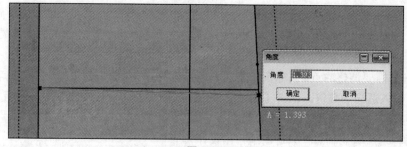

图 2-23

（4）查看线的长度，把鼠标指针移到线上，即可显示该线的长度。

（5）在关联点上单击鼠标右键，可以修改纸样。

二、合并调整  （N）

功能：将线段移动、旋转后再调整，该工具常用于调整前后袖窿、下摆、省道、前后领口及肩点拼接处等位置，该工具适用于纸样、结构线。

操作如下。

（1）单击【合并调整】工具 ，右侧工具属性栏中将出现合并调整方式，如图 2-24 所示。

（2）依次单击或框选要圆顺处理的曲线 a、曲线 b、曲线 c、曲线 d，再单击鼠标右键，如图 2-25 所示。

图 2-24

（3）依次单击或框选图 2-25 中的曲线线 1、线 2、线 3、线 4、线 5、线 6，单击鼠标右键，可将拼接好的线移出来调整，如图 2-26 所示。

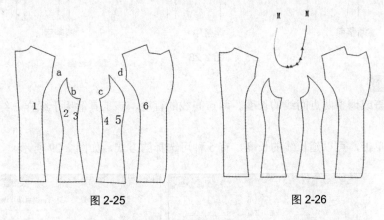

图 2-25　　　　　　　　　　图 2-26

（4）夹圈拼在一起，用鼠标左键可调整曲线上的控制点，如图 2-27 所示。

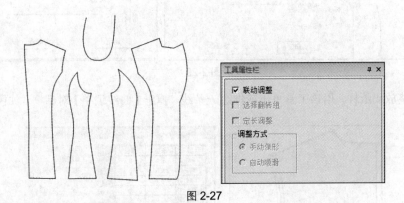

图 2-27

（5）调整满意后，单击鼠标右键结束调整。

三、对称调整

功能：对纸样或结构线进行对称调整，该工具常用于对领的调整。

操作：参见图 2-28。

（1）在空白处按【Shift】键可切换调整（鼠标指针为 ）与复制（鼠标指针为 ）。

（2）单击对称轴或单击对称轴上的起止点。

（3）框选或单击要进行对称调整的线，单击鼠标右键。

（4）用该工具单击要调整的线，再单击线上的点，拖动到适当位置后单击。

（5）调整完线后，单击鼠标右键结束调整。

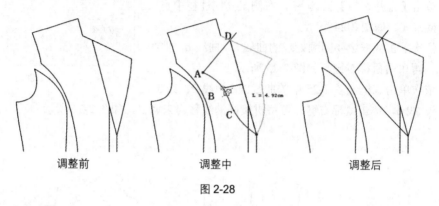

| 调整前 | 调整中 | 调整后 |

图 2-28

四、线调整

功能：可检查或调整两点间线的长度、两点间线的直度，该工具适用于纸样、结构线。

操作如下。

（1）在线上单击，可以延长线的长度，有 5 种可选择的方式，如图 2-29 所示。

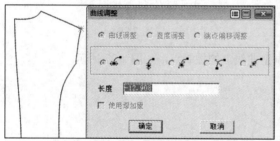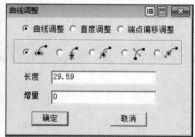

图 2-29

（2）调整放码纸样，用该工具单击或框选一条线，弹出【曲线调整】对话框，如图 2-30 所示。

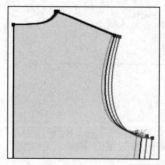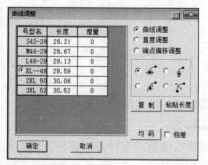

图 2-30

（3）选择调整项，输入恰当的数值，单击【确定】按钮。

五、智能笔 🖉 （F）

功能：该工具综合了多种功能，如画线、画矩形、调整、调整线的长度、连角、加省山、删除、单向靠边、双向靠边、移动（复制）点线、转省、剪断（连接）线、收省、不相交等距线、相交等距线、圆规、三角板、偏移点（线）、水平垂直线、偏移等。

操作如下。

1. 单击（见图 2-31）。

（1）在空白/关键点/交点处单击，进入画线操作。

（2）在确定第一个点后，单击鼠标右键，将鼠标指针切换为丁字尺🖅，可以画水平/垂直/45°的线、任意直线。

（3）在画线过程中按【Shift】键可切换折线与曲线。

（4）按住【Shift】键单击，调用【矩形】功能（常用于从可见点开始画矩形的情况）。

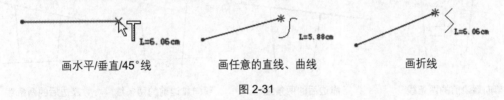

画水平/垂直/45°线　　　　画任意的直线、曲线　　　　画折线

图 2-31

2. 按住鼠标左键并拖动。

（1）在空白处按住鼠标并左键拖动，调用【矩形】功能。

（2）在线上单击并拖动，调用【平行线】功能；在空白处再单击则弹出对话框，调用【不相交等距线】功能；直接分别单击相交的两边，则调用【相交等距线】功能，如图 2-32 所示。

 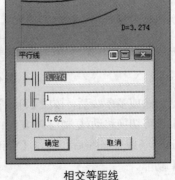

不相交等距线　　　　　　　　相交等距线

图 2-32

（3）在关键点上按住鼠标左键拖动到一条线上，松开鼠标左键调用【单圆规】功能。

（4）在关键点上按住鼠标左键拖动到另一个点上，松开鼠标左键调用【双圆规】功能。

（5）按住【Shift】键，按住鼠标左键拖动选中一条线则调用【三角板】功能；再单击另外一点，拖动鼠标，可画出选中线的平行线或垂直线，如图 2-33 所示。

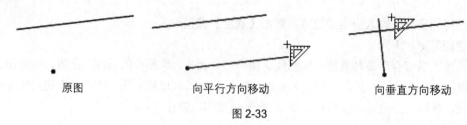

| 原图 | 向平行方向移动 | 向垂直方向移动 |

图 2-33

3．左键框选（见图 2-34）。

（1）在空白处框选调用【矩形】功能。

（2）左键框选两条线后，单击鼠标右键调用【连角】功能。

（3）如果左键框选一条或多条线后，再在另外一条线上单击，则调用【靠边】功能；在框选的线的一边单击鼠标右键，则调用【单向靠边】功能。如果在另外的两条线上单击，则调用【双向靠边】功能。

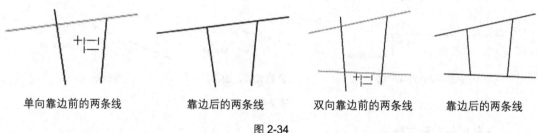

| 单向靠边前的两条线 | 靠边后的两条线 | 双向靠边前的两条线 | 靠边后的两条线 |

图 2-34

（4）左键框选一条或多条线后，再按【Delete】键则可删除所选的线。

（5）左键框选 4 条线后，单击鼠标右键则调用【加省山】功能（在省的哪一侧单击鼠标右键，省底就向哪一侧倒，见图 2-35）。

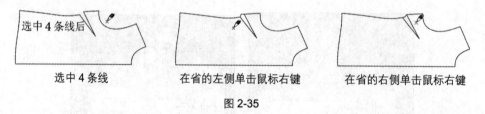

| 选中 4 条线 | 在省的左侧单击鼠标右键 | 在省的右侧单击鼠标右键 |

图 2-35

（6）左键框选一条或多条线后，按住【Shift】键，在空白处单击鼠标右键调用【移动（复制）】功能。按【Shift】键可切换移动/复制/多次复制；按住【Ctrl】键，可向任意方向移动或复制。

（7）左键框选一条或多条线后，按住【Shift】键，单击选择线则调用【转省】功能。

4．单击鼠标右键。

（1）在线上单击鼠标右键则调用【修改】功能。

（2）按住【Shift】键，在线上单击鼠标右键则弹出【曲线调整】对话框，在线的中间单击鼠标右键，则线的两端不变，在中间调整线的长度。如果在线的一端单击鼠标右键，则在这一端调整线的长度，如图 2-36 所示。

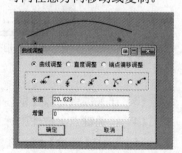

图 2-36

5．按住鼠标右键拖动。

（1）在关键点上，按住鼠标右键拖动调用【水平垂直线】功能（使用鼠标右键可切换 4 个方向）；根据需要选择长度或比例，输入比例后，还可以输入偏移距离，如图 2-37 所示。

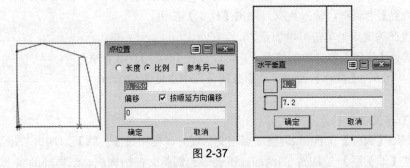

图 2-37

（2）按住【Shift】键，按住鼠标右键拖动关键点弹出【偏移对话框】对话框，如图 2-38 所示。

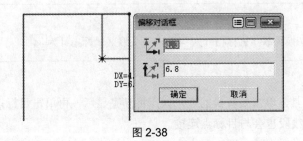

图 2-38

6．右键框选。

（1）右键框选一条线调用【剪断（连接）线】功能。

（2）按住【Shift】键，右键框选一条线调用【收省】功能。

（3）将鼠标指针放在关键点/交点处直接按【Enter】键，调用【偏移点】功能，执行画线操作。

六、橡皮擦

功能：删除结构图上的点、线，纸样上的辅助线、剪口、钻孔、图片、省褶、缝迹线、绗缝线、放码线、基准点（线放码）等。

操作如下。

（1）非关联线：用该工具直接在点、线上单击即可将其删除；如果要擦除集中在一起的点、线，则左键框选即可。

（2）关联线：将工具放到要删除的线上单击时，会有"有联动"提示，联动的线会高亮显示，同时会弹出【橡皮擦】对话框，根据需要选择相应的选项，如图 2-39 所示。

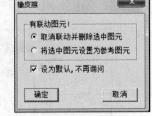

图 2-39

七、局部删除

功能：删除线上某一局部的线段。

操作：用该工具在线上的关键点处单击，再单击线上的任意一点，最后单击要删除的线段的结束点；也可以单击线上的等分点，再单击需要删除的线段的一端。

八、点

功能：在线上定位加点或在空白处加点，该工具适用于纸样、结构线。

操作如下。

（1）用该工具在要加点的线上单击，靠近点的一端会出现亮星点，并弹出【点位置】对话框，输入数据，单击【确定】按钮。

（2）直接在关键点上单击可增加点。

（3）在选择【比例】单选项的情况下，可以设置【偏移】。如果输入【比例】为"0.5"，【偏移】为"1"，那么就是在中点处偏移1cm，如图2-40所示。

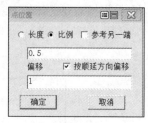

图2-40

九、关联/非关联

功能：在用【调整】工具 调整端点相交的线时，使用过【关联】工具 的两端点会一起调整，使用过【非关联】工具 的两端点不会一起调整。在结构线、纸样辅助线上均可操作，端点相交的线默认关联。

注：

用【Shift】键来切换关联（鼠标指针为 ）与不关联（鼠标指针为 ）。

十、替换点

操作：单击该工具，单击要替换的点，该点将高亮显示，再单击目标点，则原点会被目标点替换。与原点相连的线段也会与目标点连接。

十一、圆角

功能：在不平行的两条线上制作等距或不等距圆角，该工具常用于制作西服前幅底摆、圆角口袋，该工具适用于纸样、结构线。

操作如下。

（1）用该工具分别单击或框选要制作圆角的两条线，如图2-41所示的线1、线2。

（2）在线上移动鼠标指针，此时按【Shift】键可在曲线圆角与圆弧圆角之间切换；单击鼠标右键，鼠标指针可在 与 之间切换（ 为切角保留， 为切角删除）。

（3）单击后弹出对话框，输入合适的数据，单击【确定】按钮。

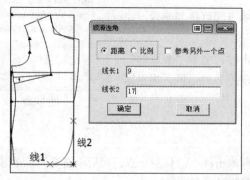
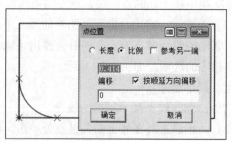

图2-41

（4）在公式法里，纸样可以跟结构线联动，只需单击【调整】工具，用鼠标右键单击联动点即可，如图 2-42 所示。

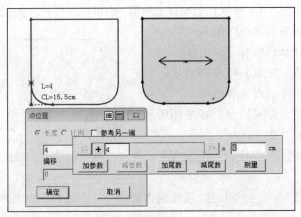

图 2-42

十二、三点弧线

功能：过 3 点可画一段圆弧线或画 3 点圆，该工具适用于画结构线、纸样辅助线。

操作如下。

（1）按【Shift】键在 3 点圆与 3 点圆弧之间切换。

（2）鼠标指针切换成后，分别单击 3 个点即可画出一个 3 点圆。

（3）鼠标指针切换成后，分别单击 3 个点即可画出一段图弧线。

十三、CSE 圆弧

功能：画圆弧、圆形，该工具适用于画结构线、纸样辅助线。

操作如下。

（1）按【Shift】键可在 CSE 圆（鼠标指针为）与 CSE 圆弧（鼠标指针为）之间切换。

（2）鼠标指针为时，在任意一点单击确定圆心，拖动鼠标再单击，弹出【半径】对话框。

（3）输入圆形的适当的半径，单击【确定】按钮。

十四、剪刀

功能：从结构线或辅助线上拾取纸样。

操作如下。

（1）用该工具单击或框选围成纸样的线，再单击鼠标右键，系统会按最大区域形成纸样，如图 2-43 所示。

（2）用该工具单击线的某个端点，按一个方向单击轮廓线，直至形成闭合的图形。拾取时如果后面的线变成绿色，单击鼠标右键则可将后面的线一起选中，完成拾样，如图 2-44 所示。

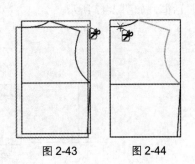

图 2-43　　　　图 2-44

（3）选择该工具，单击鼠标右键可切换成【衣片辅助线】工具，从结构线上为纸样拾取内部线。

（4）选择该工具，在纸样内部单击鼠标右键，鼠标指针会变成，对应的结构线会变成蓝色。用该工具单击或框选所需线段，单击鼠标右键即可拾取。如果希望将边界外的线拾取为辅助线，那么可以在直线上单击两个点，在曲线上单击 3 个点来确定。

十五、拾取内轮廓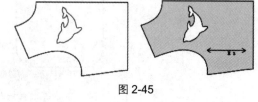

功能：在纸样内挖空心图，可以在结构线上拾取，也可以将纸样内的辅助线形成的区域挖空。

在结构线上拾取内轮廓的操作如下。

（1）用该工具在工作区纸样上单击鼠标右键，纸样的原结构线会变色，如图 2-45 左图所示。

（2）单击或框选要生成内轮廓的线。

（3）单击鼠标右键，结果如图 2-45 右图所示。

图 2-45

十六、等份规 （D）

功能：在线上加等分点、在线上加反向等距点，该工具在结构线上或纸样辅助线上均可操作。操作如下。

（1）单击鼠标右键切换 与 ，实线为拱桥等分，虚线为在线上加反向等距。

注：

一定要在单击后，再单击鼠标右键切换。

（2）直接在线上单击，可等分整条线。

（3）在线上单击起始点，然后单击中间点，再单击终点，可等分线上的某一段。

（4）在线上单击起点，然后单击终点，可等分两点之间的直线。

（5）按【Shift】键可切换鼠标指针为 ，单击线上的关键点，沿线移动鼠标指针再单击，在弹出的对话框中输入数据，单击【确定】按钮，如图 2-46 所示。

十七、剪断线

功能：将一条线从指定位置断开，变成两条线；也能用一条线同时打断多条线，或把多条线连接成一条线，该工具可以在结构线上操作，也可以在纸样辅助线上操作。

操作如下。

（1）用该工具在需要剪断的线上单击，线会变色；再在非关键点上单击，弹出【点位置】对话框，如图 2-47 所示。

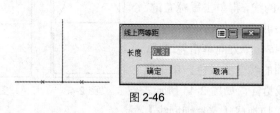

图 2-46

图 2-47

（2）输入恰当的数值，单击【确定】按钮。

注：

在【比例】状态下，可以输入偏移距离。

（3）连接操作：框选或分别单击需要连接的线，单击鼠标右键。

（4）如果被剪断（或连接）的曲线被引用，那么会给出提示曲线被引用。如果一条线参与形成纸样、被测量过长度、生成钻孔等，那这条线就是被引用的线，这样的线不建议剪断。

十八、角度线

功能：画任意一条角度线，过线上（线外）一点作垂线、切线（平行线），该工具在结构线、纸样辅助线上均可操作。

操作如下。

1．在已知直线或曲线上画角度线。

（1）点 C 是线 AB 上的一点，先单击线 AB，再单击点 C，此时会出现两条相互垂直的参考线，如图 2-48 所示。按【Shift】键，两条参考线可在图 2-48 与图 2-49 所示的位置间切换。

（2）在所需的情况下单击，弹出【角度线】对话框，如图 2-50 所示。

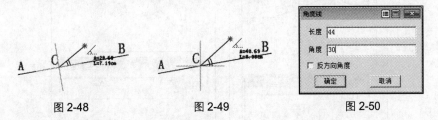

图 2-48　　　　　图 2-49　　　　　图 2-50

（3）输入线的长度及角度，单击【确定】按钮。

2．过线上一点或线外一点作垂线。

（1）先单击线，再单击点 A，此时会出现两条相互垂直的参考线，按【Shift】键切换参考线，让参考线与所选线重合，如图 2-51 所示。

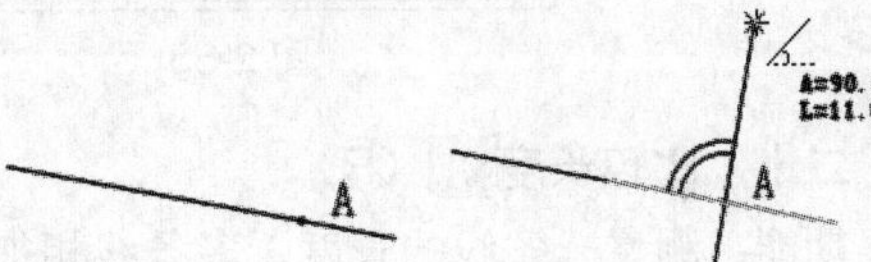

（2）移动鼠标指针，使其靠近与所选线垂直的参考线，鼠标指针会自动吸附参考线，此时单击会弹出【角度线】对话框。

图 2-51

（3）输入长度及角度，单击【确定】按钮。

3．过线上一点作该线的切线或过线外一点作该线的平行线。

（1）先单击线，再单击点 A，此时会出现两条相互垂直的参考线，按【Shift】键切换参考线，让参考线与所选线平行，如图 2-52 所示。

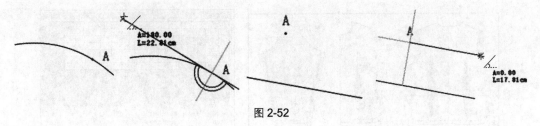

图 2-52

（2）移动鼠标指针，使其靠近与所选线平行的参考线，鼠标指针会自动吸附在参考线上，此时单击会弹出【角度线】对话框。

（3）输入平行线或切线的长度，单击【确定】按钮。

十九、圆规 A（C）

功能：单圆规，可作从关键点到一条线上的定长直线，常用于画肩斜线、夹直、裤子后腰、袖山斜线等；双圆规，通过指定的两点，同时作出两条指定长度的线，常用于画袖山斜线、西装驳头等；该工具在纸样、结构线上都能操作。

操作如下。

（1）单圆规：以后片肩斜线为例，用该工具单击领宽点，再单击落肩线，弹出【单圆规】对话框，输入小肩的长度，单击【确定】按钮，如图2-53所示。

（2）双圆规：（袖肥一定时，根据前后袖山弧线确定袖山点）分别单击袖肥的两个端点，向线的一边拖动并单击弹出【双圆规】对话框，输入【第1边】和【第2边】的数值，单击【确定】按钮，找到袖山点，如图2-54所示。

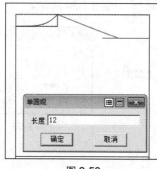

图 2-53

图 2-54

二十、比较长度 （R）

功能：测量一条线的长度、多条线相加的总长、比较多条线的差值，也可以测量剪口到点的长度，该工具在纸样、结构线上均可操作。

操作：选线的方式有单击（在线上单击）、框选（在线上左键框选）、选点（在线上依次单击关键点、线中任意点、结束点）3种。

1. 测量一条线的长度或多条线的长度之和。

单击该工具，弹出【长度比较表栏】对话框，在【长度】【水平X】【垂直Y】中选择需要的选项，选择需要测量的线，其长度会显示在表中。

2. 比较多条线的差值，如图2-55所示，比较袖山弧长与前后袖窿弧长的差值。

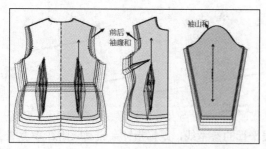

图 2-55

（1）单击该工具，弹出【长度比较表栏】对话框，选择【长度】选项。

（2）单击或框选前后袖窿曲线，单击鼠标右键，单击或框选袖山曲线。表中【L】为容量。

（3）当线为整条线时，按【F9】键可以测量部分线段的长度。

（4）按【Shift】键切换到【测量两点间距离】工具 。

可以使用该工具测量两点（可见点或非可见点）间或点到线的直线距离、水平距离或垂直距离，测量两点多组间距离总和或两组间距离的差值，该工具在纸样、结构线上均能操作，在纸样上可以匹配任何号型。

操作方法是单击两点或单击一点，再单击线，如图 2-56 所示。

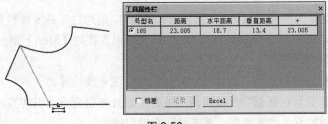

图 2-56

二十一、测量角度

功能：测量一条线的水平夹角、垂直夹角，测量两条线的夹角，测量三点形成的线的夹角，测量两点形成的线的水平夹角、垂直夹角，该工具在纸样、结构线上均能操作。

操作如下。

（1）用鼠标左键框选或单击需要测量的线，单击鼠标右键。

（2）框选或单击需要测量的两条线，单击鼠标右键。

（3）测量点 A、点 B、点 C 3 点形成角度，先单击点 A，再分别单击点 B、点 C，即可弹出【角度】对话框，如图 2-57 所示。

（4）按住【Shift】键单击需要测量的两点，即可弹出【角度】对话框，如图 2-58 所示，测量点 A、点 B 的角度。

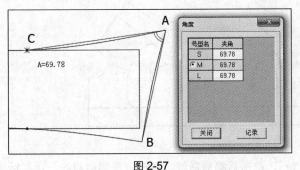

图 2-57

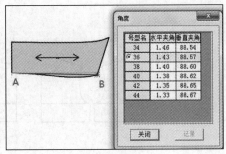

图 2-58

二十二、成组复制/移动　（G）

功能：复制或移动一组点、线、扣眼、扣位等。

操作：框选或单击需要复制或移动的点或线，单击鼠标右键结束操作，在工具属性栏里选择相应的选项，如图 2-59 所示；单击任意一个参考点，拖动到目标位置后单击即可放下。

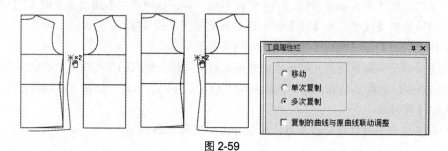

图 2-59

说明：该工具默认为单次复制状态（鼠标指针为■），可通过工具属性栏更改为移动状态（鼠标指针为■）或多次复制状态（鼠标指针为■），也可以直接按【Shift】键进行切换。

二十三、对称复制 ⚠ （K）

功能：根据对称轴对称复制（对称移动）结构线、图元或纸样。

操作：使用该工具可以在纸样上单击两点或在空白处单击两点，以两点间的线作为对称轴，框选或单击所需复制的点、线或纸样，单击鼠标右键完成操作。

说明：该工具默认为对称复制状态（鼠标指针为■），按【Shift】键可切换为对称移动状态（鼠标指针为■）。

二十四、旋转复制 ⚠ （Ctrl+B）

功能：旋转复制或旋转一组点、线或文字，该工具适用于结构线、图元或纸样辅助线。

操作：单击或框选旋转的点、线，单击鼠标右键，单击一点，以该点为轴心点（单击鼠标右键可以切换旋转方式），再单击任意一点作为参考点，拖动鼠标旋转到目标位置。

说明：该工具默认为旋转复制状态（鼠标指针为■），按【Shift】键可切换为旋转状态（鼠标指针为■）。

二十五、移动旋转复制 ⚠ （J）

功能：把一组线与另一组线对接，下面把后幅的线对接到前幅的线上，如图 2-60 所示。

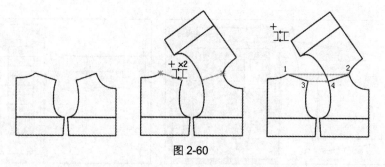

图 2-60

操作一：用该工具让鼠标指针靠近领宽点，单击后幅肩斜线，再单击前幅肩斜线，让鼠标指针靠近领宽点，单击鼠标右键；框选或单击后幅需要对接的点、线，最后单击鼠标右键完成操作。

操作二：用该工具依次单击点 1、点 2、点 3、点 4，再框选或单击后幅需要对接的点、线，单击鼠标右键完成操作。

说明：该工具默认为对接复制状态（鼠标指针为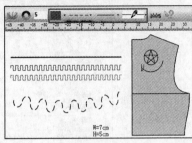），按【Shift】键可切换为对接状态（鼠标指针为）。

二十六、设置线类型和颜色

功能：修改结构线的颜色、线类型，纸样辅助线的线类型与输出类型。

说明：用来设置粗细实线及各种虚线；用来设置各种线类型；用来设置纸样内部线是绘制的、切割的还是半刀切割的。

图 2-61

操作如下。

（1）单击线类型设置工具，主工具栏右侧会弹出颜色、线类型及切割画的选择框，如图 2-61 所示。

（2）选择合适的颜色、线类型等。

（3）单击线或左键框选线，设置线类型及切割状态。

（4）用鼠标右键单击线或右键框选线，设置线的颜色。

（5）直接输入数值可更改线类型的尺寸设置。

二十七、插入省褶

功能：在选中的线上插入省、褶，在纸样和结构线上均可操作，该工具常用于制作泡泡袖、立体口袋等。

操作：结构线的操作与纸样的操作一致。

1．有展开线的情况。

（1）单击或框选插入省的线，单击鼠标右键。

（2）框选或单击省线或褶线，单击鼠标右键，弹出【指定线的插入省】对话框，如图 2-62 所示。

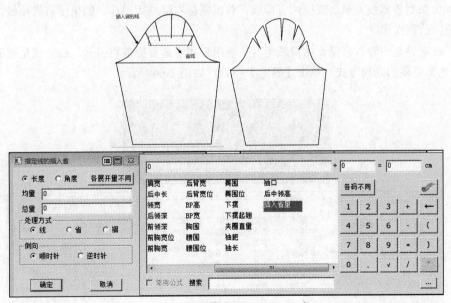

图 2-62

（3）在对话框中输入省量、褶量或角度（使用公式法需要提前将省量、褶量或角度输入尺寸表里），选择需要的处理方式，单击【确定】按钮。

2．无展开线的情况。

（1）单击或框选插入省的线，再在空白处单击鼠标右键两次，弹出【指定段的插入省】对话框，如图 2-63 所示。

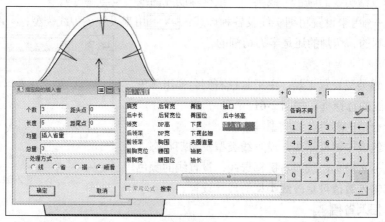

图 2-63

（2）在对话框中输入省量、褶量、角度等（使用公式法需要提前将省量、褶量或角度输入尺寸表里），选择需要的处理方式，单击【确定】按钮。

3．某一段展开。

（1）单击点 A，然后在点 A 与点 B 之间的线上单击，再单击点 B，选择完线后单击鼠标右键结束操作。

（2）如果有省褶线，单击或框选省褶线，单击鼠标右键结束操作；如果没有省褶线，单击鼠标右键两次结束操作。

（3）在对话框中输入省量、褶量或角度（使用公式法需要提前将省量、褶量或角度输入尺寸表里），选择需要的处理方式，单击【确定】按钮，如图 2-64 所示。

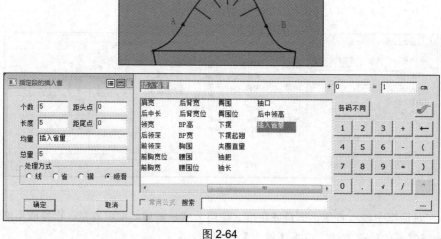

图 2-64

二十八、转省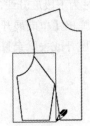

功能：将结构线及纸样上的省转移。可同心转省，也可以不同心转省；可全部转省，也可以部分转省，还可以等分转省。转省后，新省尖可在原位置，也可以不在原位置，还可以进行联动调整。

操作：参见图 2-65。

（1）框选所有转移的线，单击鼠标右键。

（2）单击或框选新省线，单击鼠标右键。

（3）单击一条线确定合并省的起始边，或者单击关键点作为转省的旋转圆心。

● 全部转省：单击合并省的另一边（单击另一边，转省后两省的长相等；如果用鼠标右键单击另一边，则新省尖的位置不会改变）。

● 部分转省：按住【Ctrl】键单击合并省的另一边（单击另一边，转省后两省的长相等；如果用鼠标右键单击另一边，则新省尖的位置不会改变）。

● 等分转省：输入数字，再单击合并省的另一边（单击另一边，转省后两省的长相等；如果用鼠标右键单击另一边，则不修改新省尖的位置）。

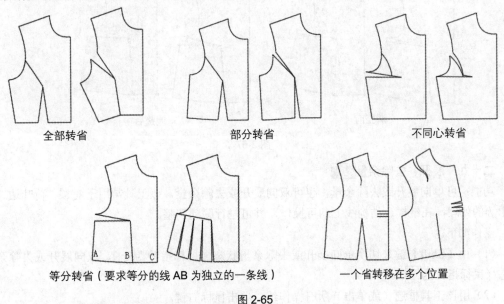

全部转省　　　　　　部分转省　　　　　　不同心转省

等分转省（要求等分的线 AB 为独立的一条线）　　　一个省转移在多个位置

图 2-65

下面用图示说明全部转省的步骤，如图 2-66 所示。

步骤 1（框选操作线，单击省尖，操作线会变为红色）　　　步骤 2（单击新省线，新省线会变为蓝色，再单击鼠标右键）　　　步骤 3（如果省尖在其他位置，单击合并省起始边，此线会变为绿色）

图 2-66

步骤4（单击合并省的另一边）　　　　结果

图 2-66（续）

● 联动调整：用【调整】工具 ，用鼠标右键单击红色联动点，调整结构线，纸样同时被调整，如图 2-67 所示。

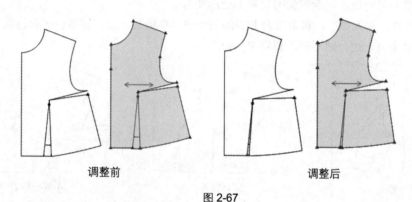

调整前　　　　　　　　　　　调整后

图 2-67

二十九、展开、去除余量

功能：可单向展开或去除余量，也可双向展开或去除余量，该工具常用于对领、荷叶边、大摆裙等的处理，在纸样、结构线上均可操作，并可进行联动调整。

操作如下。

（1）用【Shift】键来切换单向展开或去除余量状态（鼠标指针为 ）、双向展开或去除余量状态（鼠标指针为 ）。

（2）用该工具框选（或单击）所有操作线，单击鼠标右键。

（3）单击不伸缩线（如果有多条，则框选后单击鼠标右键），双向展开时为上段展开线。

（4）单击伸缩线（如果有多条，则框选后单击鼠标右键），双向展开时为下段展开线。

（5）如果有分割线，单击或框选分割线，单击鼠标右键确定固定侧，弹出【单向展开或去除余量】对话框（如果没有分割线，单击鼠标右键确定固定侧，弹出【单向展开或去除余量】对话框），如图 2-68 所示。

（6）输入恰当的数据，选择合适的选项，单击【确定】按钮。

（7）如果是在纸样上操作，则不需要进行第（2）步。

三十、荷叶边

功能：制作螺旋荷叶边，该工具只针对结构线操作。

操作如下。

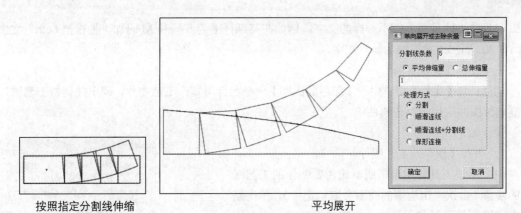

按照指定分割线伸缩　　　　　　　　　　　　　　平均展开

图 2-68

（1）在工作区的空白处单击，弹出【荷叶边】对话框（可输入新的数据），单击【确定】按钮，如图 2-69 所示。

（2）单击或框选所要操作的线后，单击鼠标右键，再分别单击上段线和下段线，弹出【荷叶边】对话框，如图 2-70 所示。有 3 种生成荷叶边的方式，选择其中的一种，单击【确定】按钮。

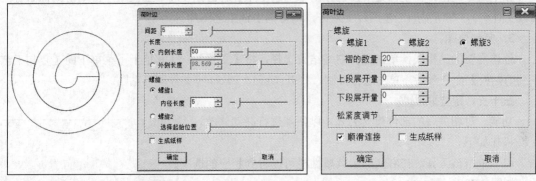

图 2-69　　　　　　　　　　　　　　　　　　图 2-70

三十一、文字 T

功能：在结构图或纸样上添加文字、移动文字、修改文字、删除文字及调整文字的方向，且各个码上的文字大小可以不一样。

操作如下。

（1）添加文字。用该工具在结构图上或纸样上单击（或按住鼠标左键拖动，根据所画线的方向确定文字的角度），弹出【T 文字】对话框，输入文字，单击【确定】按钮。

（2）移动文字。用该工具在文字上单击，文字会被选中，移动鼠标指针至恰当的位置再次单击。

（3）修改或删除文字。用该工具，把鼠标指针移到需修改的文字上，当文字变亮后单击鼠标右键，弹出【T 文字】对话框，修改或删除文字后，单击【确定】按钮；把鼠标指针移到文字上，文字变亮后，按【Enter】键，弹出【T 文字】对话框，选中需要修改的文字，输入正确的信息。

（4）调整文字的方向。单击该工具，把鼠标指针移到要修改的文字上，按住鼠标左键，拖动鼠标指针到目标方向，松开鼠标左键。

（5）在不同号型上加不一样的文字，例如在某纸样上为 S 码和 M 码加"抽橡筋 6cm"文字，L 码和 XL 码加"抽橡筋 8cm"文字。

三十二、工艺图库

功能：与【文件】菜单中的【保存到图库】命令配合可制作工艺图片，调出并调整工艺图片，可复制位图并应用于办公软件中。

操作如下。

1．加入（保存）工艺图片。

（1）用该工具分别单击或框选需要制作的工艺图片的线条（再次单击选中的线则会取消选中），单击鼠标右键即可看见工艺图片被一个虚线框框住，再单击一次鼠标右键，则会弹出【比例】对话框，输入新长度或新比例即可调整大小，如图 2-71 所示。

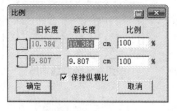

图 2-71

（2）选择【文件】→【其他】→【保存到图库】命令，弹出【保存工艺图库】对话框，选好路径，在文件栏内输入工艺图片的名称，单击【保存】按钮即可增加一个工艺图片。

2．调出并调整工艺图片。

在空白处调出：在空白处单击，弹出【工艺图库】对话框（选中工艺图片再单击鼠标右键可修改文件名），在所需的工艺图片上双击，即可调出该工艺图片。

3．复制位图。

框选需要的结构线，单击鼠标右键结束选择，将【文件】→【其他】子菜单下的【复制工艺图到剪贴板】命令激活，单击进行复制，打开 Word、Excel 等文件即可粘贴。

三十三、建立联动

功能：对相关联的部位建立公式，以便能进行联动修改。

操作如下。

（1）单击该工具，在右侧的工具属性栏可以看到相应的选项，如图 2-72 所示。

（2）选择对应的选项建立公式。

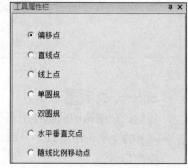

图 2-72

三十四、取消联动

功能：使线（对称线、旋转线、平行线、联动的结构线的上边线、结构线与纸样线）及图元等不再受到公式、对称等关系的控制，可以自由设计。

操作：单击或框选线、框选图元，单击鼠标右键结束操作（结构线之间的联动、纸样与结构线之间的联动都可以取消）。

三十五、缝份

功能：给纸样加缝份或修改缝份量及切角。

操作如下。

（1）为纸样的所有边加（修改）相同缝份。用该工具在任意一个纸样的边线点单击，在弹出的【衣片缝份】对话框中输入【缝份量】数值，选择适当的单选项，单击【确定】按钮，如图 2-73 所示。

（2）在多条边线上加（修改）相同缝份量。用该工具同时框选或单独框选加相同缝份的线段，单击鼠标右键弹出【缝份】对话框，输入缝份量，选择适当的切角，单击【确定】按钮，如图 2-74 所示。

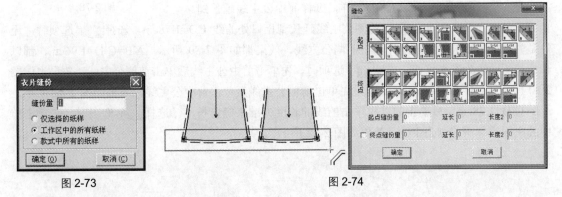

图 2-73　　　　　　　　　　　　　　　　　图 2-74

（3）先定缝份量，再单击纸样边线加（修改）缝份量。单击该工具，按数字键后按【Enter】键，再在纸样边线上单击，缝份量即可被修改，如图 2-75 所示。

（4）单击边线。用该工具在纸样边线上单击，在弹出的【缝份】对话框中输入缝份量，选择合适的切角，单击【确定】按钮。

（5）拖选边线点加（修改）缝份量。单击该工具，在点 1 上按住鼠标左键，将其拖至点 3 上松开鼠标左键，在弹出的【缝份】对话框中输入缝份量，选择合适的切角，单击【确定】按钮，如图 2-76 所示。

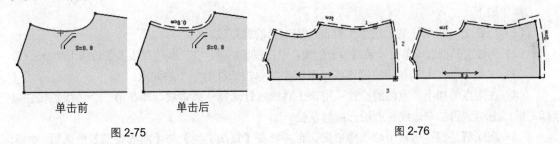

单击前　　　　　　　单击后

图 2-75　　　　　　　　　　　　　　　　图 2-76

（6）修改单个角的缝份切角。单击该工具，在需要修改的点上单击鼠标右键，会弹出【拐角缝份类型】对话框，选择适当的切角，单击【确定】按钮，如图 2-77 所示。

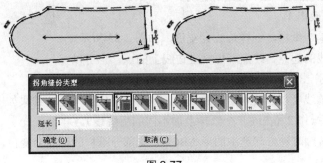

图 2-77

（7）修改两边线等长的切角。单击该工具，按【Shift】键，弹出【关联缝份】对话框，如图 2-78 所示。

图 2-78

3 种图标的区别介绍如下。

图 2-79 所示是没有做切角的纸样，纸样前中公主线延长到止口处的线 AB=1.96cm，纸样前侧公主线延长到止口处的线 CD=1.78cm。选择 单选项时，无论是先单击前中公主线还是先单击前侧公主线，效果都如图 2-80 所示，A'B=C'D=1.96cm，都以长度长的一边为准来修正。选择 单选项时，先单击前中公主线后单击前侧公主线，效果也如图 2-80 所示，A'B=C'D=1.96cm；如果先单击前侧公主线后单击前中公主线，效果如图 2-81 所示，A'B=C'D=1.78cm，后单击的以先单击的线的长度为准来确定长度。选择 单选项时，先单击前中公主线后单击前侧公主线，效果如图 2-82 所示。

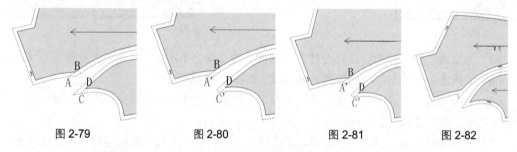

| 图 2-79 | 图 2-80 | 图 2-81 | 图 2-82 |

三十六、缝迹线

功能：在纸样边线上加缝迹线、修改缝迹线类型、修改虚线宽度。

操作如下。

（1）用该工具在纸样某边线点上单击，加定长的缝迹线。

（2）用该工具框选或单击一条或多条边线，单击鼠标右键，在一条边线或多条边线上加缝迹线。

（3）在整个纸样上加相同的缝迹线：用该工具单击纸样的一个边线点。

（4）在两点间加不等宽的缝迹线：用该工具顺时针选择一条边线，即在第一个边线点按住鼠标左键，拖动到第二个边线点上松开鼠标左键。

（5）删除缝迹线：可以用橡皮擦单击，也可以在【直线类型】与【曲线类型】中选第一种无线型。

三十七、绗缝线

功能：在纸样上添加绗缝线、修改绗缝线类型、修改虚线宽度。

1．添加绗缝线操作 1。

（1）用该工具单击纸样，纸样边线会变色，如图 2-83 所示。

（2）单击参考线的起点、终点（可以是边线上的点，也可以是辅助线上的点），弹出【绗缝线】对话框，如图 2-84 所示。

图 2-83

（3）选择合适的线类型，输入恰当的数值，单击【确定】按钮，结果如图 2-85 所示。

2．添加绗缝线操作 2（在同一个纸样上加不同的绗缝线）。

（1）用该工具按顺时针方向选中图形 ABCD，这部分纸样的边线会变色，选择参考线后，弹出【绗缝线】对话框。

（2）选择合适的线类型，输入恰当的数值。

（3）用同样的方法选中图形 DCEFG，选择合适的线类型，输入恰当的数值后确定，即可画出图 2-86 所示的绗缝线。

图 2-84

图 2-85

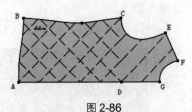

图 2-86

3．修改绗缝线操作。

单击该工具，在有绗缝线的纸样上单击鼠标右键，会弹出相应参数的【绗缝线】对话框，修改数值后确定操作。

4．删除绗缝线操作。

可以单击【橡皮擦】工具，也可以单击该工具，在有绗缝线的纸样上单击鼠标右键，在【直线类型】与【曲线类型】中选择第一种无线型。

三十八、做衬

功能：在纸样上做朴样、贴样。

操作如下。

1．在多个纸样上加数据相等的朴样、贴样。

（1）单击该工具，框选纸样边线后单击鼠标右键，在弹出的【衬】对话框中输入合适的数据。

（2）在多边加贴样时，选择【分别输入每条线的距离】选项，可以输入每条边线起点及终点的距离，如图 2-87 所示。

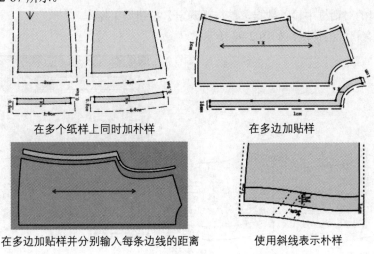

在多个纸样上同时加朴样　　　　　在多边加贴样

在多边加贴样并分别输入每条边线的距离　　　　　使用斜线表示朴样

图 2-87

2．在整个纸样上加衬。

用该工具单击纸样，纸样边线会变色，并弹出对话框，输入数值后确定操作，如图 2-88 所示。

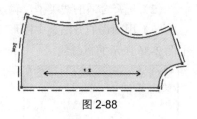

图 2-88

三十九、褶

功能：在结构线或纸样边线上增加或修改刀褶、工字褶，做通褶时在原纸样上会把褶量加进去，纸样大小会发生变化。

操作如下。

1．结构线上有褶线的情况（见图 2-89）。

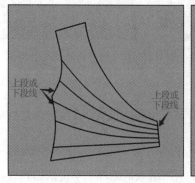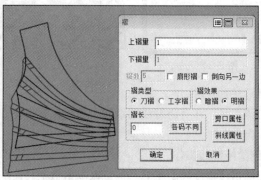

图 2-89

（1）用该工具单击或框选操作线，单击鼠标右键结束操作。

（2）单击上段线，如果有多条线则框选并单击鼠标右键结束操作（操作时要靠近固定的一侧，系统会有提示）。

（3）单击下段线，如果有多条线则框选并单击鼠标右键结束操作（操作时要靠近固定的一侧，系统会有提示）。

（4）单击或框选展开线，单击鼠标右键，弹出【褶】对话框（可以不选择展开线，但需要在对话框中输入插入褶的数量）。

（5）在弹出的对话框中输入数据，单击【确定】按钮结束操作。

2．纸样上有褶线的情况，如图 2-90 所示。

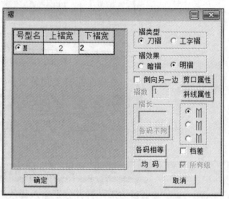

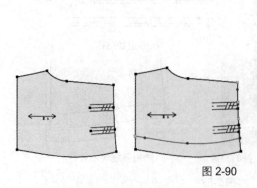

图 2-90

（1）用该工具框选或分别单击褶线，单击鼠标右键，弹出【褶】对话框。

（2）输入上下褶宽，设置【褶类型】。

（3）单击【确定】按钮，将褶合并起来。

（4）此时就用该工具调整褶底，满意后单击鼠标右键。

3．纸样上平均加褶的情况（见图 2-91）。

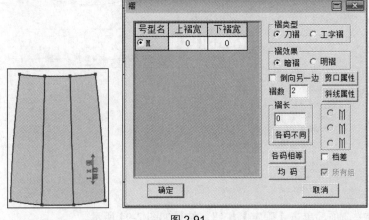

图 2-91

（1）单击该工具，单击加褶的线段，如图中的线 AB（如果有多条线则框选线段，单击鼠标右键）；单击另外一段所在的边线，单击鼠标右键，弹出【褶】对话框。

（2）在对话框中输入褶量、褶数等，单击【确定】按钮，将褶合并起来。

（3）此时就用该工具调整褶底，满意后单击鼠标右键。

4．修改工字褶或刀褶。

在结构线的褶线上单击鼠标右键，输入新的褶量，纸样上的褶量会自动变化。

四十、V 形省

功能：在结构线或纸样边线上增加或修改 V 形省。

操作如下。

1．生成 V 形省（结构线上有省线的情况）。

（1）单击该工具，右侧工具属性栏中会出现相关内容，如图 2-92 所示。

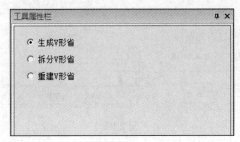

图 2-92

（2）选择【生成 V 形省】单选项，单击或框选边线，单击鼠标右键结束操作。单击或框选省线，单击鼠标右键结束操作，如图 2-93 所示。

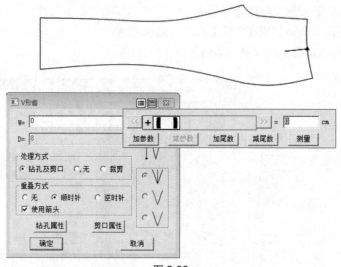

图 2-93

（3）输入相关选项，单击【确定】按钮，结果如图 2-94 所示。

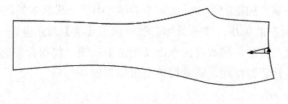

图 2-94

2．生成 V 形省（结构线上无省线的情况）。

（1）第一步与上一种情况的第一步相同。

（2）用该工具在边线上单击，定好省的位置，如图 2-95 所示。

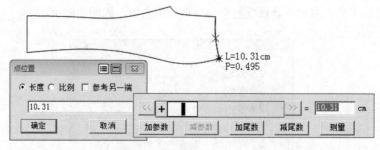

图 2-95

（3）默认的省线与边线垂直，按住【Ctrl】键可以任意移动省线，如图 2-96 所示。

（4）选择合适的选项，输入恰当的省量，结果如图 2-97 所示。

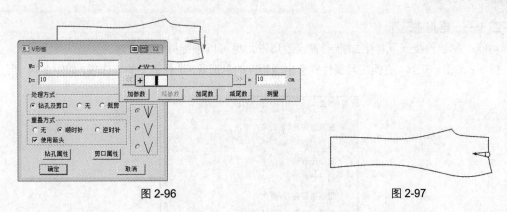

图 2-96　　　　　　　　　　　　　　　　　　　图 2-97

3．修改 V 形省。

单击该工具，将鼠标指针移至 V 形省上，省线变色后单击鼠标右键，弹出【V 形省】对话框。纸样上的操作与结构线上的操作相同，只是对话框里多了各码相等、档差和基码。

4．拆分 V 形省。

功能：将生成的 V 形省拆分，以便进行转省等操作。

操作：直接在省上单击，拆分后省线为独立的线条，可以删除或修改，如图 2-98 所示。

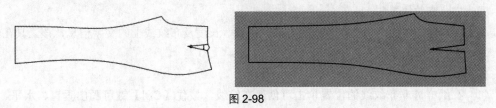

图 2-98

5．重建 V 形省。

按顺序单击线 1、线 2、线 3、线 4，如图 2-99 所示。

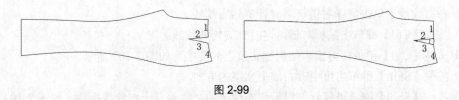

图 2-99

联动调整：调整结构线上的省，纸样上的省同时被调整，在省上单击鼠标右键，输入新的省宽，如图 2-100 所示。

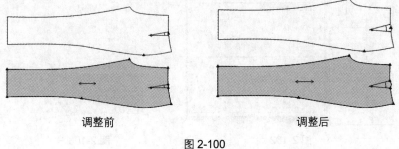

调整前　　　　　　　　　　　　　　　　　　调整后

图 2-100

四十一、锥形省

功能：在结构线或纸样上加锥形省或菱形省，也可以进行拆分或重建。

操作：单击该工具，右侧工具属性栏会出现相应的单选项，选择需要的单选项，如图 2-101 所示。

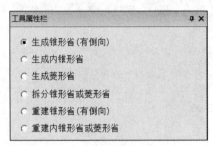

图 2-101

注：

操作与 V 形省的操作类似。

四十二、布纹线

功能：创建布纹线，调整布纹线的方向、位置、长度及布纹线上的文字信息，该工具在结构线上或纸样上均可操作。

操作如下。

（1）在纸样外非布纹线的位置单击可创建布纹线，按住【Ctrl】键可画出垂直、水平、45°线 8 个方向的布纹线；在纸样内单击可按两点指定的方向更改布纹方向。

（2）单击布纹线端点可更改布纹线的长度。

（3）单击布纹线中间可移动布纹线。

（4）在布纹线上单击鼠标右键可顺时针旋转布纹线。

（5）按住【Ctrl】键单击鼠标右键可逆时针旋转布纹线。

（6）按住【Ctrl】键单击可编辑结构线布纹上的文字，如图 2-102 所示。

（7）按住【Shift】键单击可更改布纹上文字的方向。

（8）按住【Shift】键单击鼠标右键可使布纹上的文字垂直于布纹线摆放，如图 2-103 所示。

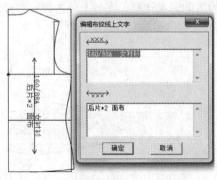

图 2-102

图 2-103

四十三、钻孔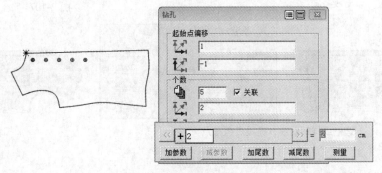

功能：在结构线或纸样上加钻孔（扣位）或钻孔组，修改钻孔（扣位）的属性及个数；在放码的纸样上，各码纸样的钻孔的数量可以相等也可以不相等。

操作如下。

1. 在结构线上加钻孔。

（1）在结构线上单击，输入钻孔（扣位）的个数和距离，系统会自动画出钻孔（扣位），如图 2-104 所示。

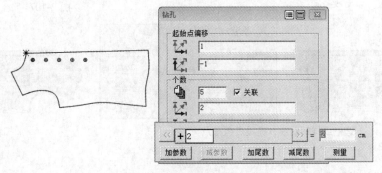

图 2-104

（2）结构线上加好钻孔（扣位）后，用【剪刀】工具可以将其拾取到纸样上，并且在结构线上调整钻孔（扣位），纸样上的钻孔（扣位）同时被调整，如图 2-105 所示。

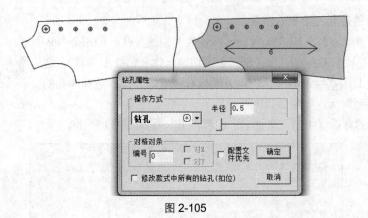

图 2-105

（3）在结构线上加钻孔。用该工具在线上单击，弹出【线上钻孔】对话框，如图 2-106 所示。输入钻孔的个数及距首尾点的距离，单击【确定】按钮。

2. 在纸样上加钻孔。

（1）根据钻孔（扣位）的个数和距离，系统会自动画出钻孔（扣位）。用该工具单击前领深点，弹出【钻孔】对话框，输入偏移量、个数及间距，单击【确定】按钮，如图 2-107 所示。

（2）在纸样上加钻孔（扣位），放码时只放辅助线的首尾点即可。用该工具在纸样上单击，弹出【线上钻孔】对话框，输入钻孔的个数及距首尾点的距离，单击【确定】按钮，如图 2-108 所示。

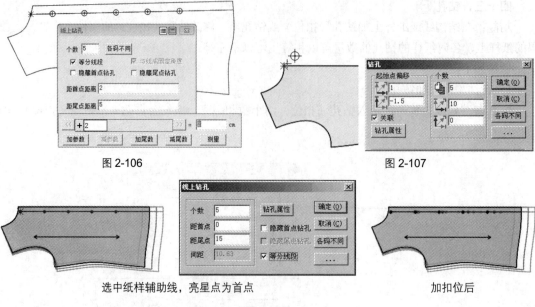

图 2-106   图 2-107

选中纸样辅助线，亮星点为首点   加扣位后

图 2-108

（3）在不同的码上加数量不等的钻孔（扣位）。

3．修改钻孔（扣位）的属性及个数。

单击该工具，在钻孔（扣位）上单击鼠标右键，弹出【线上钻孔】对话框。

4．冲孔。

（1）钻孔库的建立与命令的设置。

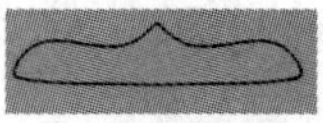

仅参考
图 2-109

● 使用【智能笔】工具 ✐ 绘制自己需要的类型的冲孔，如图 2-109 所示。

● 单击【钻孔】工具 ⬤，按【Shift】键切换（建立钻孔库工具），选

中用【智能笔】工具 ✐ 绘制的冲孔，单击鼠标右键确定操作，选择冲孔的

顶点并拖出虚线到终点，如图 2-110 所示。

图 2-110

● 在弹出的对话框中输入文件名，保存冲孔，如图 2-111 所示。

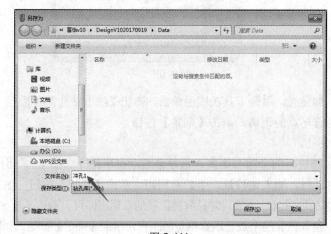

图 2-111

- 选择【选项】→【钻孔命令设置】命令，如图 2-112 所示。
- 选择冲孔形状，设置命令为【5】，单击【确定】按钮，如图 2-113 所示。

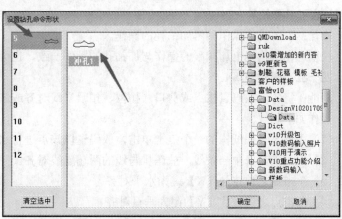

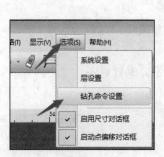

图 2-112   图 2-113

- 单击【钻孔】工具，单击需要加冲孔的线，如图 2-114 所示。
- 弹出对话框，单击【属性】按钮，选择刚刚设置的命令【5】；选择【等分线段】选项，那么钻孔间的距离会相等，输入个数，单击【确定】按钮，如图 2-115 所示。

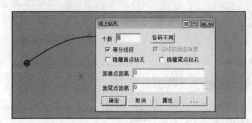

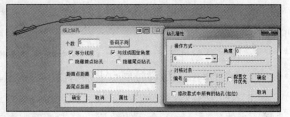

图 2-114   图 2-115

（2）自定义钻孔的生成（单个、线上单排、线上多排）。单个或线上单排需要直接输入个数及选择等分线段，如图 2-115 所示；线上多排需要单击【属性】按钮旁边的 ··· 按钮，勾选【多排钻孔】复选框，输入【排数】【排间距】等，如图 2-116 和图 2-117 所示。

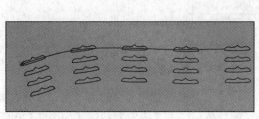

图 2-116   图 2-117

四十四、扣眼 ⊬

功能：在结构线或纸样上加扣眼或组扣眼、修改扣眼。在放码的纸样上，各码扣眼的数量可以相等也可以不相等。

操作：该工具的操作参考加钻孔的操作。

说明：在结构线上加扣眼的操作与加钻孔的操作一致，也可联动进行修改。

四十五、码对齐 ⊡

功能：将各码放码量按点或剪口（扣位、扣眼）线对齐或恢复原状。

操作如下。

（1）用该工具在纸样的一个点上单击，放码量以该点进行水平、垂直对齐。

（2）用该工具选中一条线，放码量与线的两端连线对齐。

（3）单击点之前按住【X】键为水平对齐。

（4）单击点之前按住【Y】键为垂直对齐。

（5）按住【Shift】键，在纸样上单击鼠标右键，恢复原状。

四十六、剪口 ▧

功能：在结构线或纸样边线上加剪口，在拐角处加剪口，以及在辅助线指向边线的位置加剪口，调整剪口的方向，对剪口进行放码、修改剪口的定位尺寸及属性。

操作：单击该工具，在右侧工具属性栏中会出现相应的单选项，如图 2-118 所示。

图 2-118

1. 在工具属性栏中选择【生成/修改剪口】单选项。

（1）在结构线或纸样控制点上加剪口。用该工具在控制点上单击。

（2）在结构线或纸样的一条线上加剪口。用该工具单击线或框选线，弹出【剪口】对话框，选择适当的选项，输入合适的数值，单击【确定】按钮，如图 2-119 所示。

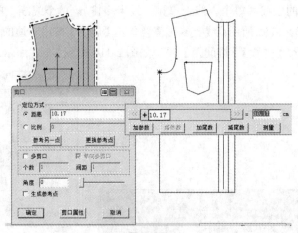

图 2-119

（3）在多条线上同时加等距的剪口。用该工具框选需加剪口的线，单击鼠标右键，弹出【剪口】对话框，选择适当的选项，输入合适的数值，单击【确定】按钮，如图 2-120 所示。

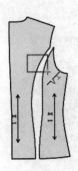
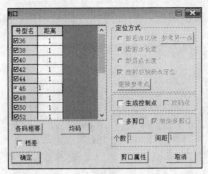
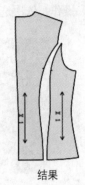

过程　　　　　　　　　　　　　　　结果

图 2-120

2．在工具属性栏中选择【生成拐角剪口】单选项。

选择【生成拐角剪口】单选项或按【Shift】键把鼠标指针切换为 ，单击纸样上的拐角点，在弹出的对话框中输入正常的缝份量，单击【确定】按钮，如图 2-121 所示。缝份量不等于正常缝份量的拐角点处都会统一加上拐角剪口。

（1）框选拐角点即可在拐角点处加上拐角剪口，可在多个拐角点处同时加拐角剪口。

图 2-121

（2）框选或单击线的中部，线的两端会自动添加拐角剪口。如果框选或单击线的一端，则在线的一端添加拐角剪口。

3．在工具属性栏中单击【删除所有拐角剪口】按钮（适用于结构线与纸样）。

（1）单击【删除所有拐角剪口】，弹出【选择纸样】对话框。

（2）选择选项即可将拐角剪口删除。

4．在工具属性栏中单击【删除所有剪口】按钮（适用于结构线与纸样）。

（1）单击【删除所有剪口】按钮，弹出【删除所有剪口】对话框。

（2）选择选项即可将所有剪口删除。

5．在工具属性栏中单击【修改所有剪口】按钮（适用于结构线与纸样）。

（1）单击【修改所有剪口】按钮，弹出【剪口属性】对话框。

（2）选择相关选项即可更改所有的剪口。

四十七、对刀

功能：同时在袖窿与袖山上打剪口，前袖窿、前袖山打单剪口，后袖窿、后袖山打双剪口，如图 2-122 所示。

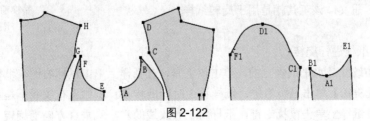

图 2-122

操作：依次选前袖窿线、前袖山线、后袖窿线、后袖山线，如图 2-123 所示。

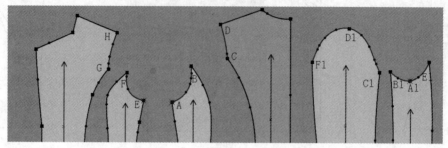

图 2-123

（1）用该工具在靠近点 A、点 C 的位置依次单击或框选前袖窿线 AB、CD，单击鼠标右键。

（2）在靠近点 A1、点 C1 的位置依次单击或框选前袖山线 A1B1、C1D1，单击鼠标右键。

（3）在靠近点 E、点 G 的位置依次单击或框选后袖窿线 EF、GH，单击鼠标右键。

（4）在靠近点 A1、点 F1 的位置依次单击或框选后袖山线 A1E1、F1D1，单击鼠标右键。

（5）弹出【袖对刀】对话框，输入恰当的数据，如图 2-124 所示，单击【确定】按钮。

图 2-124

四十八、修改纸样

功能：对已经有的纸样进行修改。

操作如下。

（1）单击边线（如果有多条线则框选，然后单击鼠标右键）。

（2）单击替换线（如果有多条线则框选，然后单击鼠标右键）。

（3）框选替换线，在要保留的位置点单击鼠标右键，结果如图 2-125 所示。

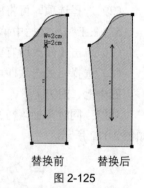

替换前　　替换后

图 2-125

四十九、旋转纸样

功能：顾名思义，该工具就是用于旋转纸样。

操作如下。

1. 对单个纸样进行旋转。

（1）如果布纹线是水平或垂直的，单击该工具，在纸样上单击鼠标右键，纸样将按顺时针旋转 90°；按住【Shift】单击鼠标右键，纸样将逆时针旋转 90°。如果布纹线不是水平或垂直的，单击该工具，在纸样上单击鼠标右键，纸样将在布纹线的水平或垂直方向上旋转。

（2）用该工具单击两点，移动鼠标，纸样将以选中的两点在水平或垂直方向上旋转。

（3）按住【Ctrl】键，在纸样单击两点，移动鼠标，可随意旋转纸样。按住【Ctrl】键，在纸样上单击鼠标右键，可按指定角度旋转纸样。

2．对多个纸样进行旋转。

（1）框选纸样后，单击鼠标右键可以将纸样顺时针旋转 90°。

（2）框选纸样后，按住【Shift】键，单击鼠标右键可将纸样逆时针旋转 90°。

（3）在空白处单击或按【Esc】键退出该操作。

五十、纸样对称

功能：可以在关联对称、只显示一半、不关联对称 3 种状态间设置纸样，如图 2-126 所示。

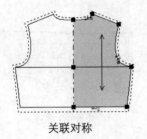 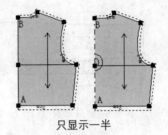 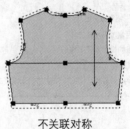

关联对称　　　　　　　　只显示一半　　　　　　　　不关联对称

图 2-126

操作如下。

（1）单击该工具，工具属性栏里会出现相应的选项，如图 2-127 所示。

（2）选择不同的选项，会出现相应的展开状态。

五十一、水平垂直翻转

功能：将纸样翻转。

操作如下。

1．对单个纸样进行翻转。

（1）用【Shift】键在水平翻转（鼠标指针为）与垂直翻转（鼠标指针为）间切换。

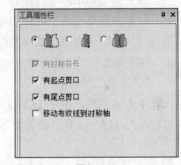

图 2-127

（2）在纸样上单击。

（3）纸样如果设置了左或右，翻转时会提示"是否翻转该纸样？"，如图 2-128 所示。

（4）如果需要翻转，单击【是】按钮。

2．对多个纸样进行翻转。

单击该工具，框选要翻转的纸样后单击鼠标右键，所有选中的纸样即可翻转。在空白处单击或按【Esc】键退出该操作。

图 2-128

五十二、分割纸样

功能：将纸样沿辅助线剪开。

操作如下。

（1）单击该工具，工具属性栏里会出现相应的选项，如图 2-129 所示。

（2）选择相应的选项，在纸样的辅助线上单击，纸样被分割。

五十三、合并纸样

功能一：将两个纸样合并成一个纸样，以合并线两端点的连线合并。

功能二：将两个纸样合并显示。

1．功能一操作。

选中对应鼠标指针后有以下 4 种操作方法，合并前后如图 2-130 所示。

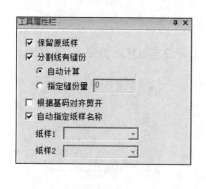

图 2-129

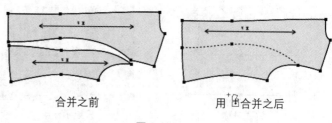

合并之前　　　　　用 合并之后

图 2-130

（1）直接单击两个纸样的空白处。

（2）分别单击两个纸样的对应点。

（3）分别单击两个纸样的两条边线。

（4）拖选一个纸样上的两点，再拖选另一个纸样上的两点。

2．功能二操作。

单击该工具，按住【Ctrl】键分别单击点 A、点 C 或点 B、点 D，左边的纸样就会合并显示到右边的纸样上，并且合并显示后还是两个纸样，如图 2-131 所示。

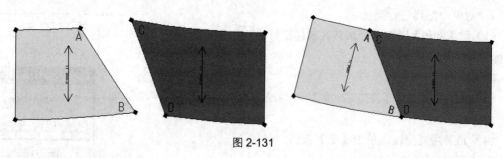

图 2-131

五十四、缩水

功能：根据面料对纸样进行整体缩水处理。

操作如下。

（1）单击该工具。

（2）在纸样上单击，然后单击鼠标右键，弹出【缩水】对话框，纸样上会自动标示经向方向，如图 2-132 所示。

图 2-132

（3）选择缩水面料，选择适当的选项，输入纬向与经向的缩水率，单击【确定】按钮，如图 2-133 所示。

序号	1	2	3	4	5	6
纸样名	后中	后侧	后中贴	大袖	小袖	领
旧纬向缩水率	0	0	0	0	0	0
新纬向缩水率	0	0	0	0	0	0
纬向缩放	0	0	0	0	0	0
旧经向缩水率	4	4	4	0	0	4
新经向缩水率	4	4	4	0	0	4
经向缩放	4.17	4.17	4.17	0	0	4.17
加缩水量前的纬向尺寸	20	14.6	22.52	22.94	14.11	34.28
纬向变化量	0	0	0	0	0	0
加缩水量后的纬向尺寸	20	14.6	22.52	22.94	14.11	34.28
加缩水量前的经向尺寸	68.25	53.74	8.42	60.08	50.25	9.27
经向变化量	2.84	2.24	0.35	0	0	0.39
加缩水量后的经向尺寸	71.09	55.98	8.77	60.08	50.25	9.66

缩水（单位:%）

○ 仅选择的纸样　　选择面料　　纬向缩水率(W) [　　] 纬向缩放 [　　]　确定
○ 工作区中的所有纸样　[全部面料▼]　经向缩水率(L) [　　] 经向缩放 [　　]　取消
○ 款式中所有的纸样

图 2-133

五十五、添加、修改图片

功能：在纸样上添加图片（Logo），该图片能同纸样一起被绘制出来。

操作如下。

1. 添加图片（可以为 BMP、JPG、GIF、PNG、TIF、DST、DSZ、DSB 等文件）。

（1）单击该工具，把鼠标指针移动到点 A 上，按【Enter】键，在弹出的【偏移对话框】对话框中输入图片的偏移量，单击【确定】按钮，如图 2-134 所示。

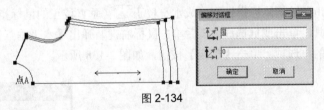

点A

偏移对话框
确定　取消

图 2-134

（2）拖动鼠标指针后单击，弹出【图片】对话框，单击【浏览】按钮，选择图片并将其打开，如图 2-135 所示。

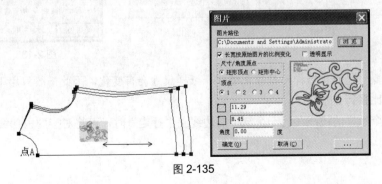

点A

图片
图片路径
C:\Documents and Settings\Administrato　浏览
☑ 长宽按原始图片的比例变化　　□ 透明显示
尺寸/角度原点
◉ 矩形顶点　○ 矩形中心
顶点
◉ 1　○ 2　○ 3　○ 4
□ 11.29
□ 8.45
角度 0.00　度
确定(O)　取消(C)　　...

图 2-135

2. 修改图片。

单击该工具或【调整】工具，在图片上单击鼠标右键，弹出【图片】对话框，在对话框中可更换图片，修改图片长宽、角度等信息。

五十六、重新顺滑曲线

功能：调整曲线并且将关键点保留在原位置，该工具常用于处理纸样。

操作如下。

（1）用该工具单击需要调整的曲线，此时原曲线处会自动生成一条新曲线（如果曲线中间没有放码点，则新曲线为直线；如果曲线中间有放码点，则新曲线默认通过放码点）。

（2）用该工具单击原曲线上的控制点，新曲线就会吸附在该控制点上（再次在该点上单击，新曲线会脱离）。

（3）对新曲线满意后，在空白处单击鼠标右键，如图 2-136 所示。

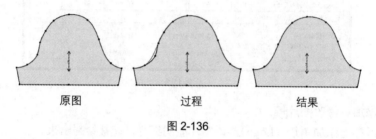

原图　　　　　　　过程　　　　　　　结果

图 2-136

五十七、水平/垂直校正

功能：将一条线校正成水平或垂直状态，该工具常用于校正纸样。下面将图一中的线 AB 校正至图二中的状态，如图 2-137 所示。

操作如下。

（1）按住【Shift】键把鼠标指针切换成水平校正（垂直校正的鼠标指针为）。

（2）单击该工具，单击或框选线 AB 后单击鼠标右键，弹出【水平垂直校正】对话框。

（3）选择合适的单选项，单击【确定】按钮，如图 2-138 所示。

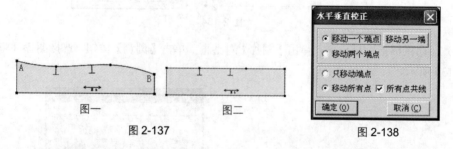

图一　　　　　图二

图 2-137

图 2-138

注意：该操作是修正纸样不是摆正纸样，纸样尺寸会有变化，因此一般只用于微调。

五十八、比拼行走

功能：一个纸样的边线在另一个纸样的边线上"行走"时，可将对接的内部线调整圆顺，也可以加剪口。

操作如下。

（1）用该工具依次单击点 B、点 A，如图 2-139 左图所示，纸样二会拼在纸样一上，并弹出【行走比拼】对话框。

（2）单击纸样边线，纸样二就会在纸样一上"行走"，此时可以加剪口，也可以调整辅助线。

（3）单击鼠标右键完成操作，结果如图 2-139 右图所示。

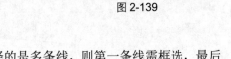

图 2-139

五十九、曲线替换

功能：互换结构线上的线与纸样边线。

操作如下。

（1）单击或框选线的一端，线就会被选中（如果选择的是多条线，则第一条线需框选，最后单击鼠标右键）。

（2）单击鼠标右键，选中的线可在水平方向、垂直方向翻转。

（3）在目标线上移动鼠标指针，再单击即可完成替换。

六十、设置局部充绒

功能：计算样片局部充绒量。

操作如下。

1．单击【设置局部充绒】工具。

2．单击或框选样片上分割的辅助线，输入密度，单击【应用】按钮，如图 2-140 所示。

> 注：
>
> 　选择【选项】→【系统设置】→【开关设置】命令，弹出对话框，在其中可以设置密度单位，以及要输出的内容。

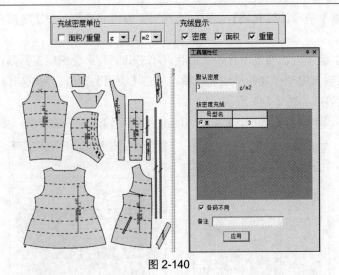

图 2-140

3．样片上会自动显示充绒的重量、面积、密度等，如图 2-141 所示。

4．按住【Shift】键单击辅助线，选择鼠标指针所在的充绒区域，修改密度后，相应的充绒量也会被自动修改，如图 2-142 所示。

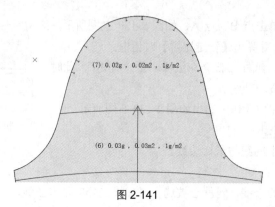

图 2-141

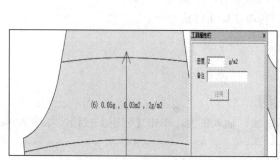

图 2-142

5．按住【Shift】键，用鼠标右键单击样片上原有的分割线，单击要增加或减少的线。

6．按住【Ctrl】键和鼠标左键可以移动充绒区域的文字。

7．选择【表格】→【计算充绒】命令，选择需要输出的参数，如【局部充绒总量】，将结果输出到 Excel 表格。

8．按【Shift】键可以切换成平行线 2 形状，单击分割线后会出现工具属性栏。

（1）在号型后输入整个样片的平均充绒量，单击【应用】按钮，系统会自动计算每个样片的重量、面积、密度等，如图 2-143 所示。

（2）勾选【各码不同】复选框，可以在相应的号型后输入对应的密度，如图 2-144 所示。

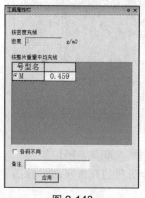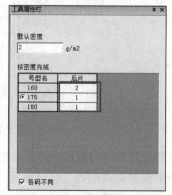

图 2-143   图 2-144

六十一、平行移动

功能：沿线平行移动纸样或将纸样平行放大或缩小。

【Shift】键用于在平行移动纸样与平行放大、缩小纸样间切换。

操作如下。

1．沿线平行调整纸样。

（1）用该工具分别单击或框选（框选时线两端点必须框住）需要调整的线，单击鼠标右键。

（2）拖动鼠标后单击，弹出【平行移动】对话框。

（3）输入合适的数值（正值为加长，负值为减短），单击【确定】按钮，如图 2-145 所示。

2．平行放大、缩小纸样。

（1）用该工具单击或框选纸样，单击鼠标右键，拖动鼠标后单击，弹出【放缩量】对话框。

（2）输入合适的数值（正值为加长，负值为减短），单击【确定】按钮，如图 2-146 所示。

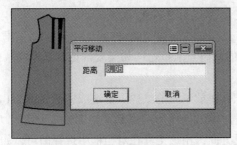
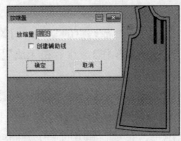

图 2-145　　　　　　　　　　　　　　　图 2-146

六十二、选择

功能：选中纸样、选中纸样上的点、选中辅助线上的点、修改点的属性。

操作如下。

1．选中纸样：用该工具在纸样上单击即可。如果要同时选中多个纸样，只要框选各纸样的一个放码点即可。

2．选中纸样上的点。

（1）选中单个放码点：用该工具在放码点上单击或用鼠标左键框选。

（2）选中多个放码点：用该工具在放码点上框选或按住【Ctrl】键在放码点上逐个单击。

（3）选中单个非放码点：用该工具在非放码点上单击。

（4）选中多个非放码点：按住【Ctrl】键在非放码点上逐个单击。

（5）按住【Ctrl】键时第一次在点上单击则选中该点，再次单击则取消选中该点。

（6）按【Esc】键或用该工具在空白处单击，可同时取消选中所有点。

（7）选中一个纸样上的相邻点：用该工具在袖窿的点 A 上按住鼠标左键拖至点 B 再松开鼠标左键，如图 2-147 所示，图二为选中状态。

3．辅助线上的放码点与边线上的放码点重合时。

（1）用该工具在重合点上单击，选中的为边线放码点。

（2）在重合点上框选，边线放码点与辅助线放码点会全部被选中。

（3）按住【Shift】键，在重合点单击或框选，选中的是辅助线放码点。

4. 修改点的属性：在需要修改的点上单击，在【点放码表】对话框里选择点的类型，修改之后单击【采用】按钮；如果选中多个点，按【Enter】键即可弹出对话框，如图 2-148 所示。

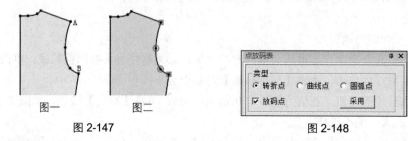

图一　　　　图二

图 2-147　　　　　　　　　　　　　　　　　　图 2-148

六十三、拷贝点放码量

功能：复制放码点、剪口点、交叉点的放码量到其他的放码点上。

操作如下。

（1）情况一，单个放码点的复制：用该工具在有放码量的放码点上单击（如果要框选，框选完单击鼠标右键结束操作），然后在无放码量的放码点上单击（如果要框选，框选完单击鼠标右键结束操作）。

（2）情况二，多个放码点的复制：用该工具在放了码的纸样上框选或拖选（图 2-149 所示点 A 至点 B），然后在未放码的纸样上框选或拖选（图 2-149 所示点 C 至点 D）。

（3）情况三，只复制其中的一个方向或反方向：用该工具在对话框中选择即可，如图 2-150 所示。

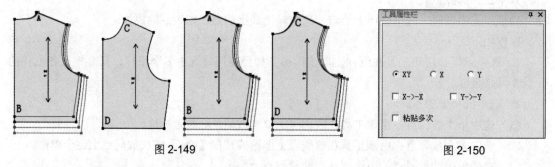

图 2-149　　　　　　　　　　　　　　　　　　图 2-150

（4）情况四，把相同的放码量连续复制到多个放码点上：勾选【粘贴多次】复选框，用该工具在放码的纸样上单击、框选或拖选，然后在未放码的纸样上单击、框选或拖选。

> **注：**
> 框选完一定注意要单击鼠标右键结束操作。

六十四、平行放码

功能：对纸样边线、纸样辅助线进行平行放码，该工具常用于文胸的放码。

操作：用该工具单击或框选需要进行平行放码的线段，单击鼠标右键，弹出【平行放码】对话框，输入各线各码平行线间的距离，单击【确定】按钮。

六十五、辅助线平行放码

功能：针对纸样内部线进行放码，使用该工具后，内部线间会平行且与边线相交。

操作：用该工具单击或框选辅助线（线 a、a'），再单击靠近移动端的线（线 b），如图 2-151 所示。

六十六、平行交点

功能：对纸样边线进行放码，使用该工具后，与其相交的两边会分别平行，该工具常用于西服领口的放码。

操作：用该工具单击点 A，变化如图 2-152 所示。

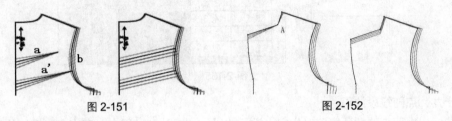

图 2-151   图 2-152

六十七、肩斜线放码

功能：使各放码点不平行的肩斜线平行。

操作如下。

1．肩点未放码，按照肩宽实际值放码实现，如图 2-153 所示。

（1）用该工具分别单击后中线的两点。

（2）单击肩点，弹出【肩斜线放码】对话框，输入合适的数值，选择恰当的选项，单击【确定】按钮。

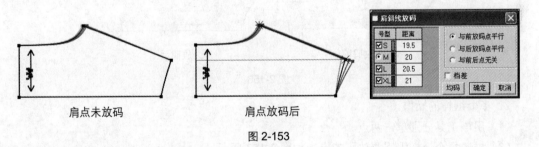

肩点未放码   肩点放码后

图 2-153

2．肩点已放码的操作如图 2-154 所示。

（1）单击布纹线（也可以分别单击后中线上的两点）。

（2）单击肩点，弹出【肩斜线放码】对话框，选择第一个单选项，单击【确定】按钮。

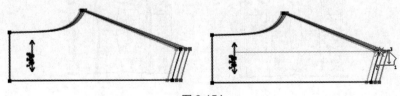

图 2-154

六十八、辅助线放码

功能：使相交在纸样边线上的辅助线端点按照到边线指定点的长度来进行放码。

操作如下。

（1）用该工具在辅助线 A 上单击，右侧会出现工具属性栏。

（2）在其中输入合适的数值，选择恰当的选项。

（3）单击【应用】按钮，结果如图 2-155 所示。

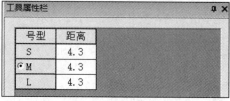

号型	距离
S	4.3
M	4.3
L	4.3

图 2-155

六十九、点随线段放码

功能：根据两点的放码比例对指定点进行放码，该工具可以用来对宠物衣服进行放码。

操作如下。

1. 线段 EF 的点 F 根据衣长 AB 进行放码，如图 2-156 所示。

（1）用该工具分别单击点 A、点 B。

（2）单击或框选点 F。

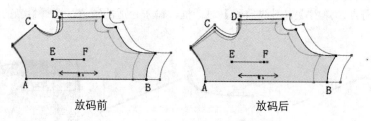

放码前　　　　　　放码后

图 2-156

2. 多个纸样的操作。

（1）用该工具分别单击两点。

（2）框选每个纸样上需要放码的点，如图 2-157 所示。

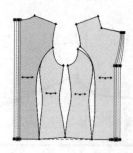
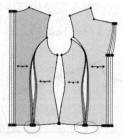

图 2-157

3．整体操作。

（1）按【Shift】键切换鼠标指针。

（2）用该工具分别单击点 A、点 B。

（3）单击或框选需要放码的点，单击鼠标右键结束操作，如图 2-158 所示。

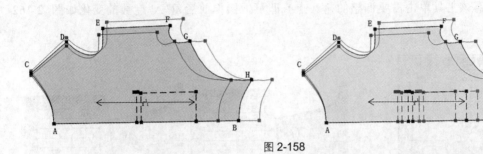

图 2-158

（4）对齐后可以发现口袋实际整体没有放码，如图 2-159 所示。

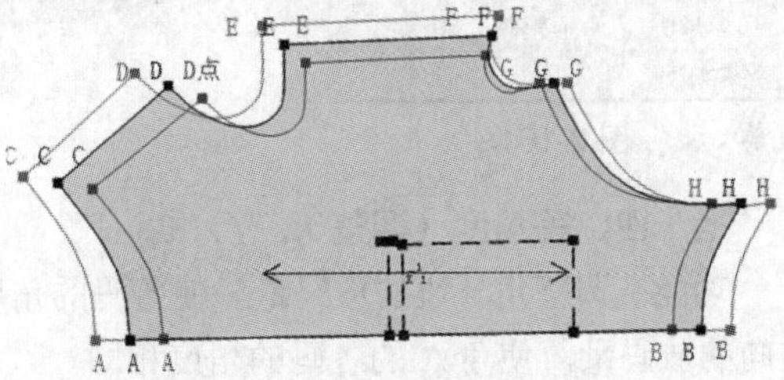

七十、设定/取消辅助线随边线放码

功能：设定辅助线随边线放码，辅助线不随边线放码。

操作：辅助线随边线放码。

（1）按住【Shift】键把鼠标指针切换成，辅助线随边线放码。

（2）用该工具框选或单击辅助线的中部，辅助线的两端都会随边线放码。

（3）如果框选或单击辅助线的一端，则只有这一端会随边线放码。

图 2-159

七十一、圆弧放码

功能：对圆弧的角度、半径、弧长进行放码。

操作如下。

（1）用该工具单击圆弧，圆心会显示出来，并弹出【圆弧放码】对话框，如图 2-160 所示。

（2）输入正确的数据，单击【确定】按钮。

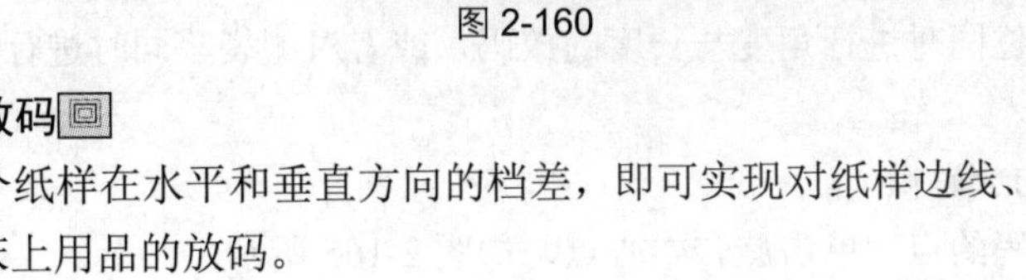

图 2-160

七十二、比例放码

功能：输入整个纸样在水平和垂直方向的档差，即可实现对纸样边线、内部线等进行自动放码，该工具常用于床上用品的放码。

操作：在【规格表】对话框中设置好号型，单击该工具，在纸样上单击；然后单击鼠标右键，弹出【比例放码】对话框，如图 2-161 所示；选择相应的选项，单击【关闭】按钮。

七十三、等角度放码

功能：调整角的放码量使各码的角度相等，该工具可用于调整后浪及领角。

操作：用该工具单击需要调整的角（点）即可，操作前后角 A 度数的变化如图 2-162 所示。

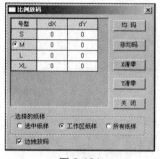

图 2-161

操作前　　　　　　操作后

图 2-162

七十四、等角度（调整 X、Y）

功能：调整角一边的放码量，使各码的角度相等。例如，在图 2-163 中调整点 B X 方向或 Y 方向的放码量，使角 A 的各码的角度相同。

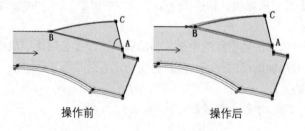

操作前　　　　　　操作后

图 2-163

操作：单击该工具，按住【Shift】键将鼠标指针切换为调整 X 方向 （或调整 Y 方向 ）；先单击可调整的点 B，然后单击保证各码角度相等的点 A，再单击角的另一边上的点 C。

七十五、等角度边线延长

功能：延长角一边的线长，使各码角度相同。

例如，在图 2-164 中延长点 B，使角 A 的各码度数一样。

操作：用该工具分别单击点 B（移动的点）、点 A、点 C，弹出【距离】对话框，输入恰当的数值，单击【确定】按钮即可。

七十六、旋转角度放码

功能：对肩等部位同时进行角度与长度的放码，或者对侧袋等同时进行距离与长度的放码。

操作如下。

1. 角度与长度的放码操作。

（1）单击需要放码的点，单击旋转中心点，如图 2-165 所示。

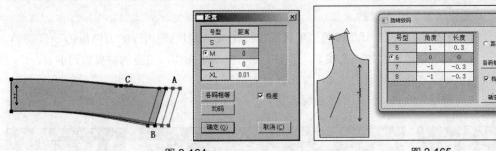

图 2-164   图 2-165

（2）可输入角度及长度档差，也可单独输入其中一个角度或长度，如图 2-166 所示。

2．距离与长度的放码操作。

（1）单击需要放码的点，单击旋转中心点，如图 2-167 所示。

（2）可输入距离及长度的档差，也可单独输入距离或长度，如图 2-168 所示。

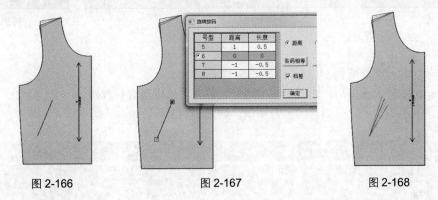

图 2-166   图 2-167   图 2-168

七十七、对应线长 ⊢⊏⌐

功能：用多个放好码的线之和（或差）来对单个点进行放码。例如，下面用前后幅放好的腰线来对腰头进行放码。

操作如下。

1．和的操作。

（1）单击该工具，按住【Shift】键可以使鼠标指针在 X 方向放码 ⊬⊢⌐ 与 Y 方向放码 ⊬⊢⌐ 间切换。

（2）分别单击或框选需要放码的线，星点为需要放码的点，单击鼠标右键，如图 2-169 所示。

（3）分别单击或框选参考的线，单击鼠标右键（如果有两条以上参考线，可重复以上操作），如图 2-170 所示。

（4）图 2-171 所示为最后的效果。

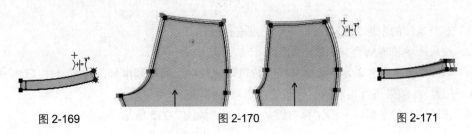

图 2-169   图 2-170   图 2-171

2．差的操作（参见图 2-172）。

（1）单击该工具，按住【Shift】键可以使鼠标指针在 X 方向放码 与 Y 方向放码 间切换。

（2）分别单击或框选需要放码的线 E，单击鼠标右键结束操作，星点为需要放码的点。

（3）分别单击或框选需要加的线 C，单击鼠标右键。

（4）单击需要减的线 A，然后单击鼠标右键。

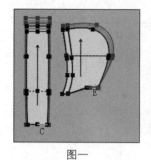
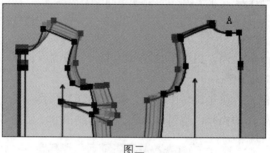
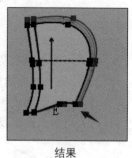

图一　　　　　　　　　　　　　　图二　　　　　　　　　　　　　　结果

图 2-172

七十八、合并曲线放码

功能：在纸样分割完后，通过曲线顺滑分割位置对放码点进行放码。

操作：下面先用一片分割后的前片举例，如图 2-173 所示。

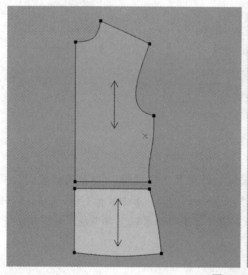
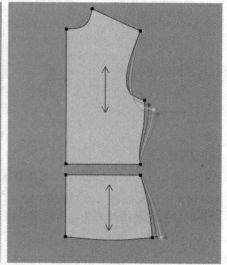

图 2-173

（1）对一条线的中点上一个点及下一个点进行放码。

（2）按顺序单击需要合并的线，如图 2-174 所示。

（3）以数字 0、数字 2 为参考合并线的数值，使数字 1 两端顺滑分割位置合并（两个数字相同为合并位置）。如果还有其他需要合并的线，可继续单击。

（4）按顺序选中之后，单击鼠标右键结束操作，如图 2-175 所示。

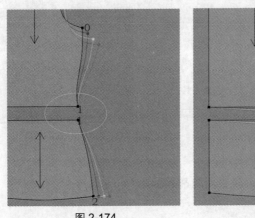
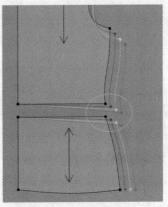

图 2-174　　　　　　　　　图 2-175

2.1.4　隐藏工具栏

隐藏工具栏中的工具如图 2-176 所示。

图 2-176

其中的常用工具介绍如下。

一、等距相交平行线

功能：画一条线的等距线。

操作：用该工具在一条线上单击，然后单击与其相交的边线，拖动鼠标指针再单击，弹出【平行线】对话框；输入数值，单击【确定】按钮。

二、移动纸样（【Space】键）

功能：将纸样从一个位置移至另一个位置，或将两个纸样按照一点进行对应重合。

操作如下。

（1）移动纸样：用该工具在纸样上单击，拖动鼠标指针至适当的位置再次单击。

（2）将两个纸样按照一点进行对应重合：单击该工具，单击纸样上的一点，拖动鼠标指针到另一个纸样的点上，当该点处于选中状态时再次单击。

三、角平分线

功能：对角进行等分，该工具在结构线和纸样上都能进行，且操作相同。

操作如下。

（1）框选或单击两条相交的线，如图 2-177 所示。

（2）在主工具栏的等分框中输入等分数，拖动鼠标指针并单击，弹出【角平分线】对话框，如图 2-178 所示。

输入角平分线的长度，选择合适的选项，单击【确定】按钮。

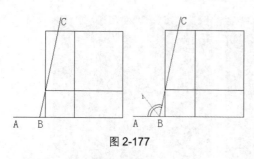

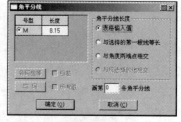

图 2-177   图 2-178

四、设置图元是否对称显示

功能：设置对称后纸样里的图元是否两边都显示。

操作如下。

（1）单击内部图元，如辅助线、钻孔、扣眼、剪口等，可以使其在一边显示，如图 2-179 所示。

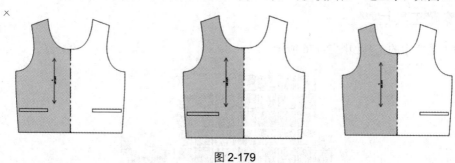

图 2-179

（2）单击在一边显示的内部图元，如辅助线、钻孔、扣眼、剪口等，可使与其对称的另一边的内部图元同时显示，如图 2-180 所示。

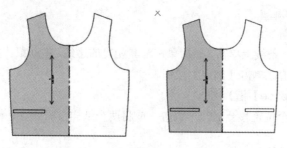

图 2-180

五、三角板

功能：辅助画出任意直线的垂直线或平行线（延长线）。

操作：用该工具分别单击直线的两端，然后单击另外一点，拖动鼠标，画出选中的直线的平行线或垂直线，如图 2-181 所示。

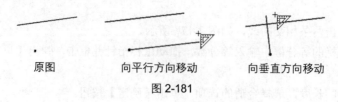

原图   向平行方向移动   向垂直方向移动

图 2-181

六、不等距相交平行线

功能：画出一条线的不等距的相交平行线。

操作：用该工具在线段 a 上单击，拖动鼠标指针依次单击线段 b、线段 c，弹出【不等距平行线】对话框，输入数值，单击【确定】按钮，如图 2-182 所示。

七、拆分（钻孔、扣眼）

功能：拆分有关联的钻孔组、扣眼组；对拆分后的钻孔（扣眼）进行放码时，钻孔（扣眼）间不再关联，可以分别进行操作。

操作：用该工具在钻孔组（扣眼组）处单击，即可把钻孔组（扣眼组）拆分，如图 2-183 所示。

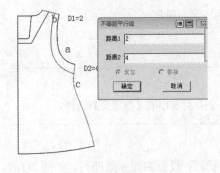

图 2-182

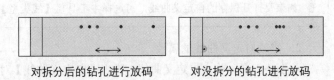

对拆分后的钻孔进行放码　　　对没拆分的钻孔进行放码

图 2-183

八、自定义曲线

功能：用于保存自定义曲线；用于修改自定义曲线的属性（高度、间距），如星形曲线、三角曲线。

操作如下。

1．保存自定义曲线。

（1）画好要保存的曲线，及控制曲线位置的定位点（这个定位点一定要指定），如图 2-184 所示。

图 2-184

（2）单击该工具，单击或框选心形线，单击鼠标右键，再单击点，会弹出【另存为】对话框，如图 2-185 所示。

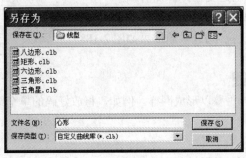

图 2-185

（3）输入文件名后单击【保存】按钮，定位点的位置不同，制作出的曲线位置也不同。

（4）图 2-186 中的图 A'为保存的图 A 曲线在图 C 上的效果，图 2-186 中的图 B'为保存的图 B 曲线在图 C 上的效果。

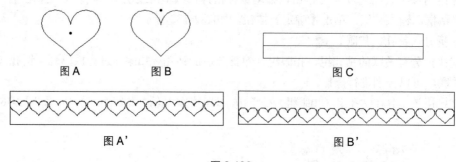

图 2-186

<table>
<tr><td>

注：

如果要打开保存的自定义曲线，可选择主工具栏【线类型】下拉列表中的【自定义】选择。
</td></tr>
</table>

2．修改自定义曲线的属性。

单击该工具，单击自定义曲线，弹出【自定义曲线】对话框，设置相应参数即可，如图 2-187 所示。

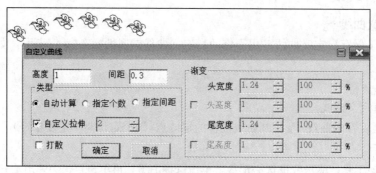

图 2-187

3．自定义曲线参数【自定义拉伸】说明。

在【高度】【间距】中输入恰当的值，单击【确定】按钮，勾选或不勾选【自定义拉伸】选项的结果如图 2-188 所示。

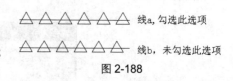

图 2-188

九、按号型合并纸样

功能：把多个单码纸样重叠以形成网样。例如，将放好码的单个纸样读入软件后，用该工具可合并形成网样。

操作如下。

（1）单击该工具，右侧工具属性栏中会出现相应的内容，如图 2-189 所示。

（2）选择【按面积选择纸样】单选项，选择【按布纹线端点对齐】单选项；再用此工具单击或框选纸样，纸样可按布纹线端点合并，如图 2-190 所示。

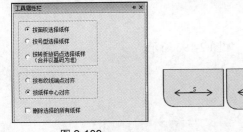
图 2-189

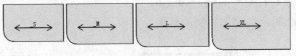
图 2-190

（3）选择【按面积选择纸样】单选项，选择【按纸样中心对齐】单选项；再用此工具单击或框选纸样，纸样可按中心点对齐，如图 2-191 所示。

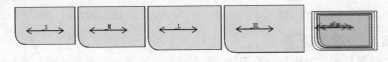
图 2-191

（4）选择按【号型选择纸样】单选项，选择【按布纹线端点对齐】单选项，单击基本码 M，再按从小到大的顺序（S、L、XL 基码除外）分别单击即可进行对齐。

（5）选择【按号型选择纸样】单选项，选择【按纸样中心对齐】单选项；单击基本码 M， 再按从小到大的顺序（S、L、XL 基码除外）分别单击即可进行对齐。

（6）选择【按转折放码点选择纸样（合并以基码为准）】单选项，根据需要选择【按布纹线端点对齐】单选项或【按纸样中心对齐】单选项，在转折放码点上单击即可进行对齐，如图 2-192 所示。

图 2-192

十、按号型分开纸样

功能：把网状的纸样（放码纸样）分开，以单码进行显示，该工具常用于绘图。

操作如下。

（1）选中需要单码显示的网状纸样。

（2）单击该工具，在网状纸样上单击，弹出【号型】对话框，如图 2-193 所示。

（3）如果选择了所有号型，这时放了码的纸样就会按从小到大的顺序排列显示，如图 2-194 所示。

（4）在相应的码上单击，可以分出该码，如图 2-195 所示。

图 2-193

图 2-194

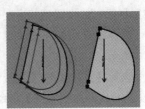
图 2-195

十一、对称复制纸样局部

功能：对称复制纸样的局部。

操作：对称复制门襟。

（1）单击该工具，单击线 a 或线 a 上的两个端点，如图 2-196 所示。

（2）单击需要对称复制的线，如线 b。

（3）图 2-197 所示为对称复制的结果。

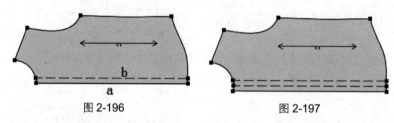

图 2-196　　　　　　　　　　　图 2-197

十二、设置图元所属图层

功能：单独设置显示或隐藏每一个图层、线条的颜色和线型；当结构线太多的时候，可设置部分隐藏，该工具只用于结构线。

操作：分层。

（1）选择【选项】→【层设置】命令，弹出【层设置】对话框，如图 2-198 所示。

（2）【层设置】对话框的具体选项如图 2-199 所示。

● 单击【创建层】按钮，可以增加多个图层，在【层名】里可以输入所需的名字。

● 单击【颜色】下面的色块可以修改图层的颜色。

● 单击【显示】下的图标：图标为 时，显示相应的图层；图标为 时，隐藏相应的图层。

● 选择相应的图层，单击【删除层】或【清除无效层】按钮，可以删除该图层。

 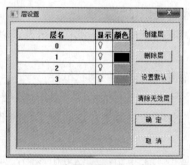

图 2-198　　　　　　　　　　　图 2-199

（3）将已有线设置到相应层。

● 选择【选项】→【层设置】命令，创建新图层，如图 2-200 所示。

● 选择【选项】→【系统设置】→【工具栏配置】→【将层设置工具添加到右键】命令，选择【层设置】工具 ，如图 2-201 所示。

图 2-200

● 用【层设置】工具 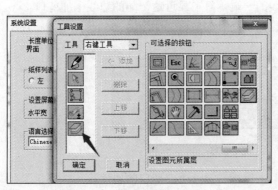选择需要的线，单击鼠标右键，选择图层，将线放到相应的图层上，如图 2-202 所示。

图 2-201　　　　　　　　　　　　　　　　图 2-202

十三、对剪口

功能：在两组线间加剪口，并可加入容位。

操作：加剪口，参见图 2-203。

（1）单击该工具，在靠近点 A 的位置单击或框选点 A、点 B，单击鼠标右键。

（2）在靠近点 C 的位置单击或框选点 C、点 D，单击鼠标右键，弹出【对剪口】对话框。

（3）输入恰当的数据，单击【确定】按钮，如图 2-204 所示。

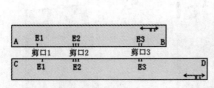

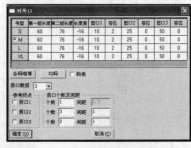

图 2-203　　　　　　　　　　　　　　　图 2-204

十四、曲线拉伸

功能：将曲线或直线自由拉伸到某个部位，该工具可用于结构线及纸样上。

操作：单击线，线的一端即可自由移动或按指定距离移动，如图 2-205 所示。

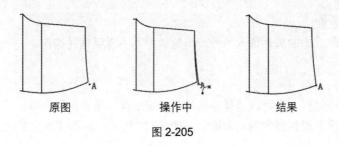

原图　　　　　　　　　操作中　　　　　　　　　结果

图 2-205

十五、辅助线剪口

功能：在辅助线指向的边线上加剪口，调整辅助线端点的方向时，剪口的位置也会随之调整。操作如下。

（1）单击该工具，单击或框选辅助线的一端，只在靠近这一端的边线上加剪口。

（2）如果框选辅助线的中间段，则在两端同时加剪口，如图 2-206 所示。

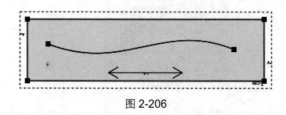

图 2-206

（3）单击该工具，在辅助线剪口上单击鼠标右键可更改剪口的属性。

> **注：**
> 用该工具在有缝份的纸样上加剪口，剪口只在缝份线上显示。

十六、省褶合起调整

功能：把纸样上的省和褶合并起来调整，该工具只适用于纸样。操作如下。

（1）单击该工具，依次单击省 1、省 2 后单击鼠标右键，如图 2-207 所示，结果如图 2-208 所示。

（2）单击中心线，如图 2-209 所示，用该工具调整省合并后的腰线，调整满意后单击鼠标右键。

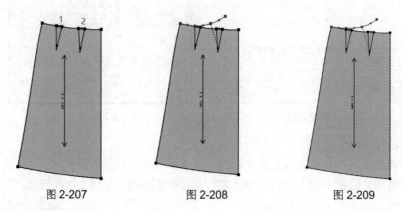

图 2-207   图 2-208   图 2-209

十七、部件库

功能：将一个款式中的部件调入另外一个款式中，不需要重复操作。操作如下。

1．保存部件库。

（1）选择曲线或纸样，也可以选择结构线后单击纸样，单击鼠标右键。

（2）在【部件库】对话框中输入数据，如图 2-210 所示，单击【确定】按钮。

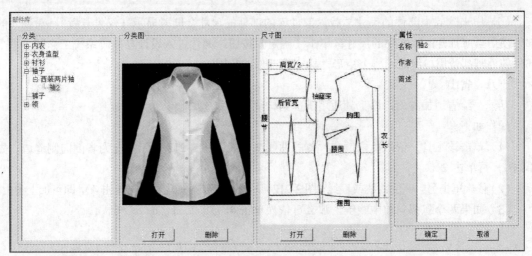

图 2-210

2．载入部件库。

（1）选择【素材库】→【部件库】命令。

（2）在弹出的对话框的【分类】栏中选择部件（如果选择多个，可以选择完毕后，单击【添加】按钮）。

（3）相应的部件信息会在右侧的【部件信息】栏中显示。

（4）相应的尺寸会在【规格表】栏里显示。

（5）单击【确定】按钮。

【部件库】对话框如图 2-211 所示。

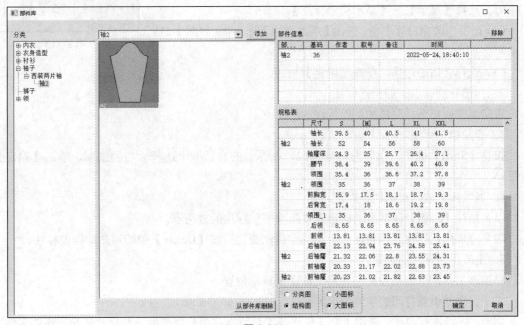

图 2-211

（6）原来款式中部件的尺寸与载入部件库的部件的尺寸会同时显示（仅供查看），新载入的部件使用当前打开的款式中的尺寸；单击【确定】按钮，部件进入设计与放码系统工作区，每个部件的外侧都使用虚线显示一个矩形，标识该部件的范围。

十八、省山

功能：给省道加省山，该工具适用于在结构线上操作。

操作如下。

（1）单击该工具，依次单击倒向一侧的曲线或直线（图 2-212 所示情况为省倒向侧缝边，先单击 1，再单击 2）。

（2）依次单击另一侧的曲线或直线（图 2-212 所示的情况应先单击 3，再单击 4），即可加上省山。

（3）如果两个省都向前中线倒，那么可依次单击 4、3、2、1、d、c、b、a。

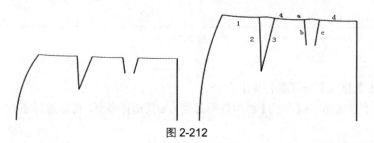

图 2-212

十九、档差标注

功能：给放码纸样加档差标注。

操作如下。

1．加档差标注。

（1）选择【显示】→【显示档差标注】命令。

（2）在工作区空白处单击，弹出【添加标注】对话框，如图 2-213 所示。

图 2-213

（3）选择合适的选项，单击【确定】按钮。

2．为部分放码点添加档差标注。

直接单击或框选需要添加档差标注的放码点。

3．删除档差标注。

按住【Shift】键在工作区空白处单击，在弹出的对话框中选择恰当的选项，单击【确定】按钮。

4．删除部分放码点的档差标注。

（1）按住【Shift】键单击或框选需要删除档差标注的放码点。

（2）将鼠标指针移到档差标注上，档差标注变亮后按【Delete】键即可删除档差标注。

5．更改档差标注的位置。

单击该工具，单击档差标注并将其拖动至目标位置。

二十、自动调整打印的字体高度

功能：将纸样打印在一张纸上时，使用该工具可提前调整档差标注和尺寸变量表格的字体高度，避免打印出的文字太小。

操作：框选空白处，系统会根据当前的打印机设置计算文字的高度，单击档差标注或尺寸变量表格，将其移动至新位置。

> **注：**
> 框选时要先设置打印机，设置之后，系统会计算打印范围，且以虚线显示。

二十一、批量修改钻孔属性

功能：整体修改所有钻孔的半径、形状等。

操作：单击该工具，框选或单击需要修改属性的钻孔，单击鼠标右键，弹出【钻孔属性】对话框，如图 2-214 所示，在【钻孔属性】对话框里设置【操作方式】【半径】等。

二十二、移动剪口

功能：单击剪口并将其移动至新位置，该工具适用于移动结构线及纸样上的剪口。

操作：单击该工具，单击剪口并将其移动到需要的位置，如图 2-215 所示。

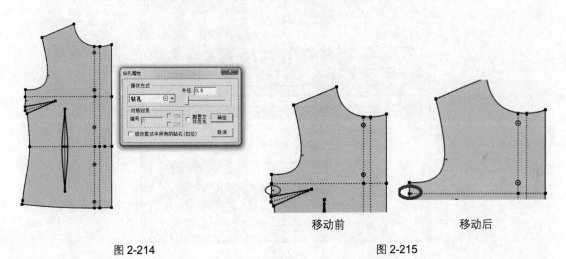

图 2-214　　　　　　　　　　　　　　　　图 2-215

说明：移动结构线上的剪口 A 时，如果纸样上的剪口 B 与剪口 A 关联，那么剪口 B 会跟随移动，继续保持关联。

二十三、水平垂直剪口

功能：根据参考点制作与线平行或垂直的剪口，参考点可以是关键点、交点、剪口、钻孔、扣眼等，线可以是曲线也可以是直线，该工具适用于在结构线及纸样上操作。

操作如下。

（1）单击该工具，单击关键点、交点、剪口、钻孔或扣眼，将会有一条角度线（45°的整数倍）跟随鼠标指针移动。

（2）单击曲线或边线。

（3）生成的剪口位于每个号型的角度线上。

单击点 A 及线 B，生成与点 A 垂直，同时与线 B 垂直的剪口，如图 2-216 所示。

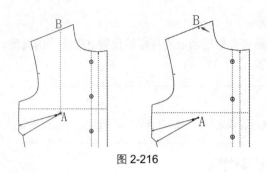

图 2-216

二十四、设置整体充绒

功能：根据单位重量计算出每块的充绒量。

操作如下。

（1）单击纸样，系统会自动将其分成几块，单击鼠标右键，弹出【整体充绒】对话框，如图 2-217 所示。

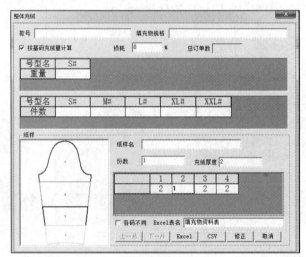

图 2-217

（2）输入重量，可以计算每块的重量及面积。【份数】【充绒厚度】默认都是 1，但是有的地方可能充的厚点，有的地方充的薄点，可在下面的表格中输入。

（3）要进行整体修改时，可在【充绒厚度】处修改。

（4）单击【Excel】按钮，可以输出 CSV 文件（充绒机能接收的文件）。

（5）按照现在设计的厚度系数，得到的总量可能比实际的总量大或小，单击【修正】按钮，可以纠正总量的偏差。

二十五、设置/取消参考图元

功能：将图元（线、剪口、点、钻孔等）设置为参考图元，也就是将其固定，以便参考固定的图元进行描线，形成新的款式，可以取消设置的参考图元。

操作如下。

（1）按【Shift】键切换工具模式，此时鼠标指针处有提示，S 表示设置参考图元，C 表示取消设置的参考图元。

（2）当鼠标指针显示为 S 形状时，单击或框选图元，图元会被固定。

（3）进行描线等操作。

（4）按住【Ctrl】键，单击鼠标右键取消设置的所有参考图元。

二十六、标注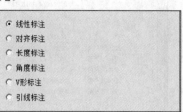

功能：标记长度或角度，也可以改成客户想要的注释。

操作：单击该工具，右侧工具属性栏中会出现【线性标注】【对齐标注】【长度标注】【角度标注】【V 形标注】【引线标注】单选项，可根据需要进行选择，如图 2-218 所示。

图 2-218

2.1.5　菜单栏

一、【文件】菜单

【文件】菜单如图 2-219 所示，下面介绍其中的常用命令。

图 2-219

1. 安全恢复。

功能：因断电没有来得及保存的文件，可用该命令找回来。

操作如下。

（1）打开文件，选择【文件】→【安全恢复】命令，弹出【安全恢复】对话框，【款式名】【备份时间】【款式路径】会在对话框里显示，也可以输入相应的款式名等进行查找。

（2）选择相应的文件，单击【确定】按钮，如图 2-220 所示。

图 2-220

2. 打开 DXF 文件。

功能：打开用其他软件转换过来的国际标准格式的 DXF 文件。

操作：选择【文件】→【打开 DXF 文件】命令，弹出图 2-221 所示的【读 DXF】对话框。

3. 输出 DXF 文件。

功能：把文件转换成 ASTM、AAMA 或 Auto CAD 格式。

操作如下。

（1）选择【文件】→【输出 DXF 文件】命令，弹出【输出 DXF】对话框，如图 2-222 所示。

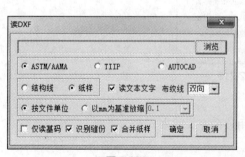

图 2-221

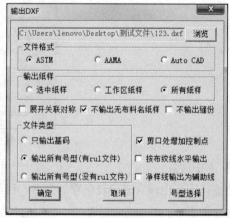

图 2-222

（2）选择合适的选项，单击【浏览】按钮，输入保存的文件名，单击【确定】按钮。

4．打开其他文件。

（1）选择【文件】→【打开其他文件】→【打开 Gerber 文件】命令，可以打开 Model、Tmp、Zip 文件，如图 2-223 所示。

（2）选择【文件】→【打开其他文件】→【打开 HPGL 文件】命令，弹出相应的对话框。单击【浏览】按钮，找到文件路径；选择相应的文件数据单位，打开 PLT 文件，如图 2-224 所示。

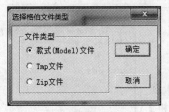

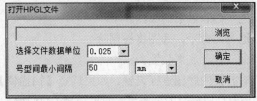

| 图 2-223 | 图 2-224 |

5．打印→打印号型规格表。

功能：打印号型规格表。

操作如下。

（1）选择【文件】→【打印】→【打印号型规格表】命令，弹出【设置】对话框，可选择需要的尺寸（需要的尺寸为蓝色时即为选中状态），也可选择所有的尺寸。

（2）设置每页输出的最大号型数目。如果有 10 个号型，设置 5 个，那么第一页与第二页分别有 5 个号型。

（3）设置每页输出的最大人体尺寸数目。如果有 40 个人体尺寸，设置 30 个，那么前 30 个人体尺寸（如胸围、腰围等）在第一页显示，剩余 10 个人体尺寸在第二页显示。

6．打印→打印纸样信息单。

功能：打印纸样的详细资料，如纸样的名称、说明、面料、数量等。

操作：选择【文件】→【打印】→【打印纸样信息单】命令，弹出【打印制板裁片单】对话框，选择适当的选项，单击【打印】按钮。

7．打印→打印总体资料单。

功能：打印所有纸样的信息资料，并集中显示在一起。

8．打印→打印纸样。

功能：在打印机上打印纸样或草图。

操作如下。

（1）把需要打印的纸样或草图显示在工作区中。

（2）选择【文件】→【打印】→【打印纸样】命令，弹出【打印纸样】对话框，如图 2-225 所示。

（3）选择相应的选项，单击【打印】按钮。

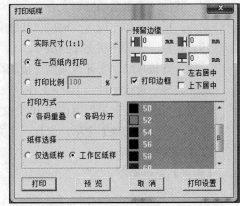

图 2-225

9．打印→打印机设置。

功能：设置打印机的型号及纸张大小、方向；选择相应的打印机型号，设置打印方向及纸张的大小，确定后即可进行打印。

10．其他→打开底图。

功能：打开用数码相机或扫描仪扫描的图片，然后到设计与放码系统里进行描图。

> **注：**
>
> 需要选择【显示】→【显示底图】命令才能将底图显示出来。

11．其他→删除显示的底图。

功能：选择此命令，底图将被删除。

12．其他→打开底图设置。

功能：对打开的底图进行设置。如果选择【扫描仪】选项，设置打开图片扫描时的分辨率；如果选择【数码照相机】选项，设置拍照时的长度及边格子数目。此设置需与扫描时及照相时的设置保持一致，如图 2-226 所示。

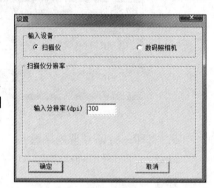

图 2-226

13．其他→保存到图库。

功能：与【工艺图库】工具 配合制作工艺图片。

14．其他→复制工艺图库到剪贴板。

功能：与【工艺图库】工具 配合使用，将选择的结构图以图片的形式复制在剪贴板上。

15．其他→数化板设置。

功能：对数字化仪的参数进行设置。

16．其他→输出纸样清单到 Excel。

功能：把与纸样相关的信息，如纸样名称、代码、说明、份数、缩水率、周长、面积、纸样图等输入 Excel 表格中，并生成 XLS 文件。

17．其他→取消文件密码。

功能：需富怡公司专业人士取消。

18．其他→输出自动缝制文件。

功能：模板制作完成后，输出自动缝制文件进行缝制。

19．其他→传送缝制文件到机器。

功能：直接将缝制文件传输到连接的机器里。

20．其他→最近用过的 10 个文件。

功能：可快速打开最近用过的 10 个文件。

操作：展开【文件】菜单，选择一个文件名，即可打开该文件。

二、【素材】菜单

【素材】菜单如图 2-227 所示。

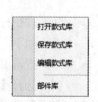

图 2-227

1．打开款式库。

功能：打开富怡服装 CAD 系统里自带的上装、裙装、裤装款式，将其载入设计与放码系统里进行编辑、修改等，需要加密锁支持素材库功能。

2．保存款式库。

功能：将自己制作的款式保存到款式库里，以便下次进行调用与修改。

3．编辑款式库。

功能：对保存好的款式的名称等信息进行编辑与修改。

4．部件库。

功能：打开已经保存的部件，此功能在隐藏工具的部件库里已经讲解过了。

三、【编辑】菜单

【编辑】菜单如图 2-228 所示。

图 2-228

1．复制纸样（快捷键为【Ctrl+C】组合键）。

功能：该命令与【粘贴纸样】命令配合使用，把选中的纸样复制到剪贴板上。

2．粘贴纸样（快捷键为【Ctrl+V】组合键）。

功能：该命令与【复制纸样】命令配合使用，使复制在剪贴板上的纸样粘贴在目前打开的文件中。

3．自动排列绘图区。

功能：对工作区中的纸样按照绘图纸张的宽度进行排列，省去手动排列的麻烦。

操作如下。

（1）把需要排列的纸样放入工作区中。

（2）选择【编辑】→【自动排列绘图区】命令，弹出【自动排列】对话框。

（3）设置好纸样间隙，单击不排列的码使其没有填充色，如 S 码，单击【确定】按钮。

（4）工作区中的纸样就会按照设置的纸样间隙自动排列，如图 2-229 所示。

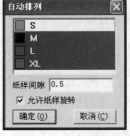
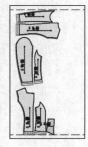

图 2-229

4．记忆工作区纸样位置。

功能：当工作区中的纸样排列完毕后，选择【编辑】→【记忆工作区纸样位置】命令，系统就会记忆各纸样在工作区中的摆放位置，方便再次应用。

5．恢复工作区纸样位置。

功能：对已经执行【记忆工作区纸样位置】命令的文件，再打开该文件时，用该命令可以恢复上次纸样在工作区中的摆放位置。

6．清除多余点。

功能：清除纸样上多余的点或纸样上点太少时加一些点，该命令常用于处理导入的其他非富怡文件。

操作如下。

（1）打开需要处理的文件。

（2）选择【编辑】→【清除多余点】命令，弹出【清除多余点】对话框，如图 2-230 所示。

（3）选择合适的选项，单击【确定】按钮。

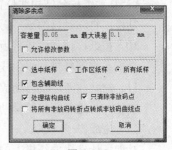

图 2-230

7．1∶1 误差修正。

（1）在设计与放码系统里选择【编辑】→【1∶1 误差修正】命令。

（2）进行 1∶1 误差修正后，会出来一条线，用实际的尺子量这条线，如图 2-231 所示。

（3）实际量的长度是多少，在上面的对话框里就输入多少，输入后单击【修正】按钮。

（4）需要纸样在某个地方 1∶1 显示，在该处按【Ctrl+F11】快捷键即可。

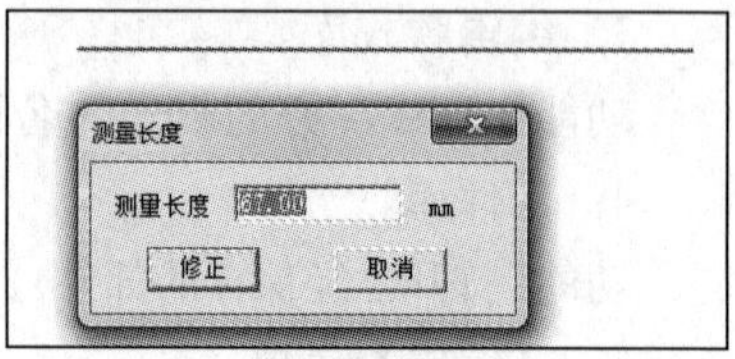

图 2-231

图 2-232

四、【纸样】菜单

【纸样】菜单如图 2-232 所示。

1．款式资料。

功能：输入同一个文件中所有纸样的共同信息，在款式资料中输入的信息可以在布纹线上下显示，并可传送到排料系统中随纸样一起输出。

操作：选择【纸样】→【款式资料】命令，弹出【款式信息框】对话框，输入相关的详细信息，单击对应的【设定】按钮，最后单击【确定】按钮。

2．做规则纸样。

功能：制作圆形或矩形纸样。

3．删除选中纸样。

功能：将工作区中被选中的纸样从纸样列表框中删除。

4．删除工作区所有纸样。

功能：将工作区中的全部纸样从纸样列表框中删除。

5．移出工作区所有纸样。

功能：将工作区中的全部纸样移出工作区。

6．全部纸样进入工作区。

功能：将纸样列表框中的全部纸样放入工作区。

7．清除放码量。

功能：清除纸样及结构线上的放码量。

8．纸样 T 文字自动放码。

功能：纸样上用【文字】工具 T 写的文字可以进行自动放码。

9．移动纸样到结构线位置。

功能：将移动过的纸样再移动到结构线的位置。

10．按纸样排列生成打版草图。

功能：将纸样排列以生成新的打版草图。

11．辅助线随边线自动放码。

功能：与边线相接的辅助线可以随边线进行自动放码。

12．生成影子（Q）。

功能：让选中的纸样上的所有点、线生成影子，方便在改板后可以看到改板前的影子。

13．删除影子。

功能：删除纸样上的影子。

14．显示/隐藏影子。

功能：显示或隐藏影子。

15．角度基准线。

功能：在纸样上定位，例如在纸样上定袋位、腰位。

● 添加基准线。

（1）在显示标尺的条件下，按住鼠标左键从标尺处直接拖动。

（2）用【选择】工具  选中纸样上的两点，选择【纸样】→【角度基准线】命令。

● 移动基准线。

（1）用【调整】工具 单击基准线，将其移至目标位置。

（2）指定尺寸移动基准线：用【调整】工具 在要移动的基准线上双击，弹出【基准线】对话框，如图 2-233 所示。

图 2-233

● 复制基准线。

按住【Ctrl】键，用【调整】工具 单击基准线，弹出【基准线】对话框。

● 删除基准线。

（1）用【调整】工具 将基准线移到工作区的边界处即可将其删除。

（2）用【橡皮擦】工具 单击或框选基准线。

（3）要删除工作区中的全部基准线，按【Ctrl＋Alt＋Shift＋G】组合键即可。

五、【表格】菜单

【表格】菜单如图 2-234 所示，下面介绍其中常用的命令。

1．尺寸变量。

功能：用于存放线段的测量记录。

图 2-234

操作：选择【表格】→【尺寸变量】命令，弹出【尺寸变量】对话框，可以查看各数据；也可以修改号型名，方法为单击号型名，待其高亮显示后，单击文本框旁的三角按钮，从中选择，或直接输入，单击【确定】按钮。

2．计算充绒。

（1）选择【表格】→【计算充绒】命令，弹出图 2-235 所示的对话框。

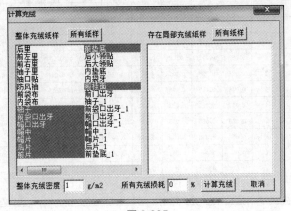

图 2-235

（2）在【整体充绒纸样】下选择需要充绒的纸样，输入整体充绒密度及所有充绒损耗，单击【计算充绒】按钮，弹出【充绒数据】对话框，如图 2-236 所示。

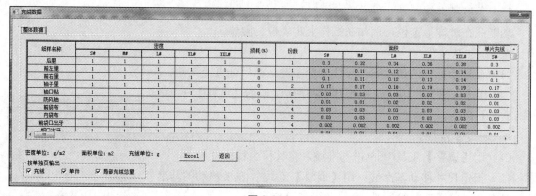

图 2-236

（3）在充绒表格的纸样名称上单击可以查看具体的纸样形状，如图 2-237 所示。

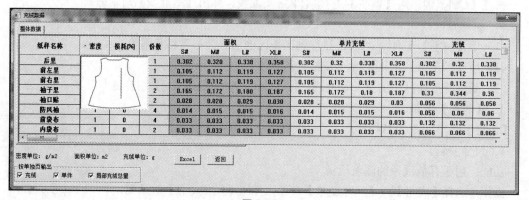

图 2-237

（4）根据需要选择充绒或单件充绒等。输出的表格自带公式，更改其中的内容后，相关内容会自动计算出结果，如图 2-238 所示。

	纸样名称	密度(g/m2)	损耗(%)	份数	面积(m2)				单片充绒(g)				充绒(g)			
					S#	M#	L#	XL#	S#	M#	L#	XL#	S#	M#	L#	XL#
	后里	1	0	1	0.302	0.32	0.338	0.358	0.302	0.32	0.338	0.358	0.302	0.32	0.338	0.358
	前左里	1	0	1	0.105	0.112	0.119	0.127	0.105	0.112	0.119	0.127	0.105	0.112	0.119	0.127
	前右里	1	0	1	0.105	0.112	0.119	0.127	0.105	0.112	0.119	0.127	0.105	0.112	0.119	0.127
	袖子里	1	0	2	0.165	0.172	0.18	0.187	0.165	0.172	0.18	0.187	0.33	0.344	0.36	0.374
	袖口贴	1	0	2	0.028	0.028	0.029	0.03	0.028	0.028	0.029	0.03	0.056	0.056	0.058	0.06
	防风袖	1	0	4	0.014	0.015	0.015	0.016	0.014	0.015	0.015	0.016	0.056	0.06	0.06	0.064
	前袋布	1	0	4	0.033	0.033	0.033	0.033	0.033	0.033	0.033	0.033	0.132	0.132	0.132	0.132
	内袋布	1	0	2	0.033	0.033	0.033	0.033	0.033	0.033	0.033	0.033	0.066	0.066	0.066	0.066
	前袋口出牙	1	0	4	0.002	0.002	0.002	0.002	0.002	0.002	0.002	0.002	0.008	0.008	0.008	0.008
	帽口出牙	1	0	1	0.009	0.009	0.009	0.009	0.009	0.009	0.009	0.009	0.009	0.009	0.009	0.009
	帽中	1	0	2	0.057	0.057	0.058	0.058	0.057	0.057	0.058	0.058	0.114	0.114	0.116	0.116
	帽片	1	0	4	0.077	0.079	0.08	0.082	0.077	0.079	0.08	0.082	0.308	0.316	0.32	0.328

整体数据 局部充绒 单件 充绒

图 2-238

六、【显示】菜单

【显示】菜单如图 2-239 所示。

1. 款式图（T）。

如果该命令前有√，且打开的文件在款式资料中设置了款式图所在的路径，如图 2-240 所示。

图 2-239

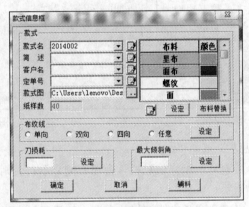

图 2-240

那么款式图就会显示在界面上，否则即使该命令前有√，界面上也只会显示图 2-241 所示的效果。

图 2-241

2. 标尺（R）。

如果该命令前有√，标尺就会显示，否则标尺不会显示。

3. 衣片列表框（L）。

如果该命令前有√，衣片列表框就会显示在界面上，如图 2-242 所示，否则不会显示。

图 2-242

4. 主工具栏。

如果该命令前有√，界面上就会显示主工具栏，如图 2-243 所示，否则不会显示。

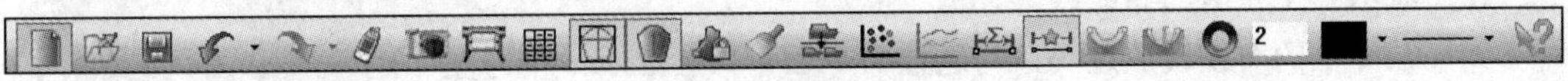

图 2-243

5. 工具栏。

如果该命令前有√，界面上就会显示工具栏，如图 2-244 所示，否则不会显示。

6. 自定义工具栏。

如果该命令前有√，并且单击【选项】→【系统设置】→【界面】→【工具栏配置】按钮，在弹出的【工具设置】（见图 2-245）对话框中设置了工具图标，界面上就会显示自定义工具栏，两个条件缺少一个都不能显示自定义工具栏。

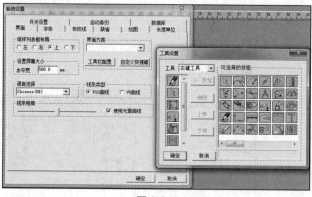

图 2-244　　　　　　　　　　　　图 2-245

7. 纸样信息栏。

如果该命令前有√，纸样信息栏就会在右侧显示，否则不会显示。

8. 长度比较栏。

如果该命令前有√，长度比较栏就会在右侧显示，否则不会显示。在介绍【比较长度】工具时已经对此做过介绍了。

9. 参照表栏。

如果该命令前有√，参照表栏就会在右侧显示，否则不会显示。

10. 显示辅助线。

如果该命令前有√，辅助线就会显示，否则不会显示。

11. 显示临时辅助线。

如果该命令前有√，设置的临时辅助线就会显示，否则不会显示。

注：

按住【Shift】键，用【设置线的颜色类型】工具在辅助线上单击或框选，即可生成临时辅助线。

---

12. 显示布纹线。

如果该命令前有√，所有纸样上的布纹线就都会显示，否则不会显示。

13. 显示一个号型的布纹线。

如果纸样上的布纹线放过码，勾选该命令后，只会显示一个号型的布纹线，如图 2-246 所示。

14. 显示基准线。

如果该命令前有√，基准线就会显示，否则不会显示。

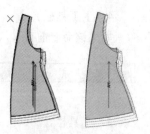

图 2-246

15．显示底图。

如果该命令前有√，选择【文件】→【其他】→【打开底图】命令打开的图片就会在工作区中显示，否则不会显示。

七、【选项】菜单

【选项】菜单如图 2-247 所示。

| 系统设置 |
| 层设置 |

图 2-247

1．系统设置。

功能：系统设置中有多个选项卡，可对系统的各项进行设置。

操作：选择【选项】→【系统设置】命令，弹出【系统设置】对话框，其中有 8 个选项卡；重新设置任意一个参数，需单击下面的【应用】按钮才有效。

2．层设置。

单击【创建层】按钮，可以增加多个图层；在【层名】里可以输入所需的名字；单击图层后面的颜色色块可以修改颜色。单击【显示】下的图标，当图标为 时，显示相应的图层；当为图标 时，隐藏相应的图层。单击相应的图层，单击【删除层】或【清除无效层】按钮，可以删除图层。

八、【帮助】菜单

【帮助】菜单如图 2-248 所示，其中只有【关于 Design】一个命令。

| 关于 Design(A)... |

图 2-248

功能：用于查看软件版本、VID、版权等相关信息。

操作：选择【帮助】→【关于 Design】命令，弹出【关于 DGS】对话框，其中会显示相关软件信息，如图 2-249 所示。

图 2-249

2.1.6 工具属性栏

下面以【纸样信息栏】及【参照表栏】为例介绍工具属性栏的作用，如图 2-250 所示。

1．纸样信息栏。

功能：编辑当前选中的纸样的详细信息。

操作：选择【显示】菜单，在【纸样信息栏】命令前打钩，右侧会出现【纸样信息栏】对话框；如果【显示】→【纸样信息栏】命令前有√，界面上就会显示该纸样信息栏，否则不会显示。

2．参照表栏。

功能：对数据进行对比。例如把规格表中的尺码和实际制作出来的尺码进行对比。

操作：展开【显示】菜单，在【参照表栏】命令前打钩，右侧会出现【参照表栏】对话框；如果【显示】→【参照表栏】命令前有√显示，界面上就会显示该参照表栏，否则不会显示。

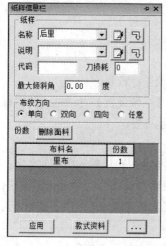

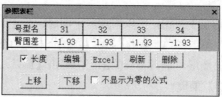

图 2-250

2.2　RP-GMS 排料系统

排料系统是为服装行业提供的排唛架专用软件，它的界面简洁、友好，思路清晰、明确，设计的排料工具功能强大、使用方便。排料系统可以提高生产效率，缩短生产周期，增加服装产品的技术含量和高附加值，为用户在竞争激烈的服装市场中取得胜利提供了强有力的保障。该系统主要具有以下特点。

（1）提供超级排料、全自动排料、手动排料、人机交互排料，用户可按需选用。

（2）用键盘操作，使排料既快速又准确。

（3）自动计算用料长度、利用率、纸样总数、放置数。

（4）提供自动、手动分床。

（5）对不同布料的唛架进行自动分床。

（6）对不同布号的唛架进行自动或手动分床。

（7）提供对格对条功能。

（8）可与裁床、绘图仪、切割机、打印机等输出设备连接，进行小唛架图的打印及 1∶1 唛架图的裁剪、绘制和切割。

2.2.1　工作界面

排料系统的工作界面主要包括标题栏、菜单栏、主工具匣、自定义工具匣、超排工具匣、纸样窗、尺码列表框、标尺、唛架工具匣 1、主唛架区、滚动条、辅唛架区、状态栏主项、窗口控制按钮、布料工具匣、唛架工具匣 2、状态栏等，如图 2-251 所示。

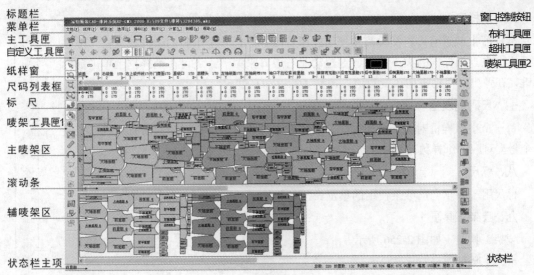

图 2-251

一、标题栏

标题栏位于工作界面的顶部，用于显示文件的名称、类型及存盘的路径。

二、菜单栏

标题栏下方是由 9 组菜单组成的菜单栏，如图 2-252 所示。GMS 菜单的使用方法符合 Windows 标准，选择其中的命令可以执行相应的操作，相应命令的快捷键为【Alt】键加括号中的字母。

图 2-252

三、主工具匣

主工具匣中放置常用的工具，这些工具为快速完成排料工作提供了极大的方便，如图 2-253 所示。

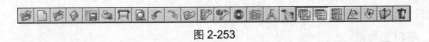

图 2-253

四、自定义工具匣

用户可以在自定义工具栏里定义隐藏工具，如图 2-254 所示。

图 2-254

五、超排工具匣

超排工具匣如图 2-255 所示。

图 2-255

六、纸样窗

纸样窗中放置着排料文件需要使用的所有纸样，每一个单独的纸样放置在一小格的纸样框中。纸样框的大小可以通过拉动左右边界来调节；还可在纸样框上单击鼠标右键，在弹出的对话框内改变数值，调整其宽度和高度。

七、尺码列表框

每一个小纸样框对应一个尺码表，尺码表中存放着该纸样对应的所有尺码号型及每个号型对应的纸样数。

八、标尺

标尺用于显示当前唛架使用的单位。

九、唛架工具匣 1

唛架工具匣 1 如图 2-256 所示。

十、主唛架区

用户可按自己的需要在主唛架区中任意排列纸样，以取得最省布的排料方式。

十一、滚动条

滚动条包括水平和垂直滚动条，拖动滚动条可浏览主、辅唛架区的整个页面、纸样窗中的纸样和纸样的各码数。

图 2-256

十二、辅唛架区

用户可以将纸样按码数分开排列在辅唛架区中，以便在主唛架区中排料。

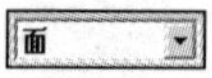

十三、状态栏主项

状态栏主项位于工作界面的左边最底部，如果把鼠标指针移至工具图标上，状态栏主项会显示该工具的名称；如果把鼠标指针移至主唛架纸样上，状态栏主项会显示该纸样的宽、高、款式名、纸样名称、号型、套号及鼠标指针所在位置的 X 坐标和 Y 坐标。根据个人需要，可在参数设定中设置需要显示的项目。

图 2-257

十四、窗口控制按钮

使用窗口控制按钮可以控制窗口最大化、最小化显示和关闭。

十五、布料工具匣

布料工具匣如图 2-257 所示。

十六、唛架工具匣 2

唛架工具匣 2 如图 2-258 所示。

十七、状态栏

状态栏位于工作界面的右边最底部，它显示当前唛架纸样的总数、放置在主唛架区中的纸样的总数、唛架利用率、当前唛架的幅长和幅宽、唛架层数和长度单位。

2.2.2 主工具匣

下面介绍主工具匣中主要工具的功能。

图 2-258

一、打开款式文件

单击该工具后会打开图 2-259 所示的对话框。

图 2-259

其中各个按钮的功能如下。

（1）【载入】按钮用于选择排料所需的款式文件（可同时选择多个款式文件并载入）。

（2）【查看】按钮用于查看【纸样制单】的所有内容。

（3）【删除】按钮用于删除选中的款式文件。

（4）【添加纸样】按钮用于添加另一个文件中或本文件中的纸样，让添加的纸样和载入的款式文件中的纸样一起排料。

（5）【信息】按钮用于查看选中文件信息，如文件名、载入时间、修改时间等。

二、新建

主工具匣中的【新建】工具与文档菜单中的【新建】命令的作用相同。

功能：单击该工具，将产生新的唛架文件。

三、打开

主工具匣中的【打开】工具与文档菜单中的【打开】命令的作用相同。

功能：打开一个已保存好的唛架文件。

四、保存

主工具匣中的【保存】工具与文档菜单中的【保存】命令的作用相同。

五、存本床唛架

功能：在一个文件中排唛时，需要分别排在几个唛架上，这时将用到【存本床唛架】工具。

在存本床唛架时，给新唛架取一个与初始唛架相类似的档案名，只是最后两个字母被改成短横线（-）和一个数字。例如，如果初始唛架被命名为 2035.mkr，那么其他唛架将被命名为 2035-1.mkr、2035-2.mkr 等，依次类推。

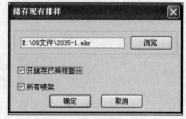

图 2-260

操作：单击该工具，弹出【储存现有排样】对话框，如图 2-260 所示，在对话框中给储存的唛架输入档案名或单击【浏览】按钮选择文件，单击【确定】按钮。

六、打印

功能：该工具可配合打印机来打印唛架图或唛架说明。

七、绘图

功能：用该工具可绘制 1：1 唛架，只有直接与计算机串行口或并行口相连的绘图机，或者选择网络上带有绘图机的计算机才能绘制唛架。

操作如下。

（1）单击该工具，弹出【绘图】对话框，如图 2-261 所示。

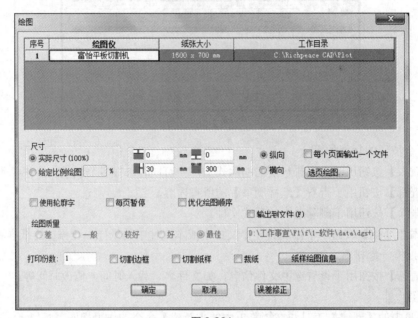

图 2-261

（2）在对话框中对当前绘图仪、纸张、预留边缘及绘图仪端口进行设置，选择选项后单击【确定】按钮即可绘图。

八、打印预览

功能：用该工具可以模拟显示要打印的内容及在打印纸上的效果。

操作：单击该工具，弹出【打印预览】界面，如果对预览效果满意，单击【打印】按钮即可打印。

九、增加样片

功能：增加或减少选中的纸样的数量，也可以只增加或减少一个码纸样的数量，还可以增加或减少所有码纸样的数量。

操作如下。

（1）单击尺码表选择要增加的纸样号型。

图 2-262

（2）单击该工具，弹出【增加纸样】对话框，如图 2-262 所示。在对话框内输入增加纸样的数量，输入负数可减少数量。

（3）勾选【所有号型】复选框，可为所有码纸样增加数量。

（4）单击【确定】按钮。

十、单位选择

功能：设置唛架的单位。

操作：单击该工具，或选择【唛架】→【单位选择】命令，弹出【量度单位】对话框，在对话框里设置需要的单位，单击【确认】按钮，如图 2-263 所示。

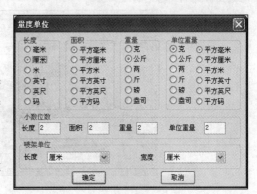

图 2-263

十一、参数设定

功能：该工具包括系统一些命令的默认设置，【参数设定】对话框由【排料参数】【纸样参数】【显示参数】【绘图打印】【档案目录】选项卡组成。

操作如下。

（1）单击该工具，或者选择【选项】→【参数设定】命令，弹出【参数设定】对话框。

（2）修改完后单击【应用】按钮，或者单击另一个选项卡名标，进行修改，全部设置完成后，单击【确定】按钮。

十二、颜色

功能：为系统的界面、纸样的各尺码和不同的套数等分别指定颜色。

操作：单击该工具，或者选择【选项】→【颜色】命令，弹出【选色】对话框，根据需要进行选择。

十三、定义唛架

功能：设置唛架（布封）的宽度、长度、层数、面料模式及布边。

操作：单击该工具，或者选择【唛架】→【定义唛架】命令，弹出【唛架设定】对话框，在对话框内可以对唛架进行设定。

十四、字体设定

功能：为唛架显示字体、打印、绘图等分别指定字体。

操作如下。

（1）单击该工具，或者选择【选项】→【字体】命令。

（2）弹出【选择字体】对话框，如图 2-264 所示。

（3）在左边的列表框里选择要设置的字体选项。

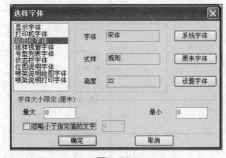

图 2-264

（4）单击右边的【设置字体】按钮，弹出【字体】对话框，设置好所需的字体，单击【确定】按钮。

（5）可在【字体大小限定】栏里面设置字体的大小。

（6）勾选【忽略小于指定值的文字】复选框，在旁边设置文字大小。

（7）单击【确定】按钮。

（8）如果单击【系统字体】按钮，系统会选择默认的【宋体】【规则】【9 号】。

十五、参考唛架

功能：打开一个已经排列好的唛架作为参考。

操作如下。

（1）单击该工具，或者选择【唛架】→【参考唛架】命令，弹出【参考唛架】对话框，如图 2-265 所示。

（2）单击对话框中的 按钮，弹出【开启唛架文档】对话框。

（3）在对话框里选择要打开作为参考的唛架，可用来参考排列。

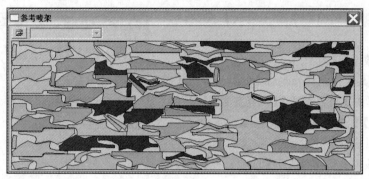

图 2-265

十六、纸样窗

功能：打开或关闭纸样窗。

操作：该工具凹陷时，打开纸样窗；该工具凸起时，关闭纸样窗。

十七、尺码列表框

功能：打开或关闭尺码列表框。

操作：该工具凹陷时，打开尺码列表框；该工具凸起时，关闭尺码列表框。

十八、纸样资料

功能：存储或修改纸样资料。

操作：单击尺码表中某一号型的纸样，单击该工具，弹出对话框，如图 2-266 所示，单击相应的选项卡，按需要修改内容，单击【采用】按钮。

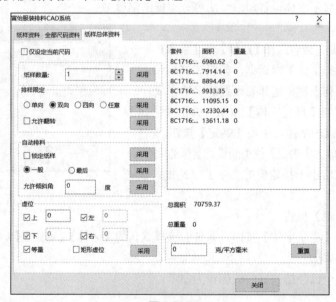

图 2-266

十九、旋转纸样

功能：对所选纸样进行任意角度的旋转，或者复制其旋转纸样，生成一个新纸样，并添加到纸样窗内。

操作如下。

（1）在纸样窗中选择需要旋转的纸样。

（2）单击该工具，或者选择【纸样】→【旋转纸样】命令，弹出【旋转唛架纸样】对话框，如图 2-267 所示。

（3）若要旋转并复制纸样，则勾选【纸样复制】复选框。在【旋转角度】文本框中输入要旋转的角度值，在【旋转方向】栏下选择【顺时针旋转】或【逆时针旋转】单选项，单击【确定】按钮，完成纸样的旋转。

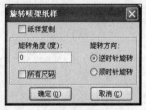

图 2-267

二十、翻转纸样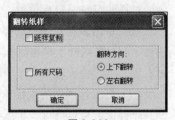

功能：对选中的纸样进行翻转。若所选纸样尚未排放到唛架上，则可对该纸样进行直接翻转，可以不复制该纸样；若所选纸样已排放到唛架上，则只能对其进行翻转复制，生成相应的新纸样，并将其添加到纸样窗内。

操作如下。

（1）在尺码列表框内单击需要翻转的纸样。

（2）单击该工具，或者选择【纸样】→【翻转纸样】命令，弹出【翻转纸样】对话框，如图 2-268 所示。

（3）若要复制纸样，则勾选【纸样复制】复选框。在【翻转方向】栏中有【上下翻转】和【左右翻转】两个单选项，选择一个所需的单选项，单击【确定】按钮。

图 2-268

二十一、分割纸样

功能：将所选纸样按需要进行水平或垂直分割。在排料时，为了节约布料，在不影响款式的情况下，可将纸样剪开，分开排放在唛架上。

操作如下。

（1）在纸样窗内选择需要分割的纸样。

（2）单击该工具，或者选择【纸样】→【分割纸样】命令，弹出【剪开复制纸样】对话框，如图 2-269 所示，选择【水平剪开】或【垂直剪开】单选项。

（3）在右边纸样上单击要分割的位置，红色鼠标指针会定位在单击的地方，同时【剪开线位置（厘米）】栏下的【X】【Y】文本框中也会显示出分割的位置；也可以在【剪开线位置（厘米）】栏下的【X】【Y】文本框中输入具体的数值来指定剪开线的位置。

图 2-269

（4）在【缝份（厘米）】文本框中输入缝份量。

（5）若要把纸样等量对半剪开，可选择【对半剪开】选项。

（6）单击【确定】按钮，完成剪开操作。

二十二、删除纸样

功能：删除一个纸样中的一个码或所有的码。

2.2.3　唛架工具匣 1

用唛架工具匣 1 中的工具可对唛架上的纸样进行选择、移动、旋转、翻转、放大、缩小、测量、添加文字等操作。

一、纸样选择 ✎

功能：选择及移动纸样。

操作如下。

（1）选择一个纸样：单击该工具，单击一个纸样。

（2）选择多个纸样：单击该工具，在唛架的空白处拖动，使要选择的纸样包含在一个虚线矩形框内，松开鼠标左键；或者按住【Ctrl】键逐个单击要选择的纸样。

（3）框选多个纸样：框选尺码列表框内的纸样，可以是全部也可以是某个纸样的某个号型，单击鼠标右键，则可以让框选的纸样进行自动排料。

（4）移动：单击该工具，单击纸样，按住鼠标左键将其拖动到所需位置处，松开鼠标左键。

（5）用鼠标右键拉线找位：单击该工具，按住鼠标右键向目标方向拖动，松开鼠标左键，选中的纸样即可移至目标位置。

（6）单击鼠标右键：纸样份数为偶数时，属性为对称。当放在工作区的纸样少于该纸样总数的一半时，在纸样上单击鼠标右键，纸样会旋转180°；再单击鼠标右键，纸样会翻转；再单击鼠标右键，纸样会旋转180°；再单击鼠标右键，纸样会翻转……

（7）将工作区中的纸样放回纸样窗：单击该工具，双击想要放回纸样窗的纸样，纸样会自动回到纸样窗，可以框选多个纸样进行该操作。

（8）纸样与唛架边界相关操作如下。

● 将纸样放置于唛架边界：按住【Ctrl】键，单击该工具，把纸样拖到唛架边界上。

● 定量移动纸样与唛架边界重叠量：当纸样与唛架边界接近，且纸样处于选中状态时，按住【Ctrl】键，每按一次方向键，纸样与唛架边界重叠一个"纸样移动步长"（【参数设定】→【排料参数】）。

● 纸样与唛架边界的重叠检查：按住【Ctrl】键，单击该工具，单击与唛架边界重叠的纸样，即可显示重叠量。

默认状态下，该工具为选中状态；在选中其他工具的状态下，按【Space】键可切换成【纸样选择】工具。

二、唛架宽度显示 🔍

功能：单击该工具，主唛架区就以最大宽度显示在可视界面中。

三、显示唛架上全部纸样 🔍

功能：让主唛架区的全部纸样都显示在可视界面中。

操作：单击该工具，或者选择【选项】→【显示唛架上全部纸样】命令，主唛架区的全部纸样都会显示在可视界面中。

四、显示整张唛架 🔍

功能：让主唛架区的整张唛架都显示在可视界面中。

操作：单击该工具，或者选择【选项】→【显示整张唛架】命令，主唛架区的整张唛架都会显示在可视界面中。

五、旋转限定 🖱

功能：限制唛架工具匣1中的【旋转唛架纸样】工具 🎧、【顺时针90°旋转】 🔄工具及键盘微调旋转。

操作如下。

（1）单击该工具，工具凹陷，或者选择【选项】→【旋转限定】命令。

（2）系统将读取纸样资料对话框中【排样限定】栏中有关排料方向的设定。纸样布纹线为双向时，单击【纸样选择】工具，在纸样上单击鼠标右键，纸样可旋转 180°；纸样布纹线为四向或任意时，单击【纸样选择】工具，在纸样上单击鼠标右键，纸样可旋转 90°。

（3）再次单击该工具，工具凸起，可用【中点旋转】、【边点旋转】工具随意旋转纸样。

六、翻转限定

功能：控制系统是否读取纸样资料对话框中的有关【允许翻转】的设置，从而限制唛架工具匣 1 中【垂直翻转】、【水平翻转】工具的使用。

操作如下。

（1）单击该工具，工具凹陷，或者选择【选项】→【翻转限定】命令。

（2）系统将读取【纸样】→【纸样资料】对话框中【排样限定】栏中【允许翻转】的设置。

（3）再次单击该工具，工具凸起，可随意翻转非成对的纸样。

七、放大显示

功能：对唛架的指定区域进行放大、对整体唛架进行缩小及对唛架进行移动。

八、清除唛架

功能：将唛架上的所有纸样从唛架上清除，并将它们返回到纸样列表框中。

九、尺寸测量

功能：测量唛架上任意两点间的距离。

操作如下。

（1）单击该工具。

（2）在唛架上，先单击要测量的两点中的起点，再单击终点。

（3）测量所得的数值会显示在状态栏中，DX、DY 为水平、垂直位移，D 为直线距离。

十、旋转唛架纸样

功能：在【旋转限定】工具凸起时，可使用该工具对选中的纸样设置旋转的度数和方向。

操作：选中纸样，单击该工具，或者选择【纸样】→【旋转唛架纸样】命令，弹出对话框，如图 2-270 所示，在对话框里输入旋转的角度，单击旋转按钮，选中的纸样就会进行相应的旋转。

图 2-270

十一、顺时针 90° 旋转

功能：在【纸样】→【纸样资料】→【纸样属性】的【排样限定】栏中选择的是【四向】或【任意】时选项；或者选择其他选项，但【旋转限定】工具凸起时，可用该工具对唛架上选中的纸样进行 90° 旋转。

操作：选中纸样，单击该工具，或者单击鼠标右键，或者按小键盘上的数字键【5】，都可完成 90° 旋转。

十二、水平翻转

功能：在【纸样】→【纸样资料】→【纸样属性】的【排样限定】栏中选择的是【双向】【四

向】【任意】选项，并且选择【允许翻转】选项时，可用该工具对唛架上选中的纸样进行水平翻转。

操作：选中纸样，单击该工具，或者按小键盘上的数字键【9】，都可让唛架纸样完成水平翻转。

十三、垂直翻转

功能：在【纸样】→【纸样资料】→【纸样属性】的【排样限定】栏中选择的是【允许翻转】选项时，可用该工具对纸样进行垂直翻转。

操作：选中纸样，单击该工具，或者按小键盘上的数字键【7】，都可让唛架纸样完成垂直翻转。

十四、纸样文字

功能：为唛架上的纸样添加文字。

操作：单击该工具，单击唛架上的纸样，弹出【新增纸样文字】对话框，光标默认定位在【文字】文本框中，输入所需的文字，单击【确定】按钮。

十五、唛架文字

功能：在唛架的未排放纸样的位置加文字。

操作如下。

（1）单击该工具，在唛架空白处单击。

（2）弹出【唛架文字】对话框。

（3）在对话框中输入文字，单击【确定】按钮。

十六、成组

功能：将两个或两个以上的纸样组成一个整体。

操作如下。

（1）框选两个或两个以上的纸样，纸样呈选中状态。

（2）单击该工具，纸样会自动成组。

（3）移动时，可以将成组的纸样一起移动，如图 2-271 所示。

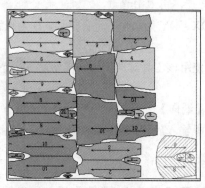

图 2-271

十七、拆组

功能：该工具与【成组】工具对应，起到拆组的作用。

操作：选中成组的纸样，单击该工具，在空白处单击，成组的纸样就被拆开了。

十八、更新纸样

功能：已经排好的唛架的纸样需要修改时，在设计与放码系统中修改保存后，应用关联可对之前已排好的唛架进行自动更新，不需要重新排料。

操作：单击该工具，弹出【关联】对话框，如图 2-272 所示，选择合适的选项，单击【确定】按钮，显示关联成功。

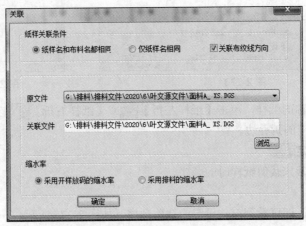

图 2-272

2.2.4　唛架工具匣 2

唛架工具匣 2 中工具的主要功能介绍如下。

一、显示辅唛架宽度

功能：使辅唛架区以最大宽度显示在可视界面中。

操作：单击该工具，辅唛架区全以最大宽度显示在可视界面中。

二、显示辅唛架所有纸样

功能：使辅唛架区上的所有纸样显示在可视界面中。

操作：单击该工具，辅唛架区上的所有纸样会显示在可视界面中。

三、显示整个辅唛架

功能：使整个辅唛架区显示在可视界面中。

操作：单击该工具，整个辅唛架区会显示在可视界面中。

四、展开折叠纸样

功能：将折叠的纸样展开。

操作：单击折叠的纸样，单击该工具，即可看到折叠的纸样展开了。

五、纸样右折、纸样左折、纸样下折、纸样上折

功能：当对圆桶唛架进行排料时，可将上下对称的纸样向上折叠、向下折叠，将左右对称的纸样向左折叠、向右折叠。

操作如下。

（1）将【层数】设为偶数层，将【料面模式】设为【相对】，将【折转方式】设为【下折转】，如图 2-273 所示。

（2）单击上下对称的纸样，单击【纸样下折】工具，即可看到纸样被折叠，并靠于唛架相应的折叠边，如图 2-274 所示。

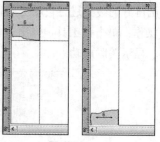

图 2-273   图 2-274

（3）单击左右对称的纸样，单击【纸样左折】■或【纸样右折】■工具，即可看到纸样被折叠，并靠于唛架相应的折叠边。

六、裁剪次序设定 🖬

功能：设定自动裁床裁剪纸样时的顺序。

操作如下。

（1）单击该工具，即可看到自动设定的裁剪顺序，如图 2-275 所示。

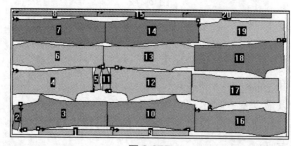

图 2-275

（2）按住【Ctrl】键单击裁片，弹出【裁剪参数】对话框，如图 2-276 所示。

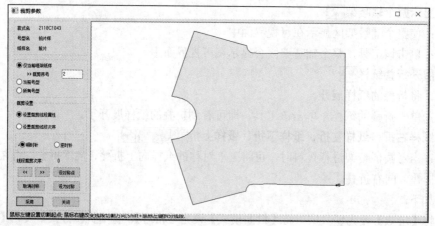

图 2-276

（3）在对话框内输入数值，即可改变裁片的裁剪顺序。

（4）在【裁剪设置】栏内单击 ≪ 或 ≫ 按钮，可移动该纸样的切入起始点。

七、画矩形 ▢

功能：画出矩形参考线，并可随排料图一起打印或绘制。

八、重叠检查 ▲

功能：检查纸样与纸样的重叠量及纸样与唛架边界的重叠量。

九、设定层 ▨

功能：纸样有重叠部分时，可对重叠部分进行取舍设置。

操作如下。

（1）单击该工具，整个唛架上的纸样被设为 1（上一层）。

（2）用该工具在其中重叠的纸样上单击即可设为 2（下一层）。绘图时，设为 1 的纸样可以完全绘制出来；而设为 2 的纸样跟设为 1 的纸样重叠的部分（下图显示为灰色的线段），可选择不绘制出来或绘制成虚线，如图 2-277 所示。

十、制帽排料 ▨

功能：对选中纸样的单个号型进行排料，排列方式有【正常】【倒插】【交错】【@倒插】【@交错】。

操作如下。

（1）选中要排的纸样，单击该工具。

（2）弹出【制帽单纸样排料】对话框，如图 2-278 所示。

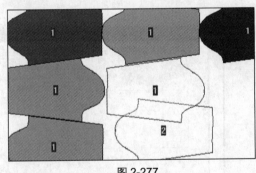

图 2-277   图 2-278

（3）在【排料方式】中选择合适的排料方式，可视情况勾选【纸样等间距】【只排整列纸样】【显示间距】复选框。

（4）单击【确定】按钮，该纸样就会自动排料。如果勾选了【显示间距】复选框，排完后会自动显示纸样间距；如果在排的时候没勾选【显示间距】复选框，需要查看的时候，再勾选该复选框也能显示出纸样间距。

十一、主辅唛架等比例显示纸样 ▨

功能：将辅唛架上的纸样与主唛架上的纸样以相同的比例显示出来。

操作：单击该工具，工具凹陷，辅唛架上的纸样与主唛架上的纸样会等比例显示出来；再次单击该工具，可退回以前的比例。

十二、放置纸样到辅唛架 ▨

功能：将纸样列表框中的纸样放置到辅唛架上。

操作：单击该工具，弹出【放置纸样到辅助唛架】对话框，如图 2-279 所示，选择完毕后单击【放置】按钮，将所选号型放置到辅唛架上，放置好后单击【关闭】按钮。

图 2-279

十三、清除辅唛架纸样

功能：将辅唛架上的纸样清除，并放回纸样窗中。

操作：单击该工具，辅唛架上的全部纸样会被放回纸样窗中。

十四、切割唛架纸样

功能：对唛架上纸样的重叠部分进行切割。

操作如下。

（1）选中需要切割的纸样，单击该工具，弹出【剪开纸样】对话框，如图 2-280 所示。选中的纸样上显示着一条蓝色的切割线，在切割线的两端和中间各有一个小方框。

（2）单击切割线任意一端的小方框，松开鼠标左键，拖动鼠标指针到需要的位置单击，则切割线就会以另一端的小方框为旋转中心旋转，旋转的角度就会显示在【角度】文本框内，如图 2-281 所示，在【缝份】文本框内可以输入缝份量。单击切割线中间的小方框，松开鼠标左键，拖动鼠标，则会平移切割线；单击【垂直】和【水平】按钮则会让切割线呈垂直和水平状态，完成后单击【确定】按钮。

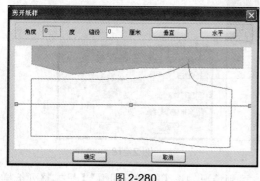

图 2-280

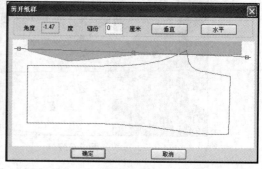

图 2-281

十五、裁床对格设置

功能：在裁床上进行对格设置。

操作如下。

（1）对纸样以正常的步骤进行对条对格。

（2）单击该工具，则工作区中已经对条对格的纸样就会以橙色填充色显示，表示纸样被送到裁床上要进行对条对格，没有对条对格的纸样以灰色填充色显示。

（3）如果不想在裁床上进行对条对格，用该工具单击已对条对格的纸样，则纸样的填充色会由橙色变成蓝色，表示该纸样在裁床不进行对条对格；再次单击该纸样，纸样的填充色又由蓝色变成橙色。可以在唛架工作区中单击鼠标右键，弹出图 2-282 所示的菜单，在其中可以设置或清除所有纸样对格。

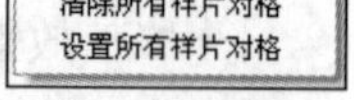

清除所有样片对格
设置所有样片对格

图 2-282

十六、缩放纸样

功能：对整体纸样进行放大或缩小。

操作如下。

（1）单击该工具，在需要放大或缩小的唛架纸样上单击。

（2）弹出【放缩纸样】对话框，如图 2-283 所示。输入正数原纸样会缩小，输入负数原纸样会放大。

（3）单击【确定】按钮。

图 2-283

2.2.5　布料工具匣

布料工具匣如图 2-284 所示。

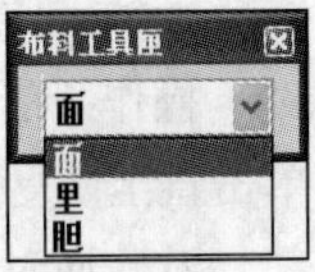

功能：选择不同种类的布料进行排料。

操作：单击右边的三角按钮，弹出文件中所有布料的种类，选择其中一种，纸样窗里就会出现对应布料的所有纸样。

图 2-284

2.2.6　自定义工具匣

将隐藏的工具用自定义工具栏的方式显示出来，如图 2-285 所示。

图 2-285

选择【选项】→【自定义工具匣】命令，将隐藏的工具用自定义工具栏的方式显示出来。

一、上、下、左、右 4 个方向移动工具

功能：对选中的纸样向上、下、左、右 4 个方向移动，与数字键【8】【2】【4】【6】的移动功能相同。

操作：用【纸样选择】工具选中需要滑动的纸样，单击相应的工具，选中的纸样就会滑动至再不能滑的位置。

二、移除所选纸样（清除选中）

功能：将唛架上所有选中的纸样从唛架上清除，并将它们返回到纸样列表框中，注意该操作与清除唛架是不一样的。

操作：用【纸样选择】工具选中唛架上的纸样，单击该工具，或者选择【唛架】→【移除所选纸样】命令，或者按【Delete】键，选中的纸样都会返回到纸样列表框中。

三、旋转角度四向取整

功能：用鼠标人工旋转纸样的角度。

操作：单击该工具，工具凹陷，或者选择【选项】→【旋转角度四向取整】命令，纸样被旋转到 0°、90°、180°、270° 这 4 个方向附近（左右 6° 范围）时，旋转角度将自动靠近 4 个方向之中最接近的角度。

四、开关标尺

功能：显示或隐藏唛架标尺。

操作：单击该工具显示标尺，再次单击该工具隐藏标尺。

五、合并

功能：将两个幅宽一样的唛架合并成一个唛架。

操作：打开一个唛架文档，选择【文档】→【合并】命令，弹出【合并唛架文档】对话框；在文档列表中选取要打开的 MKR 文档，这样打开的唛架将被添加到当前唛架后面。

六、缩小显示

功能：使主唛架上的纸样缩小显示，恢复到前一个显示比例。

操作：在主唛架上的纸样被放大的状态下，单击该工具，就会恢复当前一个显示比例，再次单击直至恢复完毕，该工具会变灰色。

七、辅唛架缩小显示

功能：使辅唛架上的纸样缩小显示，恢复到前一个显示比例。

操作：在辅唛架上的纸样被放大的状态下，单击该工具，就会恢复当前一个显示比例，再次单击直至恢复完毕，该图标会变灰色。

八、逆时针 90°旋转

功能：选择【纸样】→【纸样资料】→【纸样属性】命令，在【排样限定】栏中选择的是【四向】或【任意】选项时；或者虽选择其他选项，但【旋转限定】工具凸起时，可用该工具对唛架上选中的纸样进行 90°旋转。

操作：选中纸样，单击该工具，即可完成 90°旋转。

九、180°旋转

功能：纸样布纹线是【双向】【四向】【任意】时，可用该工具对唛架上选中的纸样进行 180°旋转。

操作：选中要进行旋转的唛架纸样，单击该工具，唛架纸样可完成 180°旋转。

十、边点旋转

功能：当工具凸起时，使用该工具可使选中的纸样以单击点为轴心进行任意角度旋转；当工具凹陷，纸样布纹线为【双向】时，使用该工具可使选中的纸样以单击点为轴心进行 180°旋转；纸样布纹线为【四向】时，可使选中的纸样进行 90°旋转；纸样布纹线为【任意】时，可使选中的纸样进行任意角度旋转。

操作：单击该工具，单击纸样，按住鼠标左键并拖动进行旋转，当旋转角度符合要求时松开鼠标左键。

十一、中点旋转

功能：当工具凸起时，使用该工具可使选中的纸样以中点为轴心进行任意角度旋转；当工具凹陷，纸样布纹线为【双向】时，使用该工具可使选中的纸样以纸样中点为轴心进行 180°旋转；纸样布纹线为【四向】时，可使选中的纸样进行 90°旋转；纸样布纹线为【任意】时，可使选中的纸样进行任意角度旋转。

操作：参照边点旋转。

十二、左对齐、右对齐、上对齐、下对齐

该工具的功能及操作与【唛架】菜单下【排列纸样】下的左对齐、右对齐、上对齐、下对齐的功能及操作相同。

十三、设置选中纸样虚位

功能：在唛架区给选中的纸样加虚位。

操作：选中需要设置虚位的纸样，单击该工具，弹出【设置选中纸样的虚位】对话框，如图 2-286 所示，输入虚位值，根据需要勾选【等量】【矩形虚位】【整体虚位】或【盒子虚位】复选框，单击【采用】按钮。

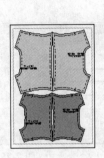
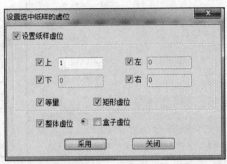

图 2-286

2.2.7 菜单栏

一、【文档】菜单

【文档】菜单中包含【新建】【打开】【打开款式文件】【保存】【存本床唛架】【输出】等命令，如图 2-287 所示。

有些命令在主工具匣中有对应的快捷图标，这里主要介绍没有快捷图标的命令。

1. 打开 HP-GL 文件。

功能：用于打开 HP-GL（PLT）文件，此文件可查看也可以绘图。

操作：选择【文档】→【打开 HP-GL 文件】命令，在弹出的【打开】对话框内找到 HP-GL 文件，双击文件名即可打开。

2. 关闭 HP-GL 文件。

功能：用于关闭已打开的 HP-GL（PLT）文件。

操作：在打开 HP-GL 文件后，选择【文档】→【关闭 HP-GL 文件】命令，即可关闭该文件。

3. 导入文件。

功能：可以导入其他软件输出的 PLT 或 CUT 文件，如绘图文件或裁床文件，再在该软件中进行排料。

图 2-287

操作如下。

（1）选择【文档】→【导入文件】→【绘图文件】（【裁床文件】）命令，弹出【打开】对话框，如图 2-288 所示。

（2）在对话框下方【请选择该文件的数据单位】的下拉列表中选择合适的数值，在【最小号型间隔】文本框中输入最小号型间的距离，单击【打开】按钮，弹出【设置号型名称】对话框，如图 2-289 所示。

图 2-288

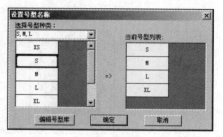

图 2-289

（3）如果默认显示的就是需要的号型种类，就在最小码上单击，对话框右边就会以该码为第一个码从上至下由小到大排列号型，如上图所示，单击【确定】按钮，导入的 PLT 文件就会在唛架上从左至右按照对话框右边的号型顺序显示各号型的纸样。

（4）单击 工具，弹出【选取款式】对话框，如图 2-290 所示。

（5）双击对话框中的 PLT 文件，弹出【纸样制单】对话框，如图 2-291 所示。

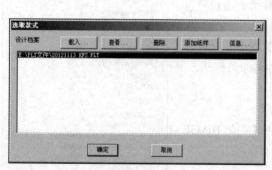

图 2-290

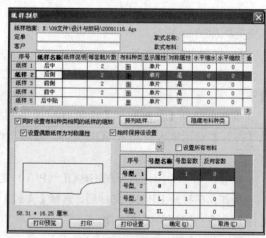

图 2-291

（6）在【纸样制单】对话框中输入所排唛架的比例，确定后就可以在软件中进行超级排料。

注：

导入的裁床文件为 CUT 文件。

4．根据布料分离纸样。

功能：将唛架文件中的纸样根据布料类型进行自动分开。

操作如下。

（1）选择【文档】→【新建】命令，设定唛架、载入纸样文件。

（2）选择【文档】→【根据布料分离纸样】命令，弹出对话框，如图 2-292 所示。

（3）单击【确定】按钮。

5．号型替换。

功能：为了提高排料效率，可在已排好的唛架上替换号型中的一套或多套。

操作如下。

（1）选择【文档】→【号型替换】命令，弹出图 2-293 所示的对话框。

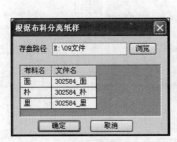

图 2-292   图 2-293

（2）在【替换号型】栏下选择要替换的号型并输入替换套数，单击【确定】按钮。勾选【显示款式名】复选框可显示出纸样的款式名。

（3）如果有重叠纸样或空隙，请自行调整纸样，然后另外保存。

6．输出→绘图→批量绘图。

功能：同时绘制多个唛架。

操作如下。

（1）选择【文档】→【输出】→【绘图】→【批量绘图】命令，弹出【批量绘图】对话框，如图 2-294 所示。

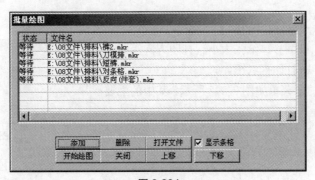

图 2-294

（2）单击【添加】按钮，可一次选中并打开要绘制的唛架。

（3）单击【开始绘图】按钮，由上至下依次绘制唛架。

7．输出→绘图→绘图页预览。

功能：可以选页进行绘图。用绘图仪在绘制较长的唛架时，由于某些原因没能把唛架完整地绘制出来，此时用【绘图页预览】命令，只需把未绘制出的唛架绘制出来即可。

操作如下。

（1）选择【文档】→【输出】→【绘图】→【绘图页预览】命令。

（2）系统会自动将排好的唛架分页，如图 2-295 所示。

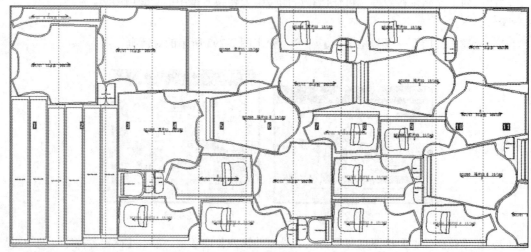

图 2-295

（3）单击 工具，单击【选页绘图】按钮，在对话框内输入绘制的页或输入尺寸进行绘图。

8. 输出→绘图→输出位图。

功能：将整个唛架输出为 BMP 文件，并在唛架下面输出一些唛架信息，以便在没有安装 CAD 软件的计算机上查看唛架。

操作：选择【文档】→【输出】→【绘图】→【输出位图】命令，弹出【输出位图】对话框，如图 2-296 所示，输入位图的宽度、高度后单击【确定】按钮。

图 2-296

9. 输出→打印→设定打印机。

功能：设置打印机型号、纸张大小、打印方向等。

10. 输出→打印→打印排料图。

【打印排料图】的子菜单如图 2-297 所示，其中的主要命令介绍如下。

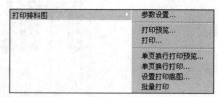

图 2-297

● 参数设置

功能：对打印的排料图的尺寸大小及页边距进行设置。

● 打印预览

功能：查看排料图的打印效果。

● 单页换行打印预览

功能：查看单页换行打印的打印效果。

操作：选择【文档】→【输出】→【打印】→【打印排料图】→【单页换行打印预览】命令，弹出打印预览界面，对预览效果满意后单击【打印】按钮。

> **注：**
>
> 换行位置的设置选择【唛架】→【定义单页打印换行】命令来完成。

- 单页换行打印

功能：打印单页换行排料图。

操作：选择【文档】→【输出】→【打印】→【打印排料图】→【单页换行打印】命令，在弹出的对话框内进行打印的参数设置，完成后单击【确定】按钮。

- 设置打印底图

功能：用于把已做好的文件（表格）设置为底图，与唛架图一起打印。

操作如下。

（1）选择【文档】→【输出】→【打印】→【打印排料图】→【设置打印底图】命令。

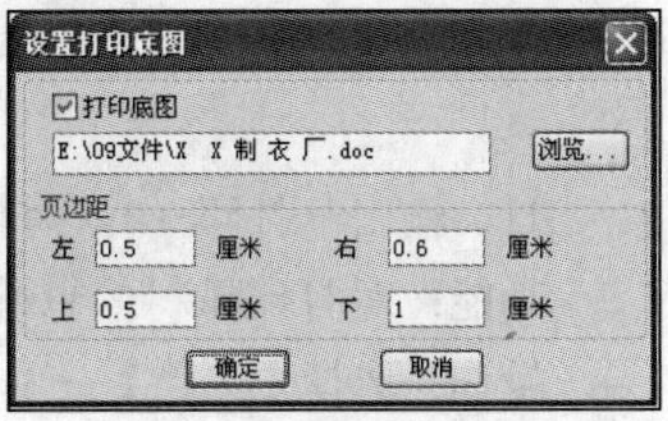

（2）弹出【设置打印底图】对话框，如图 2-298 所示。单击

图 2-298

【浏览】按钮，即可打开【选取底图文件】对话框，选取已填好内容的 DOC 文件（一种 Word 文件格式），单击【打开】按钮即可回到【设置打印底图】对话框。

（3）勾选【打印底图】复选框，设置页边距，单击【确定】按钮，即可将表格设置为底图，如图 2-299 所示。

（4）选择【文档】→【输出】→【打印】→【打印排料图】→【单页换行打印预览】命令，可看到唛架图与表格在一页内，如图 2-300 所示。

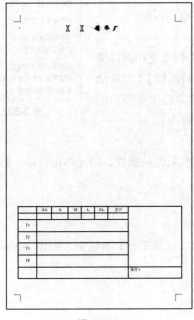

图 2-299

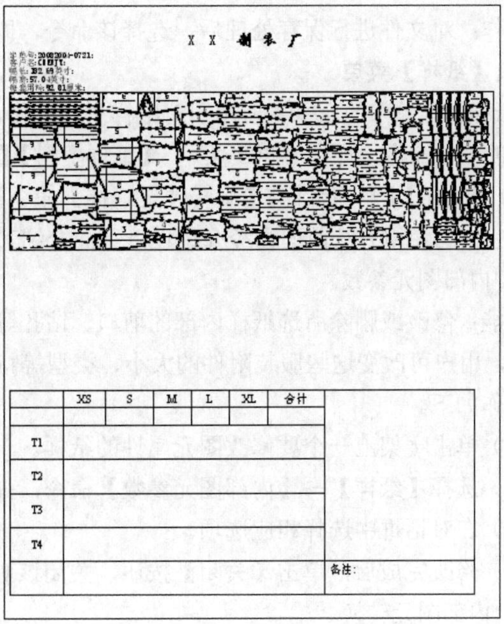

图 2-300

● 批量打印

功能：同时打印多个唛架，如图 2-301 所示。

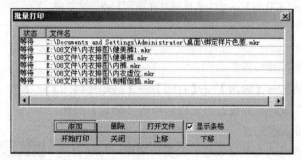

图 2-301

11．输出→打印→打印排料信息。

功能：对打印排料信息进行设置。

操作：选择【文档】→【输出】→【打印】→【打印排料信息】命令，根据需要选择【设定参数】【打印预览】【打印】【批量打印】等命令，如图 2-302 所示。

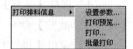

图 2-302

12．最近文件。

功能：快速打开最近用过的 5 个文件。

操作：选择【文档】菜单，在【文档】菜单下面选择一个文件名，即可打开该文件。

13．结束。

功能：结束本系统的运行。

操作：对文件进行保存处理后，选择该命令，即可退出系统。

二、【纸样】菜单

【纸样】菜单中的命令主要用于对纸样进行操作，它们都是和纸样属性有关的一些命令，如图 2-303 所示。【纸样资料】【翻转纸样】【旋转纸样】【分割纸样】【删除纸样】【旋转唛架纸样】命令在工具匣中都有对应图标，它们的使用方法前面已经介绍过，下面介绍其他命令。

图 2-303

1．内部图元参数。

功能：修改或删除所选纸样内部的剪口、钻孔等服装附件的属性。图元即指剪口、钻孔等服装附件，用户可改变这些服装附件的大小、类型等特性。

操作如下。

（1）单击唛架上一个要修改图元属性的纸样。

（2）选择【纸样】→【内部图元参数】命令，弹出【内部图元】对话框，如图 2-304 所示。

（3）在对话框中选择相应选项。

（4）修改完成后，单击【关闭】按钮，关闭该对话框。

2．内部图元转换。

功能：改变当前纸样，或者当前纸样的所有尺码，或者全部纸样内部的所有附件的属性。它常常用于同时改变唛架上所有纸样中的某一种内部附件的属性，而刚刚介绍的【内部图元参数】命令则只用于改变某一个纸样中的某一个内部附件的属性。

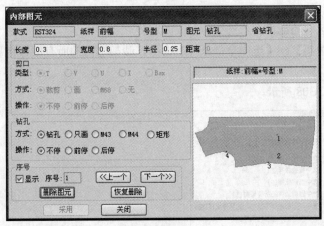

图 2-304

3．调整单纸样布纹线。

功能：调整选择的纸样的布纹线。

操作如下。

（1）选择【纸样】→【调整单纸样布纹线】命令。

（2）在弹出的【布纹线调整】对话框中用上、下、左、右 4 个箭头按钮移动布纹线的位置，如图 2-305 所示。

（3）调整好后单击【应用】按钮，所有纸样的布纹线调整完之后，单击【关闭】按钮。

4．调整所有纸样布纹线。

功能：调整所有纸样的布纹线。

操作：选择【纸样】→【调整所有纸样布纹线】命令，弹出图 2-306 所示的对话框，勾选【上下居中】【水平居中】复选框可以让所有纸样的布纹线上下居中或水平居中。

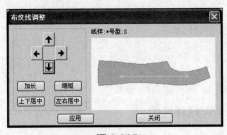

图 2-305

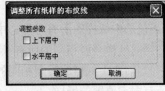

图 2-306

5．设置所有纸样数量为 1。

功能：将所有纸样的数量改为 1，常用于在排料中排"纸版"。

操作：选择【纸样】→【设置所有纸样数量为 1】命令，纸样窗里所有纸样的数量都变成了 1。

三、【唛架】菜单

该菜单中包含了与唛架相关的命令，如图 2-307 所示。【清除唛架】【定义唛架】【参考唛架】

【单位选择】等命令在主工具匣与唛架工具匣 1 中都有对应的图标，【移除所选纸样】命令在自定义工具匣中有对应的图标，它们的使用方法前面已经介绍过了，下面介绍其他命令。

1．选中全部纸样。

功能：将唛架区中的纸样全部选中。

操作：选择【唛架】→【选中全部纸样】命令，唛架区内的所有纸样将被选中。

2．选中折叠纸样。

其子菜单如图 2-308 所示。

图 2-307   图 2-308

- 折叠在唛架上端、下端、左端：将折叠在唛架上端、下端、左端的纸样全部选中。
- 所有折叠纸样：将所有折叠纸样全部选中。

3．选中当前纸样。

功能：将当前选中纸样的当前号型的全部纸样选中。

4．选中当前纸样的所有号型。

功能：将当前选中纸样的所有号型选中。

5．选中与当前纸样号型相同的所有纸样。

功能：将与当前选中纸样的号型相同的全部纸样选中。

6．选中所有固定位置的纸样。

功能：将所有固定位置的纸样选中。

7．检查重叠纸样。

操作如下。

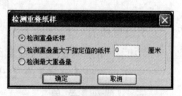

（1）选择【唛架】→【检查重叠纸样】命令，弹出【检测重叠纸样】对话框，如图 2-309 所示。

图 2-309

（2）选择【检测重叠纸样】单选项，单击【确定】按钮，则唛架区内所有重叠纸样为空心，不填充颜色，并弹出警告框。当重叠纸样被分开放置后，不再有重叠部分时，它们的颜色又能恢复如初。

（3）选择【检测重叠量大于指定值的纸样】单选项，在右边填上需要的数量，单击【确定】按钮，弹出对话框，告知有几个纸样满足条件。

（4）选择【检测最大重叠量】单选项，单击【确定】按钮，弹出对话框，告知最大的重叠量是多少。

8. 检查排料结果。

功能：当纸样被放置在唛架上时，可用此命令检查排料结果；可用【排料结果检查】对话框检查已完成套数、未完成套数及重叠纸样数,通过该对话框还可了解原定单套数、每套纸样数、不成套纸样数等。

操作：选择【唛架】→【检查排料结果】命令，弹出【排料结果检查】对话框。在对话框中单击【纸样档案】文本框中的下拉按钮和【尺码】文本框中的下拉按钮，选择需要检查的纸样号型；单击【成套】或【不成套】按钮查看纸样数。

9. 设定唛架布料图样。

功能：显示唛架布料图样。

操作如下。

（1）选择【选项】→【显示唛架布料图样】命令。

（2）选择【唛架】→【设定唛架布料图样】命令，弹出对话框，单击【选择图样】按钮，弹出【打开】对话框，如图 2-310 所示。

（3）在【打开】对话框里选择布料图样，单击【打开】按钮，布料图样被打开，如图 2-311 所示。

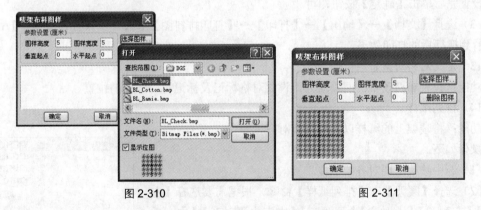

图 2-310　　　　　　　　　　　　图 2-311

（4）单击【确定】按钮，唛架上就会出现刚才设定的布料图样。

（5）选择【唛架】→【设定唛架布料图样】命令，弹出对话框，重做步骤（2）就可以改变布料图样，单击【删除图样】按钮则可以删除唛架上的布料图样。

10. 固定唛架长度。

功能：以所排唛架的实际长度固定【唛架设定】对话框中设置的唛架长度。

操作：选择【唛架】→【固定唛架长度】命令，唛架长度就会以当前纸样排列的长度计算；要改变固定的长度；单击工具，在【唛架设定】对话框里改变唛架的长度。

11．定义基准线。

功能：在唛架上做标记，排料时可以作参考，标示排料的基准线。把纸样向各个方向移动时，可以使纸样以该线对齐；也可以在排好的对条对格唛架上，确定下针的位置。并且在小型打印机上可以设置基准线在唛架上位置及间距。（常用于礼服厂钉珠排料、刀模厂手工排料，拉高低床，针床。）

操作如下。

（1）选择【唛架】→【定义基准线】命令。

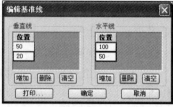

图 2-312

（2）弹出【编辑基准线】对话框，如图 2-312 所示。在【水平线】【垂直线】栏下，单击【增加】按钮可在相应栏下弹出一个文本框，输入数值即可确定一条基准线的位置；再单击【增加】按钮，还可增加多条基准线；选中基准线后单击【删除】按钮还可删除该线。

（3）完成后单击【确定】按钮。

12．定义单页打印换行。

功能：设置打印机打印唛架时分行的位置及上下唛架之间的间距。

操作如下。

（1）选择【唛架】→【定义单页打印换行】命令，弹出图 2-313 所示的对话框。

图 2-313

（2）在对话框内单击【增加】按钮，在【位置】栏的下面填上唛架要换行的实际位置，在【行距】栏的下面填上换行后唛架间的实际距离，还可再增加、删除或清空换行位。只需单击对应的按钮，设置完后单击【确定】按钮即可。

（3）选择【文档】→【输出】→【打印】→【打印排料图】→【单页换行打印预览】命令，即可看到换行后的打印效果。

13．定义对格对条。

功能：设置布料条格的间隔尺寸，设置对格标记及标记对应纸样的位置。

14．排列纸样。

功能：将唛架上的纸样以各种形式对齐。

操作如下。

（1）选中唛架上要对齐的纸样。

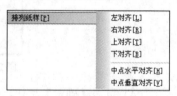

图 2-314

（2）选择【唛架】→【排列纸样】命令，根据需要选择【左对齐】【右对齐】【上对齐】【下对齐】【中点水平对齐】【中点垂直对齐】命令，如图 2-314 所示。

（3）唛架上的纸样就会以选择的对齐方式做出相应的改变，如图 2-315 所示。

15．排列辅唛架纸样。

功能：将辅唛架上的纸样重新按号型进行排列。

操作：选择【唛架】→【排列辅唛架纸样】命令，辅唛架上原有的纸样会自动按号型进行排列。

16．刷新。

功能：清除在程序运行过程中出现的残留点，这些残留点会影响显示的效果，因此必须及时清除。

操作：选择【唛架】→【刷新】命令或按【F5】键即可。

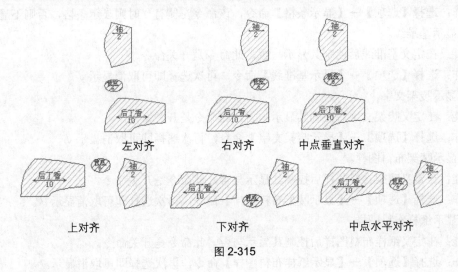

左对齐　　　　　　右对齐　　　　中点垂直对齐

上对齐　　　　　　　　下对齐　　　　　　　中点水平对齐

图 2-315

四、【选项】菜单

【选项】菜单中包括一些常用的选项命令，如图 2-316 所示。其中，【参数设定】【旋转限定】【翻转限定】【颜色】【字体】命令在工具匣中都有对应的快捷图标，请参照其详细说明，其他命令的介绍如下。

图 2-316

1. 对格对条。

功能：对条格、印花等图案的布料进行对位，此命令是开关命令。

操作：选择【选项】→【对格对条】命令，该命令左侧有 √ 显示时，即可进行对格对条。

注：

可用【唛架】菜单中的【定义条格对条】命令定义条格间距离及进行其他设置。

2．显示条格。

操作：选择【选项】→【显示条格】命令，该命令左侧有√时则显示条格，否则不显示。

3．显示基准线。

功能：在定义基准线后控制其显示与否，此命令是开关命令。

操作：选择【选项】→【显示基准线】命令，再次选择即可取消显示√。

4．显示唛架文字。

功能：在定义唛架文字后控制其显示与否，此命令是开关命令。

操作：选择【选项】→【显示唛架文字】命令，再次选择即可取消显示√。

5．显示唛架布料图样。

功能：在定义唛架布料图样后控制其显示与否，此命令是开关命令。

操作：选择【选项】→【显示唛架布料图样】命令，再次选择即可取消显示√。

6．显示纸样布料图样。

功能：在定义纸样布料图样后控制其显示与否，此命令是开关命令。

操作：选择【选项】→【显示纸样布料图样】命令，再次选择即可取消显示√。

7．在唛架上显示纸样。

功能：将纸样上的指定信息显示在屏幕上或随档案输出。

操作：选择【选项】→【在唛架上显示纸样】命令，弹出【显示唛架纸样】对话框；选择所需选项，选项右边有√标记，表示该选项被选中；单击【确定】按钮，选中的选项将显示在屏幕上或随档案输出。

8．工具匣。

功能：控制工具匣的显示与否，此命令是开关命令。

操作：选择【选项】→【工具匣】命令，勾选相应工具匣的名称，如图 2-317 所示，则显示该工具匣，否则不显示，一般默认会显示√。

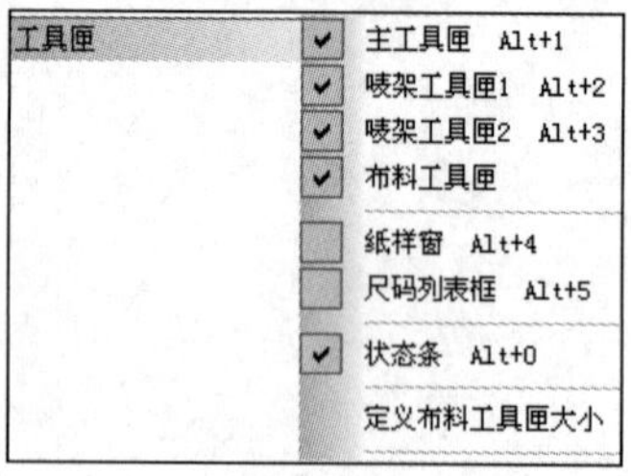

图 2-317

9．自动存盘。

功能：按设定时间、设定路径、文件名存储文件，以免因停电等而造成文件丢失。

操作如下。

（1）选择【选项】→【自动存盘】命令，弹出【自动存盘】对话框。

（2）在对话框中，勾选【设置自动存盘】复选框。

（3）在【存盘间隔时间】文本框内输入时间，如图 2-318 所示，单击【确定】按钮。

（4）如果唛架已经存过盘，那么自动存盘时间一到，唛架将按原路径、原文件名自动保存。

（5）如果没有存过盘，则会弹出【另存为】对话框，选择路径，设好文件名，单击【保存】按钮即可存盘。

10．自定义工具匣。

功能：添加自定义工具。

操作如下。

（1）选择【选项】→【自定义工具匣】命令，弹出图 2-319 所示的对话框。

（2）单击左下角的下拉按钮，选择要设置的自定义工具匣选项。

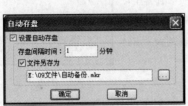

图 2-318

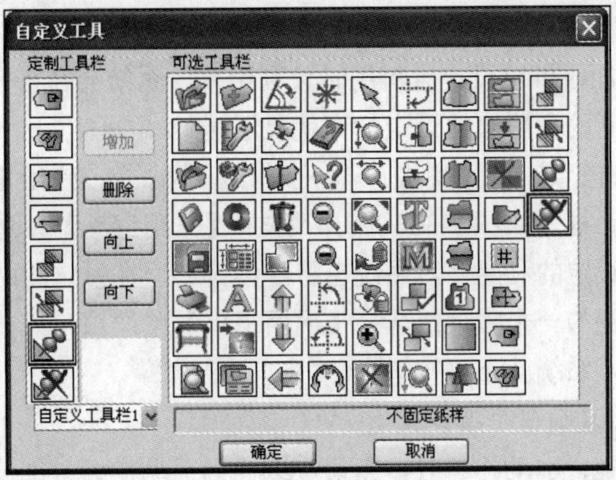

图 2-319

（3）选择要添加的工具。

（4）单击【增加】按钮，该工具就会出现在【定制工具栏】里。

（5）单击【向上】或【向下】按钮，可以让当前选中的工具向上或向下移动一个位置。

（6）单击【确定】按钮。

（7）定义好自定义工具匣后，在任意一个工具匣上单击鼠标右键，弹出菜单，勾选设定的自定义工具匣，就可将设好的工具显示出来。

五、【排料】菜单

【排料】菜单中包括与自动排料相关的一些命令，如图 2-320 所示。

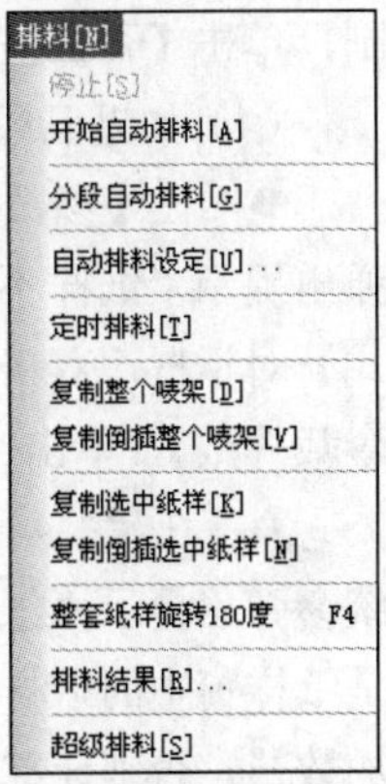

1. 停止。

功能：用来停止自动排料。

操作：当自动排料正在进行时，如果想停止自动排料，可选择【排料】→【停止】命令。

2. 开始自动排料。

功能：开始进行自动排料。

图 2-320

操作：选择【排料】→【开始自动排料】命令，开始自动排料；结束时，会弹出排料结果信息框，如果唛架上已排有纸样，则系统会将剩余的纸样接着排完。

3. 分段自动排料。

功能：排切割机唛架图时，自动按纸张大小进行分段排料。

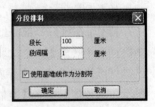

操作：选择【排料】→【分段自动排料】命令，弹出【分段排料】对话框，如图 2-321 所示，在【段长】与【段间隔】文本框内输入数值，单击【确定】按钮，纸样窗中的纸样就会以设定的数值进行分段排料。

图 2-321

4. 自动排料设定。

功能：设定自动排料的速度，在自动排料开始之前，根据需要对自动排料的速度做出选择。

> **注：**
>
> 在一般或精细状态时，【填充已排料纸样孔洞】选项起作用。

5．定时排料。

功能：可以设定排料用时、利用率，系统会在指定时间内自动排出利用率最高的一个唛架，如果排料的利用率比设定的高就显示唛架。

操作：选择【排料】→【定时排料】命令，弹出【限时自动排料】对话框，如图 2-322 所示；选择【采用继续】单选项，排料即使达到设定的利用率，系统也将继续排料，在设定的时间内显示利用率最高的一个唛架；选择【采用退出】单选项，只要达到设定的利用率，系统就不再排料。

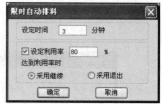

图 2-322

6．复制整个唛架。

功能：手动排料时，当某些纸样已手动排好一部分，而剩余部分纸样想参照已排部分进行排料时，可用该命令，剩余部分就会按照已排的纸样的位置进行排放。

操作如下。

（1）排好部分纸样。

（2）选择【排料】→【复制整个唛架】命令，纸样的剩余部分会按照已排纸样的位置排好。

（3）如果还有未排纸样，系统会弹出询问是否继续复制的对话框，单击【是】按钮则继续复制，单击【否】按钮则停止复制。

（4）如果已经没有相同纸样可以复制，则会出现以下两种情况。

● 在【参数设定】→【排料参数】中勾选了【纸样不足时不允许复制操作】复选框，则会弹出提示"纸样不足！"的对话框，单击【确定】按钮关闭该对话框。单击![]工具打开【选取款式】对话框，双击文件名，打开【纸样制单】对话框，为要复制的纸样添加【号型套数】或【每套裁片数】，单击【确定】按钮，再重新执行该命令。

● 在【参数设定】→【排料参数】中没有勾选【纸样不足时不允许复制操作】复选框，系统会弹出提示"纸样数量不足！继续复制吗？"的对话框，单击【是】按钮则纸样会被复制，但是纸样窗中的纸样数量会出现负值。如果要计算用料就一定要在【纸样制单】对话框内为纸样添加数量，否则计算会出现错误。

7．复制倒插整个唛架。

功能：使未放置的纸样参照已排好纸样的排放方式排放并且旋转 180°。

操作：在排好一部分纸样后，选择【排料】→【复制倒插整个唛架】命令，即可让剩余的相同纸样参照已排好纸样的排放方式并旋转 180°排放，如图 2-323所示，其他情况参考【复制整个唛架】命令。

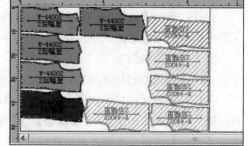

图 2-323

8．复制选中纸样。

功能：使选中纸样的剩余部分参照已排好的纸样的排放方式排放。

操作：在排好一部分纸样后，用【纸样选择】工具![]框选或按住【Ctrl】键选择纸样，选择【排料】→【复制选中纸样】命令，即可让剩余的纸样按照已排纸样的排放方式复制、平移排放在唛架上。

9．复制倒插选中纸样。

功能：使选中纸样的剩余部分，参照已排好的纸样的排放方式旋转 180°排放。

操作：在排好一部分纸样后，用【纸样选择】工具  框选或按住【Ctrl】键选择纸样，选择【排料】→【复制倒插选中纸样】命令，即可让剩余的纸样按照已排纸样的排放方式复制，并且旋转 180° 排放在唛架上。

10．整套纸样旋转 180°。

功能：使选中纸样的整套纸样旋转 180°。

操作：选中唛架区的一个纸样，按【F4】键或选择【排料】→【整套纸样旋转 180 度】命令。

11．排料结果。

功能：报告最终的布料利用率、完成套数、层数、尺码、总裁片数和所在的纸样档案。

操作：在排料过程中或排料后选择【排料】→【排料结果】命令，弹出【排料结果】对话框，如图 2-324 所示，查看完后单击【确定】按钮。

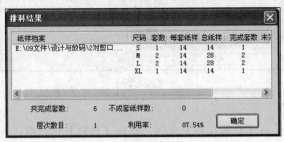

图 2-324

12．超级排料：见第 15 章。

六、【计算】菜单

【计算】菜单如图 2-325 所示。

1．计算布料重量。

功能：计算所用布料的重量。

图 2-325

操作：排好纸样后，选择【计算】→【计算布料重量】命令，在弹出的对话框中输入【单位重量】，如图 2-326 所示，系统会自动计算出布料重量（布宽×布长×层数×单位重量）。

2．利用率和唛架长。

功能：根据所需利用率计算唛架长度。

操作：选择【计算】→【利用率和唛架长】命令，在弹出的对话框中输入【利用率】，如图 2-327 所示，系统会根据利用率自动计算出唛架长度。

七、【制帽】菜单

【制帽】菜单如图 2-328 所示。

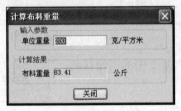

图 2-326

图 2-327

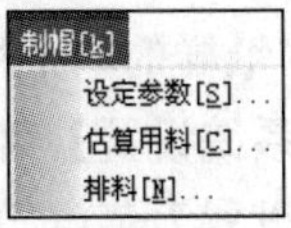

图 2-328

1．设定参数。

功能：设定进行刀模排板时刀模的排刀方式及其数量、布种等。

操作：选择【制帽】→【设定参数】命令，弹出【参数设置】对话框，如图 2-329 所示，在对话框内输入每个号型的数量或单位数量套数；在【方式】列下的【正常】位置双击，可选择需要排料的方式，如【正常】【倒插】【交错】等。

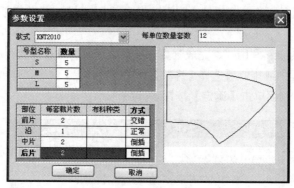

图 2-329

2．估算用料。

操作：选择【制帽】→【估算用料】命令，弹出【估料】对话框，如图 2-330 所示，在对话框内单击【设置】按钮，可设置单位及损耗量，完成后单击【计算】按钮，可算出各号型纸样的用布量。

3．排料。

功能：用刀模裁剪时，对所有纸样进行统一排料。

操作：选择【制帽】→【排料】命令，弹出【排料】对话框，如图 2-331 所示，在对话框内设置【插刀纸样】和【非插刀纸样】，完成后单击【确定】按钮，系统会进行自动排料。

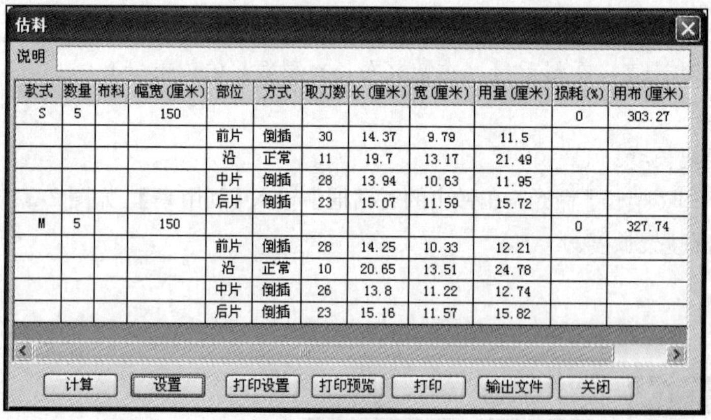

款式	数量	布料	幅宽（厘米）	部位	方式	取刀数	长（厘米）	宽（厘米）	用量（厘米）	损耗（%）	用布（厘米）
S	5		150							0	303.27
				前片	倒插	30	14.37	9.79	11.5		
				沿	正常	11	19.7	13.17	21.49		
				中片	倒插	28	13.94	10.63	11.95		
				后片	倒插	23	15.07	11.59	15.72		
M	5		150							0	327.74
				前片	倒插	28	14.25	10.33	12.21		
				沿	正常	10	20.65	13.51	24.78		
				中片	倒插	26	13.8	11.22	12.74		
				后片	倒插	23	15.16	11.57	15.82		

图 2-330

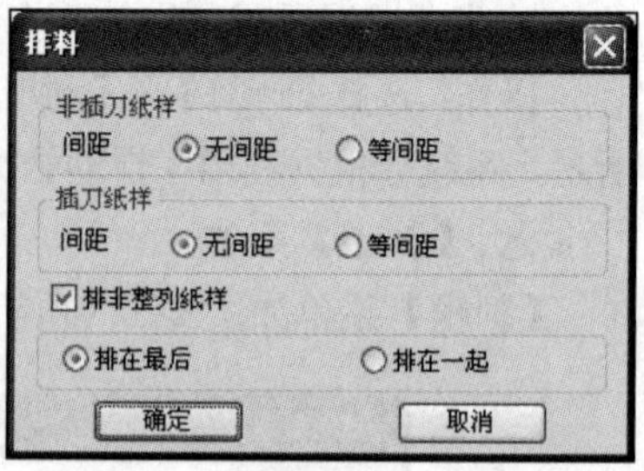

图 2-331

对选中纸样的单个号型进行排料，可参阅唛架工具匣 2 中的制帽排料。

八、【系统设置】菜单

【系统设置】菜单如图 2-332 所示，下面介绍其中常用的命令。

图 2-332

1．语言。

功能：切换不同的语言，如将简体中文转换为英文等。

操作：选择【系统设置】→【语言】命令，选择需要的语言。

2．记住对话框的位置。

功能：记住上次对话框的位置，再次打开对话框时，对话框会在上次关闭时的位置。

操作：选择【系统设置】→【记住对话框的位置】命令，如果之前有选择，操作后就不选择；如果之前没有选择，操作后就会选择。

九、【帮助】菜单

图 2-333

【帮助】菜单如图 2-333 所示，下面介绍其中常用的命令。

关于本系统。

功能：查看软件的版本、VID、版权等相关信息。

操作：选择【帮助】→【关于本系统】命令，弹出软件信息的对话框，在其中可查看相关信息。

第 3 章

富怡服装 CAD 公式法操作

公式法制板是指根据规格表中的数据参数，结合相应的公式来打板，只需修改数据参数，就能得到新的款式，以达到联动效果。所谓联动，是指相关参数可以被同时修改。举个例子，袖窿被修改，袖子也跟着被修改。公式法制板修改一个部位的尺寸，相关部位的尺寸会同时被修改，使改板既方便又快捷。同时，还可以自动放码，记录每步操作。在 V10 版本里，省、褶等都可实现联动，并可以随时查看结构线放码，以便确定放码是否正确。

注：
V10 版本里公式法制板与自由法制板为同一个界面，工具都是通用的。

 ## 3.1 长袖女衬衫公式法 CAD 制板

1. 双击快捷图标，进入富怡服装 CAD 设计与放码系统的工作界面，单击 Σ 按钮，切换为公式法制板。

2. 选择【表格】→【规格表】命令，或者在主工具栏里单击 ▦ 工具，在弹出的【规格表】对话框中输入尺寸（也可调入在 Excel 表格里编辑好的尺寸），如图 3-1 所示。

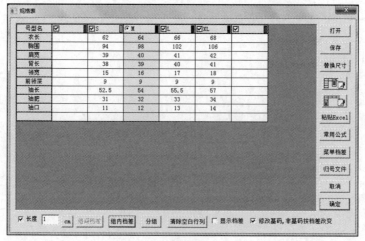

图 3-1

3．单击【智能笔】工具 ，在空白处拖曳鼠标指针，在弹出的【矩形】对话框中单击 按钮，在下拉列表中勾选【新公式】选项，如图 3-2 所示。也可以在菜单栏中选择【选项】→【系统设置】→【开关设置】命令，勾选【创建公式时，按 V9 新公式界面创建】复选框，然后分别单击横、纵，找到衣长（64cm）、后胸围（胸围/4=24.5 cm），如图 3-3 所示。

图 3-2

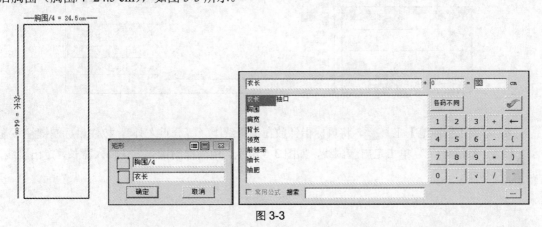

图 3-3

4．用【矩形】工具 或【智能笔】工具 定出后领宽（领宽/2）、后领深 2cm，用【智能笔】工具 画出后领曲线，并用【对称调整】工具 调整，可联动，如图 3-4 所示。单击【显示/隐藏标注】工具 ，可以看每一步的操作，每一步都有记录。按住【Shift】键，使用【调整】工具 可以移动公式标注的位置。

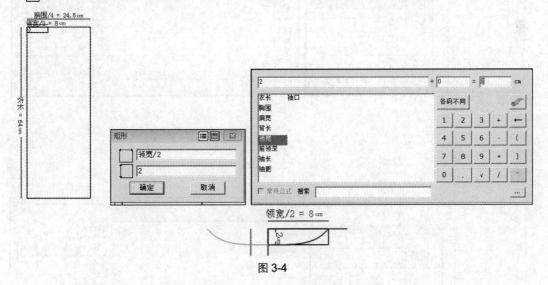

图 3-4

5．单击【智能笔】工具 ，将鼠标指针放在后中线的最上端的端点处，该点变成亮星点时按【Enter】键，弹出【偏移对话框】对话框，输入偏移量后单击【确定】按钮，将该点与领宽点连接，如图 3-5 所示。

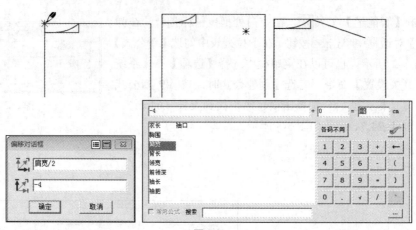

图 3-5

6. 单击【智能笔】工具，将鼠标指针放在上平线上（等分点之外），按住鼠标左键往下拖动，输入"胸围/6+7"，单击定出胸围线，如图 3-6 所示。用同样的操作方法输入背长，定出腰线，如图 3-7 所示。

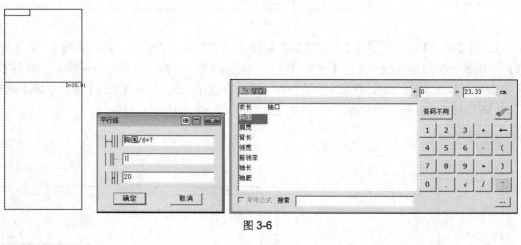

图 3-6

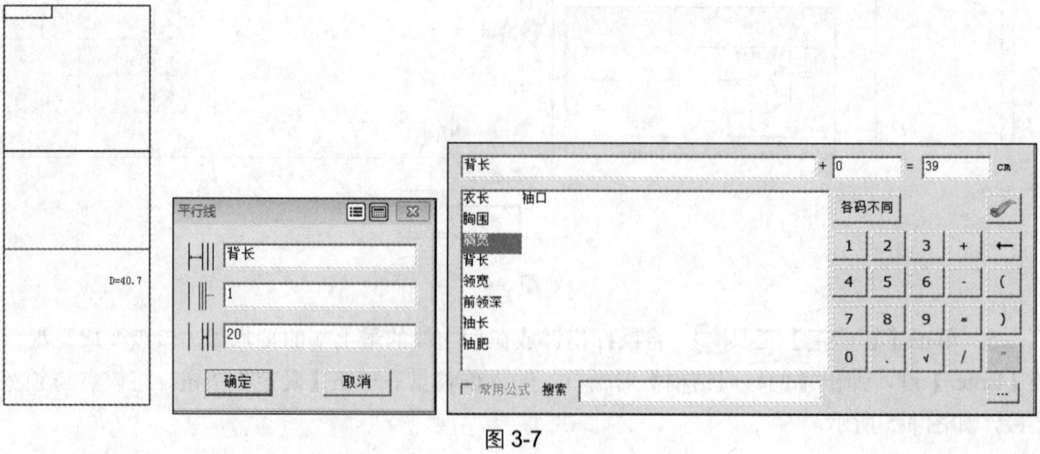

图 3-7

7. 用【智能笔】工具 ✐ 定出背宽线（胸围/6+2.5=18.83cm），如图 3-8 所示。

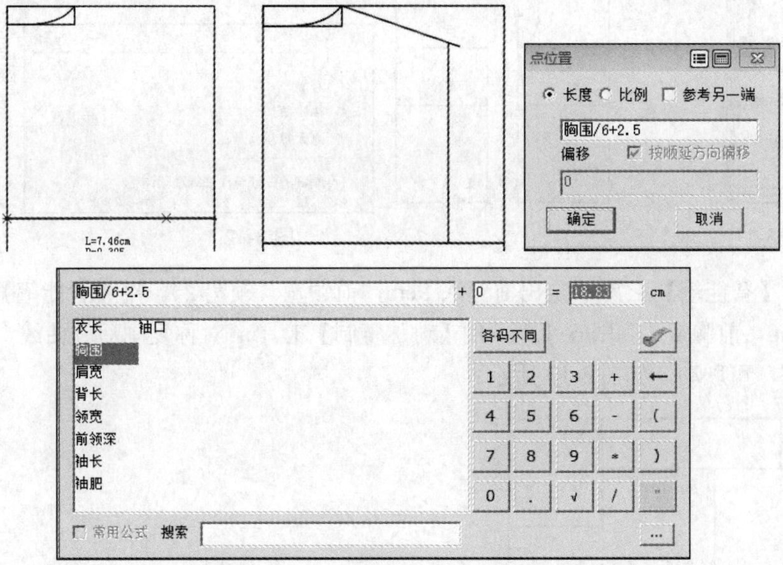

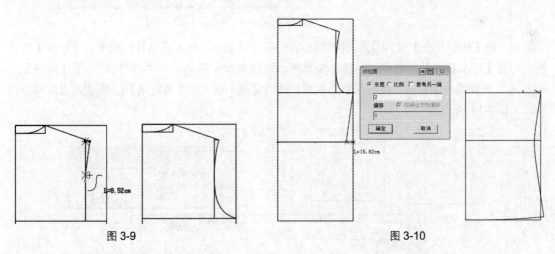

图 3-8

8. 用【智能笔】工具 ✐ 画出后袖窿。在背宽线上取等分点时，如果不是需要的等分数，可在主工具栏中输入合适的等分数，并用【调整】工具 ⟍ 将其调整圆顺，如图 3-9 所示。

9. 用【智能笔】工具 ✐ 定出侧缝线及下摆线，再用【调整工具】⟍ 将其调整圆顺，如图 3-10 所示。

图 3-9　　　　　　　　　　　　　　　　　　　　　　图 3-10

10. 按【Shift+F4】组合键可以显示（或隐藏）结构图放码量，以随时查看放码情况，如图 3-11 所示。

11. 用【成组复制/移动】工具 ⟲ 复制后幅的结构线以制作前幅，复制时勾选【复制的曲线与原曲线联动调整】复选框；用【智能笔】工具 ✐ 在胸围线上向上拖出距其 2.5cm 的线，如图 3-12 所示。

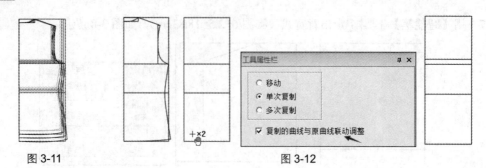

图 3-11　　　　　　　　　　　　　　　　图 3-12

12. 用【智能笔】工具 ✐ 定出前领深 9cm，前领宽（领宽/2）。用【智能笔】工具 ✐ 定出前落肩线 4.2cm，前胸宽（胸围/6+1.5）。用【对称复制】工具 ⚠ 对称复制后领曲线，用【调整工具】🖱 进行调整，可联动，如图 3-13 所示。

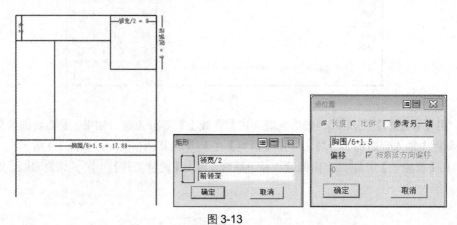

图 3-13

13. 用【比较长度】工具 📏 测量后幅小肩的长度并记录，在工具属性栏的【长度比较】对话框中勾选【显示修改记录名称对话框】复选框，可以修改变量名，如"后肩长"。用【圆规】工具 🅰 单击前领宽与落肩线，找到后肩长参数，画出前幅小肩；用【智能笔】工具 ✐ 画出前袖窿曲线，如图 3-14 所示。

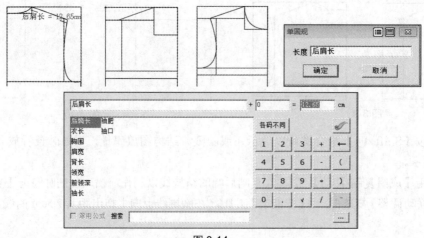

图 3-14

14. 用【成组复制/移动】工具 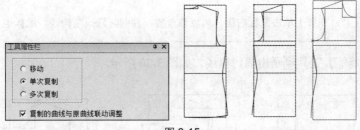 翻转复制后侧缝，并用【曲线拉伸】工具 把后侧缝上的端点调整至距胸围 2.5cm 的线上，如图 3-15 所示。

图 3-15

> **注：**
> 翻转复制时，如果在工具属性栏中勾选【复制的曲线与原曲线联动调整】复选框，那么无论是调整前侧缝还是调整后侧缝，另外一边都会跟随一起被调整。

15. 用【智能笔】工具 画出门襟及下摆线，用【合并调整】工具 调整前后夹圈、前后领口曲线及前后下摆至圆顺。以下摆为例，单击【合并调整】工具 后，在右侧工具属性栏中勾选【联动调整】复选框，如图 3-16 所示。选择下摆线，单击鼠标右键；再选择侧缝线，单击鼠标右键，然后进行调整，如图 3-17 所示。

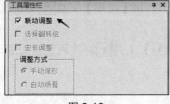
图 3-16

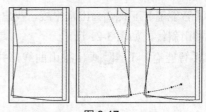
图 3-17

16. 用【智能笔】工具 画出腋下省中线，用【等份规】工具 找出腰省省宽中点，用【比较长度】工具 测量前后袖窿的长度并记录，如图 3-18 所示。

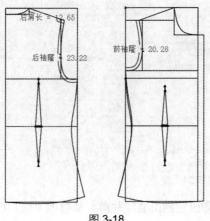
图 3-18

17. 分别用【V 形省】工具 及【锥形省】工具 画出腋下省及腰省，如图 3-19 所示。

> **注：**
>
> 单击相应的工具，在省上单击鼠标右键，可以修改省，并同时修改结构线，纸样也会同时被修改。

18. 用【智能笔】工具 画出前门襟线，如图 3-20 所示。

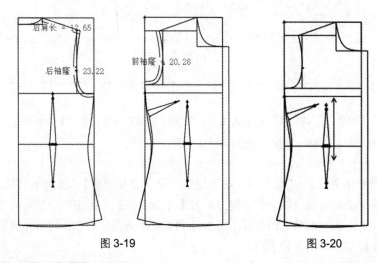

图 3-19   图 3-20

19. 用【智能笔】工具 画出水平线，找出袖肥参数，用【圆规】工具 找到前后袖窿参数并画出前后袖山斜线，如图 3-21 所示。

20. 用【智能笔】工具 画出袖山曲线，并用【调整】工具 将其调整至圆顺，如图 3-22 所示。

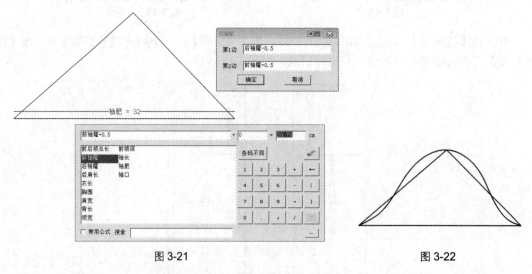

图 3-21   图 3-22

21. 用【比较长度】工具 比较袖山曲线与前后袖窿的差值，如果容位不符合预期，则用【线调整】工具 一步调整到位。要调整其他码，也可以单击【线调整】工具 ，然后在袖山上单击鼠标右键，修改尺寸，如图 3-23 所示。

22．用【智能笔】工具 添加参数，画出袖长及袖口，并画出袖侧缝，如图 3-24 所示。

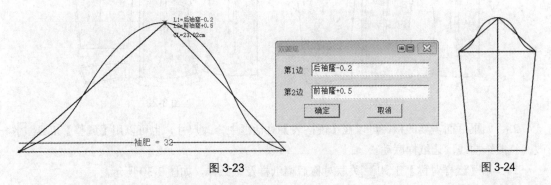

图 3-23   图 3-24

23．用【比较长度】工具 测量出前后领口曲线的总长并记录，用【智能笔】工具 找到记录的参数并画出领长。用【智能笔】工具 画出剩余部分，如图 3-25 所示。

24．用【布纹线】工具 标出各纸样的布纹方向，如图 3-26 所示。

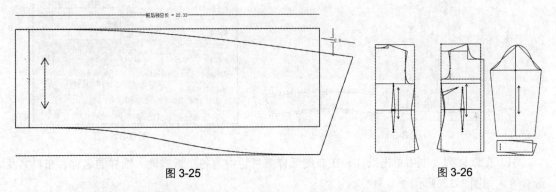

图 3-25   图 3-26

25．用【剪口】工具 给前后幅及袖子加剪口，可以在结构线上加剪口，也可以生成纸样后加剪口，如图 3-27 所示。

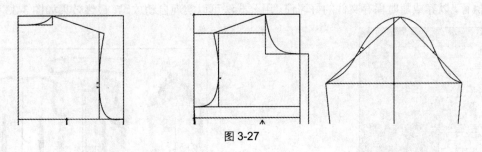

图 3-27

26．用【剪刀】工具 拾取纸样的外轮廓线，用【衣片辅助线】工具 拾取对应纸样的省、布纹线，如图 3-28 所示。

27．用【缝份】工具 在各纸样加上合适的缝份，如图 3-29 所示。

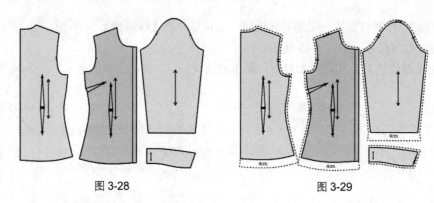

图 3-28　　　　　　　　　　　　　　图 3-29

28. 如果后面需要改板，可以在【规格表】对话框中修改尺寸，也可以用【调整】工具 修改，修改结构线，让纸样联动。

29. 用【纸样对称】工具 关联对称后幅纸样及领纸样，如图 3-30 所示。

30. 选择【纸样】→【款式资料】命令，弹出【款式信息】对话框，设定款式名、客户名、订单号、布料颜色，统一设定所有纸样的布纹线方向，如图 3-31 所示。

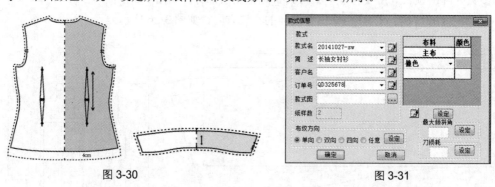

图 3-30　　　　　　　　　　　　　　图 3-31

31. 在纸样列表框中单击纸样，在右侧纸样信息栏中为各个纸样输入纸样的名称、布料名及份数等，如图 3-32 所示。

32. 保存文件。每新做一款纸样，都要随时保存。单击 按钮，系统会弹出【文档另存为】对话框，选择合适的路径，保存文件，再次保存时单击 按钮即可。此步骤可以在做了一些操作后就执行，以养成随时保存文件的好习惯。用公式法可以实现自动放码，最终效果如图 3-33 所示。

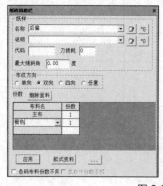

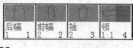

图 3-32

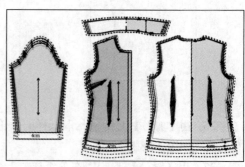

图 3-33

3.2 女西裤公式法 CAD 制板

女西裤是裤子的基本型，宽松适中，前开拉链，前后两侧各有两个省，款式效果如图 3-34 所示。

图 3-34

绘制女西裤的操作步骤如下。

1. 双击快捷图标，进入设计与放码系统的工作界面，单击 按钮切换为公式法制板。单击主工具栏中的 工具，弹出【规格表】对话框，输入部位名称、尺寸数据，如图 3-35 所示，单击【确定】按钮，单击 按钮，将文件保存为"女西裤"（也可调入在 Excel 表格里编辑好的尺寸）。

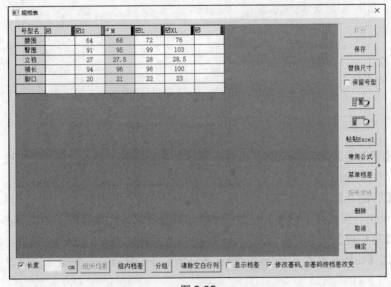

图 3-35

2. 使用【智能笔】工具 ，单击【长度】对话框中的 按钮，可以选择新公式，如图 3-36 所示；也可以在菜单栏中选择【选项】→【系统设置】→【开关设置】命令，勾选【创建公式时，按 V9 新公式界面创建】复选框，在丁字尺状态下画出裤长线。

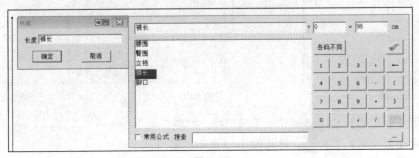

图 3-36

145

3. 单击【智能笔】工具 ，单击靠近裤长线的上端点，弹出【点位置】对话框，双击输入"立裆"，单击【确定】按钮，如图 3-37 所示。

图 3-37

4. 移动鼠标指针画出水平线后单击，弹出【长度】对话框，双击臀围，输入公式"臀围/4-1"，单击【长度】对话框中的【确定】按钮，如图 3-38 所示。

图 3-38

5. 单击【智能笔】工具 ，按住鼠标右键拖动裤长线的上端点，画出水平线和垂直线，在横裆线右端点单击，如图 3-39 所示。

6. 单击【智能笔】工具 ，按住鼠标左键拖动上平线，鼠标指针变成 ，移动鼠标指针到出现平行线后单击，弹出【平行线】对话框，输入数据"8"，完成设计，如图 3-40 所示。

7. 单击【等份规】工具 ，设置等分数为 4，分别单击臀围线的两个端点，将臀围线平均分成 4 份。单击【比较长度】工具 ，按住【Shift】键，鼠标指针变成 ，测量并记录其中一份的长度，如图 3-41 所示。

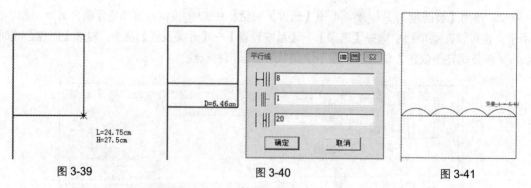

图 3-39　　　　　　　　　　图 3-40　　　　　　　　　　图 3-41

8. 使用【智能笔】工具 画出水平横裆线，如图 3-42 所示。

9. 单击【智能笔】工具 ，连接图 3-43 所示的斜线。

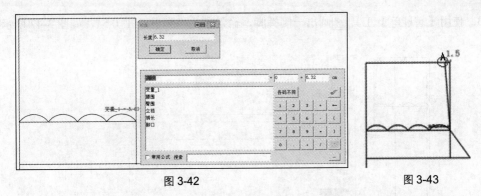

图 3-42 图 3-43

10. 使用【点】工具 ，在点 A 处按住鼠标左键拖动，弹出【点位置】对话框，双击腰围，输入公式"(腰围+1)/4+1"，单击【确定】按钮。单击【显示/隐藏标注】工具 ，工具凹陷，此时可以看每一步的操作，如图 3-44 所示。

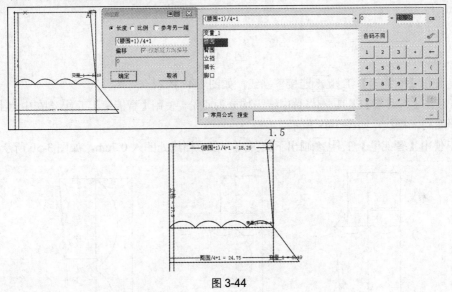

图 3-44

11. 使用【等份规】工具 将上平线余下的部分三等分，将横档线二等分，如图 3-45 所示。

12. 使用【智能笔】工具 画出裤中线，如图 3-46 所示。

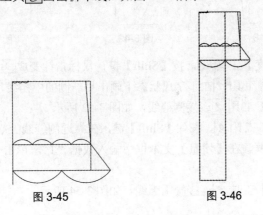

图 3-45 图 3-46

13. 使用【智能笔】工具 ✐ 画出一侧裤脚，输入公式"脚口/2-1+0.5"，如图 3-47 所示。

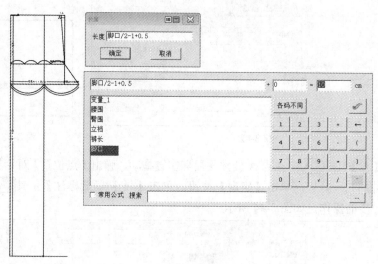

图 3-47

14. 使用【智能笔】工具 ✐ 连接下裆线，如图 3-48 所示。

15. 使用【等份规】工具 ⟷ 将裤中线平均分为两份。使用【智能笔】工具 ✐ 在中点上面 4cm 处画水平线到下裆线，如图 3-49 所示。

16. 使用【智能笔】工具 ✐ 画出下裆弧线，在中裆线处凹入 0.7cm，如图 3-50 所示。

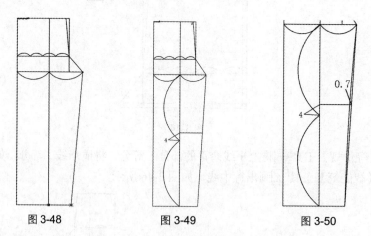

图 3-48   图 3-49   图 3-50

17. 单击【比较长度】工具 ⬚，按【Shift】键，鼠标指针变成 🔛，测量并记录一侧中裆线的长度。使用【智能笔】工具 ✐ 在丁字尺状态下画出另一侧的中裆线，如图 3-51 所示。

18. 使用【智能笔】工具 ✐ 连接侧缝线，如图 3-52 所示。

19. 单击【智能笔】工具 ✐，按住【Shift】键，在靠近侧缝线上端点的位置单击鼠标右键，弹出【曲线调整】对话框。在【增量】文本框中输入数据"1"，单击【确定】按钮，如图 3-53 所示。

20. 使用【智能笔】工具 ✐ 连接腰围弧线，如图 3-54 所示。

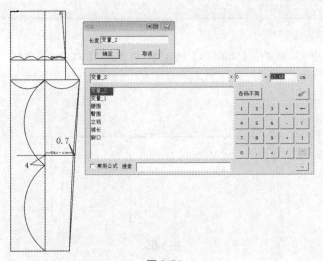

图 3-51

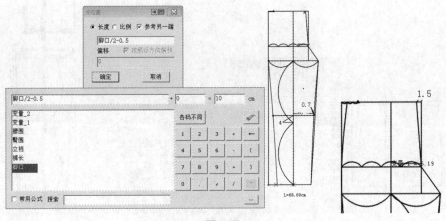

图 3-52

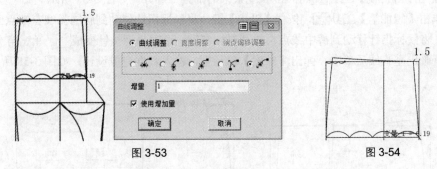

图 3-53   图 3-54

21. 单击【比较长度】工具，按住【Shift】键，鼠标指针变成，测量并记录其中一等份的长度。用【剪断线】工具在 9cm 处将裤中线剪断，如图 3-55 所示。

22. 使用【V 形省】工具做省，省宽为"变量_3/2"，并将其调整圆顺，按【Shift+F4】组合键，可以查看结构线的放码效果，如图 3-56 所示。

注：
在整个制板过程中可以随时按【Shift+F4】组合键，以查看结构线的放码效果，从而及时进行更正。

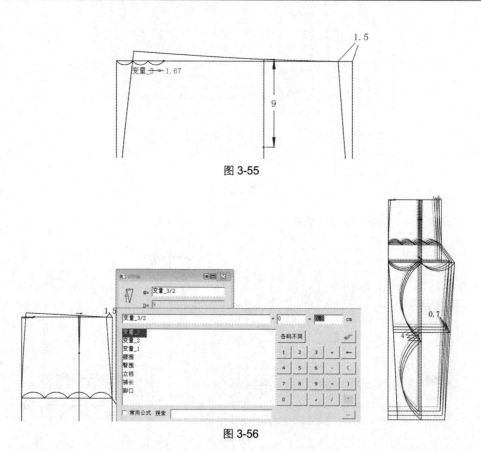

图 3-55

图 3-56

23. 使用【等份规】工具 ▱▱ 将腰围弧线余下的部分二等分，如图 3-57 所示。

24. 单击【智能笔】工具 ✐，按住【Shift】键，将鼠标指针移动到腰围弧线左端点上，按住鼠标左键，将鼠标指针移动到裤中线点再松开鼠标左键，这时鼠标指针变成 ▱。单击等分点，移动鼠标指针画出垂直线后单击，弹出【长度】对话框，输入数据完成设计，如图 3-58 所示。

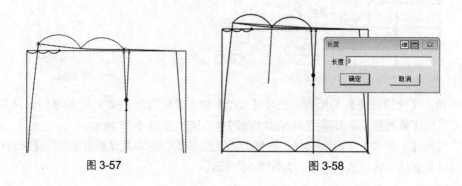

图 3-57   图 3-58

25. 使用【V 形省】工具 ✈ 做省，省宽为 "变量_3/2"，并将其调整圆顺，如图 3-59 所示。

26. 使用【智能笔】工具 ✐ 连接小裆弧线，如图 3-60 所示。

27. 单击【智能笔】工具 ✐，按住【Shift】键，左键框选前裤片的所有线条，单击鼠标右键，鼠标指针变成 🔘。单击任意一点，将前裤片复制移动到空白处，使用【橡皮擦】工具 ✐ 删除多余的点、线，如图 3-61 所示。

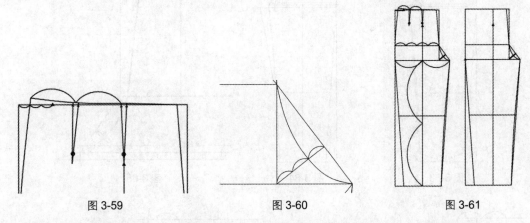

图 3-59   图 3-60   图 3-61

28. 使用【比较长度】工具 ✐ 测量并记录前比围长。使用【智能笔】工具 ✐ 在点 A 向下 1cm 处画一条水平线，长度为 "前比围+4"，如图 3-62 所示。

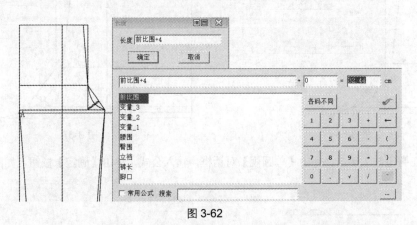

图 3-62

29. 使用【智能笔】工具 ✐ 在脚口裤中线处画水平线，脚口长度为 "脚口/2+0.5"，在臀围线处画出 5cm 的水平线，在中档线处画出 1cm 的水平线，如图 3-63 所示。

30. 使用【智能笔】工具 ✐ 连接下裆弧线，如图 3-64 所示。

31. 使用【等份规】工具 🚗 将上平线右部分二等分，使用【智能笔】工具 ✐ 在等分点右边画出偏移点。使用【智能笔】工具 ✐ 连接后裆斜线、小裆弧线，如图 3-65 所示。

32. 单击【智能笔】工具 ✐，按住【Shift】键，在靠近后裆斜线上端点的位置单击鼠标右键，弹出【曲线调整】对话框。在【增量】文本框中输入数据，单击【确定】按钮，如图 3-66 所示。

33．使用【圆规】工具 A 在靠近点 A 的位置单击上段后裆斜线，弹出【点位置】对话框，输入数据"2"，单击【确定】按钮，如图 3-67 所示。

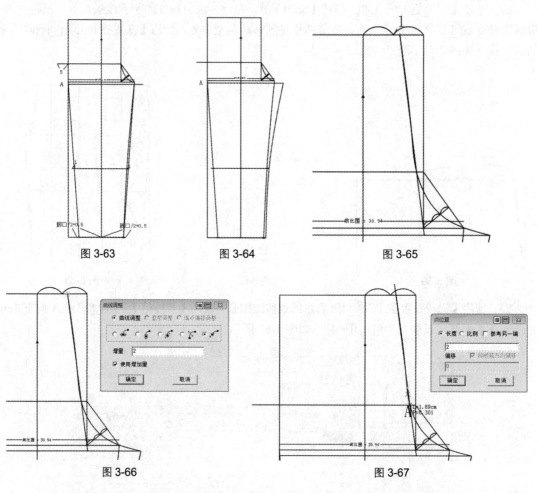

图 3-63

图 3-64

图 3-65

图 3-66

图 3-67

34．在臀围线上单击，弹出【单圆规】对话框，输入公式，单击【确定】按钮，如图 3-68 所示。

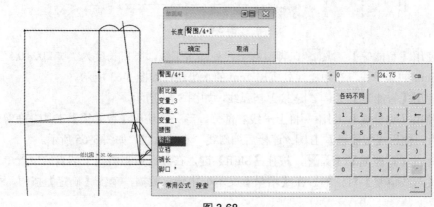

图 3-68

35．使用【圆规】工具 A 单击后裆斜线的上端点，移动鼠标指针画出斜线。在腰围线上单击，弹出【单圆规】对话框，输入公式，单击【确定】按钮，如图 3-69 所示。

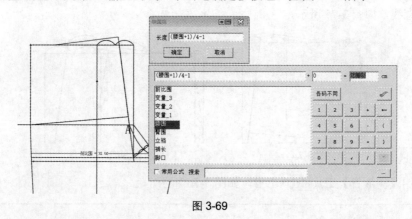

图 3-69

36．使用【智能笔】工具 ✐ 画出水平线和垂直线，如图 3-70 所示。

37．使用【等份规】工具 ⚬⚬ 设置等分数为 3，分别单击腰围线余下部分的两个端点，将余下部分平均分为 3 份。单击【比较长度】工具 ✐，按住【Shift】键，鼠标指针变成 ⌐，测量并记录其中一份的长度，如图 3-71 所示。

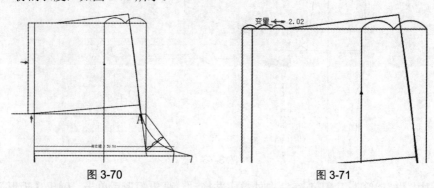

图 3-70　　　　　　　　　　　　　图 3-71

38．使用【智能笔】工具 ✐ 连接后侧缝弧线，如图 3-72 所示。

39．单击【智能笔】工具 ✐，按住【Shift】键，当后侧缝弧线的上端点变亮时，单击后侧缝弧线，弹出【曲线调整】对话框，在【增量】文本框中输入数据"1"，单击【确定】按钮，如图 3-73 所示。

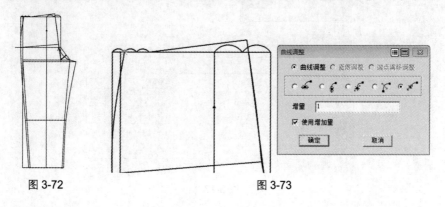

图 3-72　　　　　　　　　　图 3-73

40．使用【智能笔】工具 画出后腰口弧线，如图 3-74 所示。

41．使用【等份规】工具 将后腰口弧线等分为 3 份，使用【智能笔】工具 在每个等分点处画出垂直线，如图 3-75 所示。

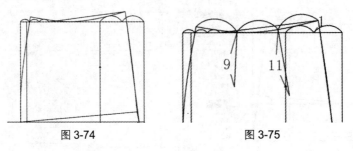

图 3-74 图 3-75

42．使用【V 形省】工具 画出省，如图 3-76 所示。

注：

单击鼠标右键可以更改省宽。

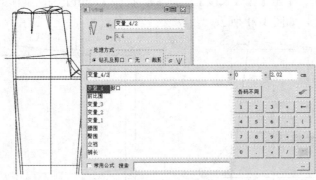

图 3-76

43．使用【智能笔】工具 在空白处单击并拖动，画出矩形后单击，弹出【矩形】对话框，输入数据，如图 3-77 所示。

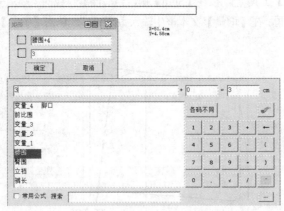

图 3-77

154

44．使用【布纹线】工具 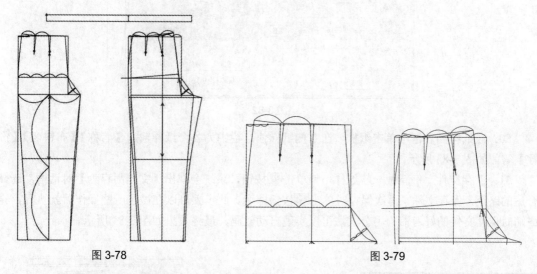 标出各纸样的布纹方向，如图 3-78 所示，也可以生成纸样后再调整。

45．使用【剪口】工具 为前后片加剪口，如图 3-79 所示。可以在结构线上加剪口，也可以生成纸样后加剪口。

图 3-78   图 3-79

46．使用【剪刀】工具 拾取纸样的外轮廓线，使用【衣片辅助线】工具 拾取对应纸样的省、布纹线，如图 3-80 所示。

47．使用【缝份】工具 对各纸样加上合适的缝份，如图 3-81 所示。

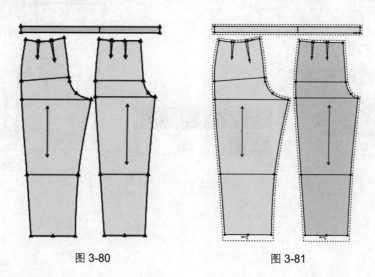

图 3-80   图 3-81

48．如果后面需要改板，可以在【规格表】对话框中修改尺寸，也可以用【调整】工具 修改结构线，让纸样联动。

49．选择【纸样】→【款式资料】命令，弹出【款式信息框】对话框，在其中设置【款式名】【客户名】【订单号】【颜色】，如图 3-82 所示。

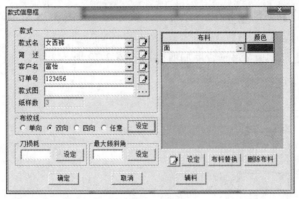

图 3-82

50．在纸样列表框中单击纸样，在右侧纸样信息栏中为各个纸样输入【名称】【布料名】【份数】等，如图 3-83 所示。

51．保存文件。每新做一款纸样，就单击圖按钮，系统会弹出【文档另存为】对话框，选择合适的路径，保存文件，再次保存时单击圖按钮即可。此步骤可以在做了一些操作后就执行，养成随时保存文件的好习惯。用公式法可以实现自动放码，最终效果如图 3-84 所示。

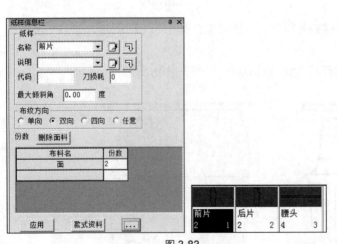

图 3-83

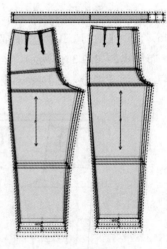

图 3-84

第4章

服装原型 CAD 制板

服装原型是服装结构设计的基础，服装款式再怎样变化都离不开服装原型。服装原型按性别可分为男装原型、女装原型；按部位可分为上衣原型、裙子原型等；按国别可分为日本文化式原型、美国原型、英国原型。其中，日本文化式原型在我国使用已久，有旧文化式原型和新文化式原型之分，本章以新文化式原型为例，介绍服装原型 CAD 制板。

4.1　新文化式女装上衣原型

新文化式女装上衣原型的胸围放松度为 12cm，其结构如图 4-1 所示（单位：cm）。

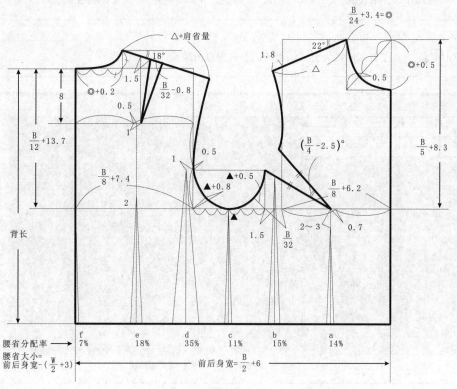

图 4-1

采用的女装原型尺寸表如表 4-1 所示。

表 4-1　　　　　　　　　　　　　　　　　女装原型尺寸表　　　　　　　　　　　　　　　　单位：cm

部位	胸围	背长	腰围
规格	84	37.5	66

腰省分配表如表 4-2 所示。

表 4-2　　　　　　　　　　　　　　　　　腰省分配表　　　　　　　　　　　　　　　　单位：cm

总省量	f	e	d	c	b	a
100%	7%	18%	35%	11%	15%	14%
12	0.84	2.16	4.2	1.32	1.8	1.68

> **注：**
> 下面图中的三角点都是关联点，可以联动修改。

绘制新文化式女装上衣原型的操作步骤如下。

1．双击快捷图标，进入设计与放码系统的工作界面。

2．在主工具栏中单击工具，弹出【规格表】对话框，如图 4-2 所示（单位：cm）。单击第一列的第一个空格，输入"胸围"，在相应空格中输入"84"；单击"胸围"下面的空格，输入"背长"，并在相应空格中输入"37.5"；将 M 改为"160/84"，单击【保存】按钮。

> **注：**
> 单击 Σ 工具，工具凹陷则为公式法设计，否则为自由法设计。

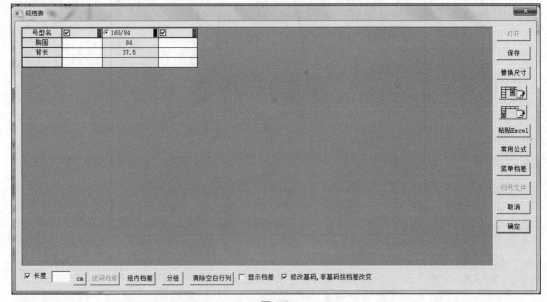

图 4-2

3．弹出【另存为】对话框，如图 4-3 所示，在【文件名】文本框中输入"160-84A"，单击【保存】按钮，然后单击【规格表】对话框中的【确定】按钮。

> **注：**
> 文件可以保存为 SIZ 或 Excel 格式。

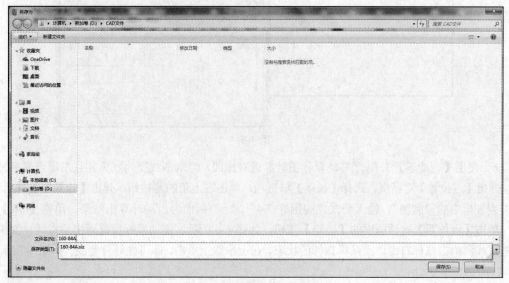

图 4-3

4．选择【智能笔】工具 ，在工作区中单击，按住鼠标左键斜向拉出矩形框后再松开鼠标左键，弹出【矩形】对话框。单击右上角的 按钮，弹出【计算器】对话框。双击列表框中的"胸围"，输入"胸围/2+6"，"="后面会自动计算出结果，单击【OK】按钮。双击列表框中的"背长"，然后单击【OK】按钮。单击【矩形】对话框中的【确定】按钮，如图 4-4 所示。

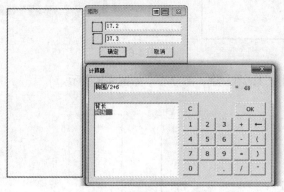

图 4-4

5．使用【智能笔】工具 单击并按住矩形上边的水平线，拖动鼠标指针画出一条平行线后单击，弹出【平行线】对话框，单击右上角的 按钮，弹出【计算器】对话框。双击列表框中的

"胸围"，输入公式"胸围/12+13.7"，"="后面会自动计算出结果，单击【OK】按钮。单击【平行线】对话框中的【确定】按钮，即可画好胸围线，如图 4-5 所示。

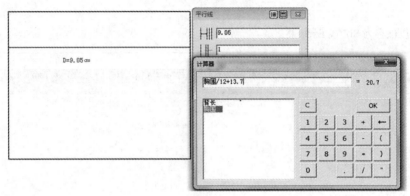

图 4-5

6. 使用【智能笔】工具 移动鼠标指针靠近胸围线，当胸围线变为红色并且左端点变亮时单击，弹出【点位置】对话框。选择【长度】单选项，单击右上角的 按钮，弹出【计算器】对话框。双击列表框中的"胸围"，输入公式"胸围/8+7.4"，"="后面会自动计算出结果，单击【OK】按钮。单击【点位置】对话框中的【确定】按钮，如图 4-6 所示。拖动鼠标指针画出垂直线，如果不是垂直线则单击鼠标右键切换鼠标指针的状态，在上平线上单击，即可画好背宽线，如图 4-7 所示。

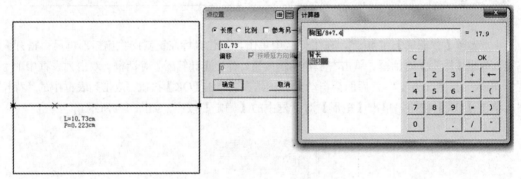

图 4-6

7. 使用【智能笔】工具 去除一部分线，如图 4-8 所示。

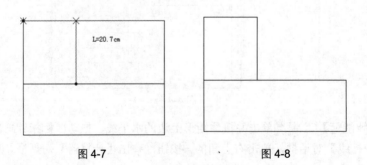

图 4-7   图 4-8

8. 使用【智能笔】工具 ✐ 在丁字尺状态下单击前中线的上端点，向上移动鼠标指针画出垂直线后单击，弹出【长度】对话框，单击右上角的 回 按钮，弹出【计算机】对话框。双击列表框中的"胸围"，输入公式"胸围/5+8.3"，"="后面会自动计算出结果，单击【OK】按钮。单击【长度】对话框中的【确定】按钮，如图 4-9 所示。

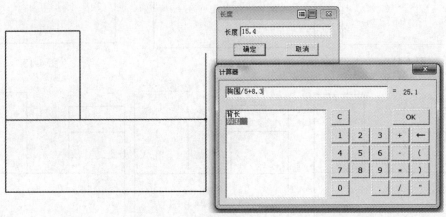

图 4-9

9. 使用【智能笔】工具 ✐ 单击并按住前中线，拖动鼠标指针画出平行线后单击，弹出【平行线】对话框。单击 ╫╢ 旁边的文本框，单击右上角的 回 按钮，弹出【计算器】对话框。双击列表框中的"胸围"，输入公式"胸围/8+6.2"，"="后面会自动计算出结果，单击【OK】按钮。单击【平行线】对话框中的【确定】按钮，即可画好胸宽线，如图 4-10 所示。

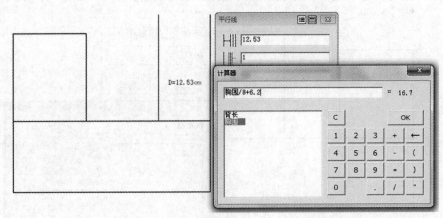

图 4-10

10. 使用【智能笔】工具 ✐ 在丁字尺状态下分别单击点 A、点 B，如图 4-11 所示。

11. 使用【智能笔】 ✐ 工具在线 C 上单击，弹出【点位置】对话框，如图 4-12 所示，输入数据"8"，单击【确定】按钮。在丁字尺状态下画出水平线，如图 4-13 所示。

12. 单击【等份规】工具 ⇔，主工具栏中显示等分数为 2，分别单击线段的两个端点，画出中点，如图 4-14 所示。

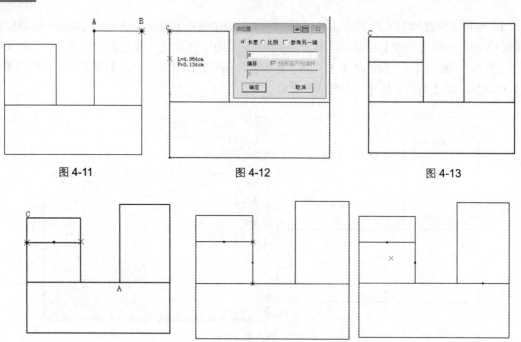

图 4-11　　　　　　　　　　图 4-12　　　　　　　　　　图 4-13

图 4-14

13．单击【智能笔】工具 ，按住【Shift】键，在点 A 处单击鼠标右键，拖动鼠标指针，显示偏移线；在合适的位置单击，弹出【偏移对话框】，在第二个文本框中输入"0"，单击右上角的 按钮，双击列表框中的"胸围"，输入公式"胸围/32"，"="后面会自动计算出结果。单击【计算器】对话框中的【OK】按钮，单击【偏移对话框】中的【确定】按钮，如图 4-15 所示。

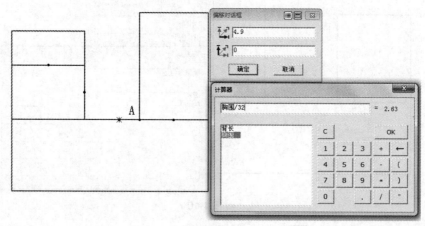

图 4-15

14．使用【智能笔】工具 画出从点 A 向下偏移 0.5cm 的点，如图 4-16 所示。

15．单击【智能笔】 工具，在偏移点处单击鼠标右键，拖动鼠标指针，画出水平线和垂直线，在胸围线上的另一点单击，如图 4-17 所示。

16．使用【等份规】工具 分别单击胸围线上的两点，画出中点，如图 4-18 所示。

17. 使用【智能笔】工具 ✐ 在丁字尺状态下分别单击胸围线上的等分点、腰围线，如图 4-19 所示，画好侧缝线。

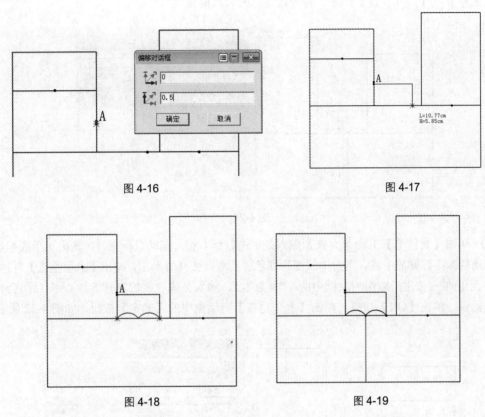

图 4-16　　　　　　　　　　　　　　图 4-17

图 4-18　　　　　　　　　　　　　　图 4-19

18. 单击【智能笔】工具 ✐，按住【Shift】键，在点 A 处单击鼠标右键，拖动鼠标指针，显示偏移线，在合适的位置单击，弹出【偏移对话框】。在第二个文本框中输入"0"，单击右上角的▣按钮，双击列表框中的"胸围"，输入公式"胸围/24+3.4"，"="后面会自动计算出结果，单击【OK】按钮。单击【偏移对话框】中的【确定】按钮，如图 4-20 所示。

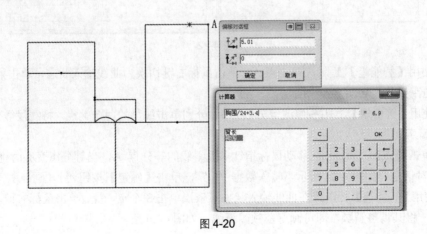

图 4-20

19. 单击【比较长度】工具，按住【Shift】键，鼠标指针变成，切换为测量线功能，分别单击点 A、点 B，右侧工具属性栏里会显示测量数据，如图 4-21 所示，单击【记录】按钮。选择【表格】→【尺寸变量】命令，将变量名称改为"前领宽"。

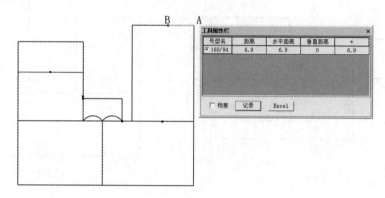

图 4-21

20. 单击【智能笔】工具，在颈侧点处单击鼠标右键，拖动鼠标指针，画出水平线和垂直线，移动鼠标指针到前中线，当前中线变为红色、上端点变亮时单击，弹出【水平垂直】对话框。单击右上角的按钮，双击列表框中的 "前领宽"，输入公式"前领宽+0.5"，"="后面会自动计算出结果，单击【OK】按钮。单击【水平垂直】对话框中的【确定】按钮，如图 4-22 所示。

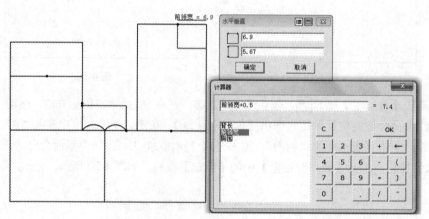

图 4-22

21. 使用【智能笔】工具单击点 A，单击鼠标右键切换为曲线输入状态，单击点 B，单击鼠标右键结束操作，如图 4-23 所示。

22. 使用【等份规】工具修改等分数为 3，分别单击线段的两个端点，将线段等分为 3 段，如图 4-24 所示。

23. 单击【点】工具，移动鼠标指针靠近斜线的等分点 A，当等分点变亮时拖选，弹出【点位置】对话框，如图 4-25 所示，输入数据"0.5"，单击【确定】按钮。

24. 使用【智能笔】工具在曲线输入状态下依次单击 3 个点，然后单击鼠标右键。使用【调整】工具将其调整圆顺，即可画好前领圈弧线，如图 4-26 所示。

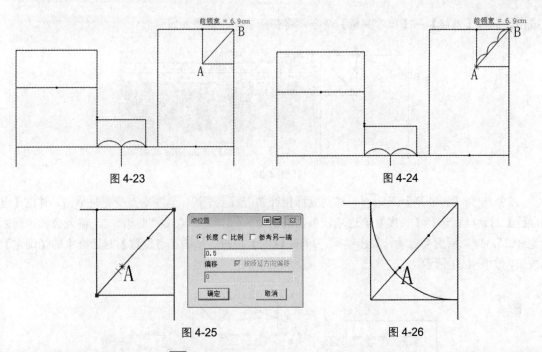

图 4-23　　　　　　　　　　　　　　　图 4-24

图 4-25　　　　　　　　　　　　图 4-26

25. 使用【角度线】工具 ，依次单击点 A、点 B，移动鼠标指针再次单击，弹出【角度线】对话框，如图 4-27 所示。输入数据，单击【确定】按钮，即可画出肩斜线。

26. 单击【智能笔】工具 ，左键框选前胸宽线，然后框选肩斜线，去掉多余部分，如图 4-28 所示。

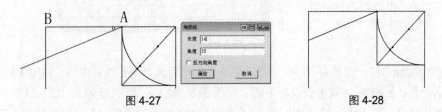

图 4-27　　　　　　　　　　　　　　　图 4-28

27. 单击【智能笔】工具 ，按住【Shift】键，在点 A 处按住鼠标左键，这时鼠标指针变成 ，移动到点 B 处松开鼠标左键，再次单击点 B。拖动鼠标画出延长线后单击，弹出【长度】对话框，如图 4-29 所示，输入数据，单击【确定】按钮。

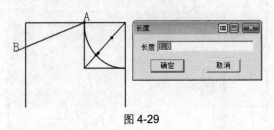

图 4-29

28. 单击【比较长度】工具 ，按住【Shift】键，鼠标指针变成 ，切换为测量线功能，分别单击肩斜线的两个端点，右侧工具属性栏里会显示测量数据，如图 4-30 所示，单击【记录】

按钮。选择【表格】→【尺寸变量】命令，将变量名称改为"前肩斜"。

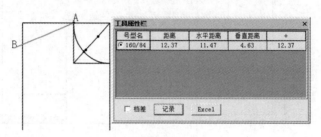

图 4-30

29．单击【智能笔】工具，移动鼠标指针靠近后上平线，当左端点变亮时单击，弹出【点位置】对话框。选择【长度】单选项，单击右上角的按钮，双击"前领宽"，输入公式"前领宽+0.2"，"="后面会自动计算出结果，单击【OK】按钮。单击【点位置】对话框中的【确定】按钮，如图 4-31 所示。

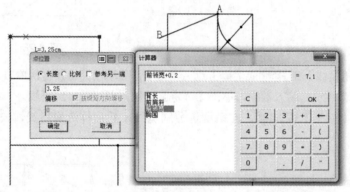

图 4-31

30．单击鼠标右键，切换为丁字尺状态，拖动鼠标指针画出垂直线后单击，弹出【长度】对话框。单击右上角的按钮，双击列表框中的"前领宽"，输入公式"（前领宽+0.2）/3"，"="后面会自动计算出结果，单击【OK】按钮。单击【长度】对话框中的【确定】按钮，如图 4-32 所示。

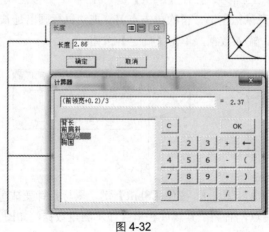

图 4-32

31．使用【智能笔】工具 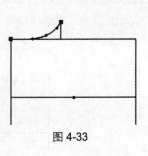 在曲线输入状态下画出后领圈弧线，单击鼠标右键结束操作。如果要调整曲线的形状，在空白处单击鼠标右键，鼠标指针切换为 ⮫ ，即可进行调整，如图 4-33 所示。

32．使用【角度线】工具 ✐ 单击线段 AB，然后单击点 A，显示出水平和垂直坐标。拖动鼠标指针画出肩斜线后单击，弹出【角度线】对话框。选择【长度】文本框，单击右上角的 ▦ 按钮，双击列表框中的 "前肩斜"，输入公式 "前肩斜+胸围/32−0.8"，"="后面会自动计算出结果，单击【OK】按钮。单击【角度线】对话框中的【确定】按钮，如图 4-34 所示。

图 4-33

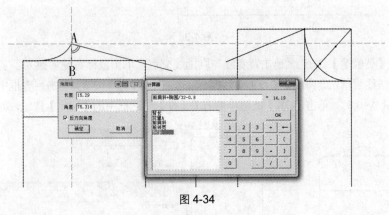

图 4-34

33．单击【等份规】工具 ▱ ，设置等分数为 3，分别单击线段 AB 的两个端点，将线段 AB 等分为 3 段，如图 4-35 所示。

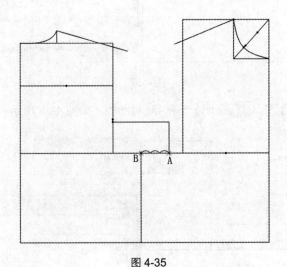

图 4-35

34．单击【比较长度】工具 ✦ ，按住【Shift】键，鼠标指针变成 ⌐ ，切换为测量线功能，测量其中一段的距离，右侧工具属性栏中会显示测量数据，单击【记录】按钮。选择【表格】→【尺寸变量】命令，将变量名称改为 "变量 A"，如图 4-36 所示。

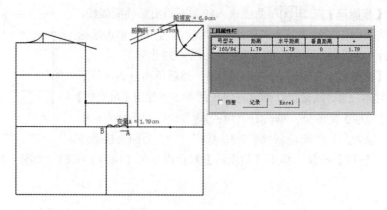

图 4-36

35. 使用【智能笔】工具 ∅ 单击背宽线与胸围线交点，单击鼠标右键切换为丁字尺状态。移动鼠标画出 45°斜线后单击，弹出【长度】对话框。单击右上角的 ▣ 按钮，双击列表框中的"变量 A"，输入公式"变量 A+0.8"，单击【OK】按钮。单击【长度】对话框中的【确定】按钮，如图 4-37 所示。

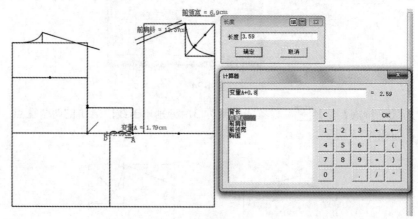

图 4-37

36. 使用【智能笔】工具 ∅ 画出另一条 45°辅助线，如图 4-38 所示。

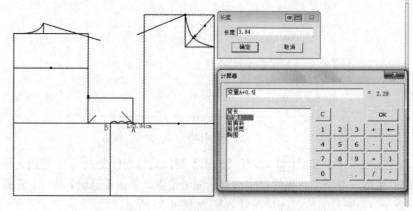

图 4-38

37. 使用【智能笔】工具 在曲线输入状态下依次单击袖窿弧线的各点，单击鼠标右键结束操作，结果如图 4-39 所示。

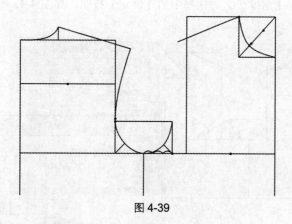

图 4-39

38. 使用【智能笔】工具 单击点 A，按【Enter】键，输入 "−0.7"，如图 4-40 所示。连接点 A 与胸省的另一个端点，如图 4-41 所示。

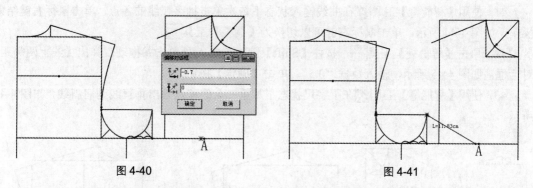

图 4-40　　　　　　　　　　　　　　　　　图 4-41

39. 单击【比较长度】工具 ，按住【Shift】键，鼠标指针变成 ，切换为测量线功能，分别单击省边线的两个端点，工具属性栏中会显示测量数据，如图 4-42 所示，单击【记录】按钮。选择【表格】→【尺寸变量】命令，将变量名称改为 "胸省长"。

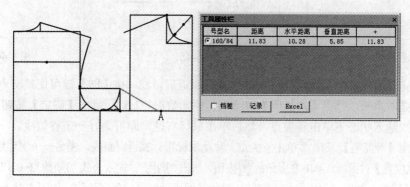

图 4-42

40. 使用【角度线】工具 ✐ 依次单击省尖点、省边线点，移动鼠标画出另一条省边线后单击，弹出【角度线】对话框。单击右上角的 ▦ 按钮，在【计算器】对话框中输入公式"胸围/4-2.5"，单击【OK】按钮。单击【角度线】对话框中的【确定】按钮，如图 4-43 所示。

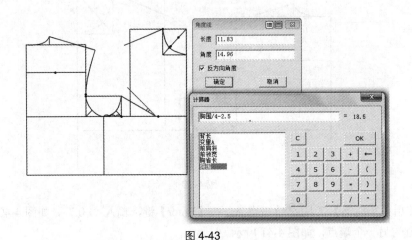

图 4-43

41. 使用【智能笔】工具 ✐ 在曲线输入状态下依次单击袖窿弧线的各点，单击鼠标右键结束操作，如图 4-44 所示，单击鼠标右键可以切换为【调整】工具 ↖。

42. 单击【等份规】工具 ▭，按住【Shift】键，在点 A 处单击并拖动，弹出【线上两等距】对话框，如图 4-45 所示，输入数据"0.5"，单击【确定】按钮。

43. 使用【智能笔】工具 ✐ 在丁字尺状态下从第二个偏移点画出垂直线到肩斜线，如图 4-46 所示。

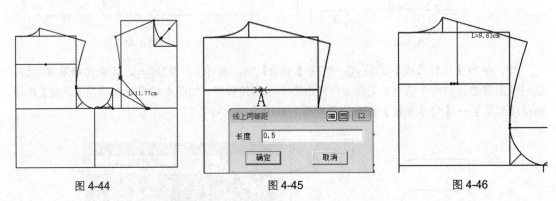

图 4-44   图 4-45   图 4-46

44. 单击【智能笔】工具 ✐，移动鼠标指针靠近肩斜线，按【F9】键可切换交点。当肩斜线上的交点变亮时单击，弹出【点位置】对话框，输入数据"1.5"，单击【确定】按钮，如图 4-47 所示。在曲线输入状态下单击省尖点，然后单击鼠标右键，即可画好一条省边线。

45. 使用【智能笔】工具 ✐ 单击省尖点，移动鼠标指针靠近肩斜线。当另一个省边线点变亮时单击，弹出【点位置】对话框。单击右上角的 ▦ 按钮，双击"胸围"，输入公式"胸围/32-0.8"，单击【OK】按钮。单击【确定】按钮，单击鼠标右键结束操作，即可画好另一条省边线，如图 4-48 所示。

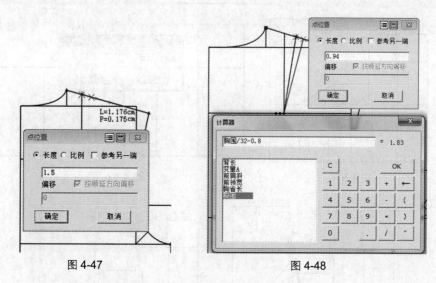

图 4-47　　　　　　　　　　　　　　　　图 4-48

46．单击【智能笔】工具 ✎，将鼠标指针放在袖窿弧线 A 点上，按【Enter】键，弹出【偏移对话框】，如图 4-49 所示，输入数据"−1"，单击【确定】按钮。将鼠标指针切换为丁字尺状态，画出垂直线。

47．用同样的方法在点 A 处画出另一个偏移点，并画出垂直线，如图 4-50 所示。

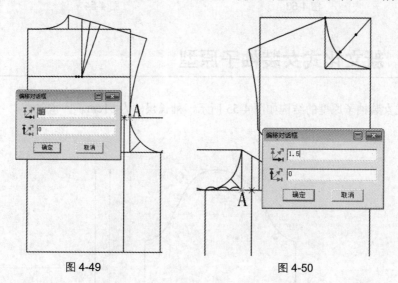

图 4-49　　　　　　　　　　　　　　　　图 4-50

48．使用【智能笔】工具 ✎ 在丁字尺状态下画出其他省中线，如图 4-51 所示。

49．单击【等份规】工具 🚗，按【Shift】键，鼠标指针变成 🖰，单击省中点，弹出【线上两等距】对话框，如图 4-52 所示，输入数据，单击【确定】按钮。

50．用同样的方法，根据表 4-2 中的数据，画出另外的省边点，如图 4-53 所示。

51．使用【智能笔】工具 ✎ 在曲线输入状态下画出各条省边线，如图 4-54 所示。

52．新文化式女装上衣原型绘制完成，单击 🖫 按钮，弹出【文档另存为】对话框，输入文件名"新文化式女装上衣原型"，保存文件。

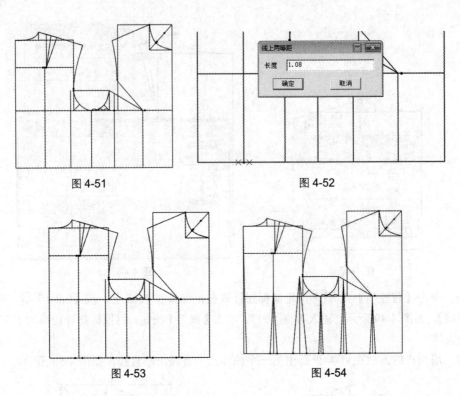

图 4-51　　　　　　　　　　　　　　　图 4-52

图 4-53　　　　　　　　　　　　　　　图 4-54

 ## 4.2　新文化式女装袖子原型

新文化式女装袖子原型的结构如图 4-55 所示，袖长尺寸为 51cm。

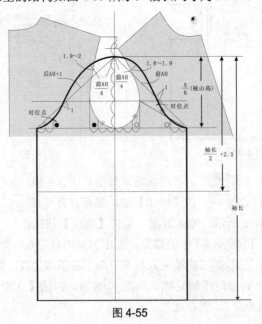

图 4-55

172

绘制新文化式女装袖子原型的操作步骤如下。

1．双击快捷图标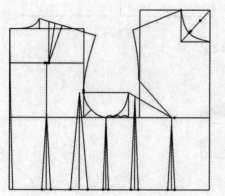，进入设计与放码系统的工作界面。单击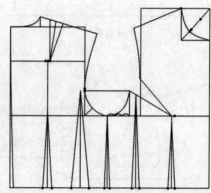按钮，弹出【打开】对话框，选择"新文化式女装上衣原型"文件，单击【打开】按钮。

2．选择【文件】→【另存为】命令，弹出【文档另存为】对话框，输入文件名"新文化式女装袖子原型"，单击【保存】按钮。

3．单击【智能笔】工具，按住【Shift】键，左键框选所有线条，单击鼠标右键，鼠标指针变成，移动鼠标指针将结构线复制到空白处后单击，如图 4-56 所示。

图 4-56

4．使用【智能笔】工具框选点、线，被框选的部分会变为红色，按【Delete】键删除选中的点、线，如图 4-57 所示。

5．单击【智能笔】工具，右键框选线条，鼠标指针变成，单击【剪断线】工具，在点 A 处剪断前中线，在点 B 处剪断袖窿弧线，在点 C 处剪断胸围线，如图 4-58 所示。

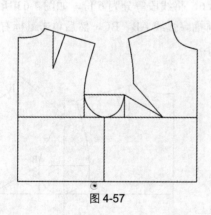
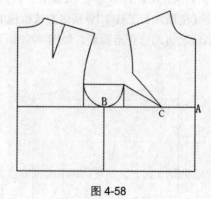

图 4-57　　　　　　　　　　　　　图 4-58

6．单击【智能笔】工具，按住【Shift】键，左键框选需要转移的线条，在新省线 OA 上单击，新省线变为绿色，鼠标指针变成。单击【转省】工具，单击鼠标右键，然后单击省的起始边 OB，最后单击省的合并边 OC，合并胸省，如图 4-59 所示。

7．使用【智能笔】工具在丁字尺状态下从侧缝线端点向上画出竖线，如图 4-60 所示。

8．从前后肩端点画出水平线，如图 4-61 所示。

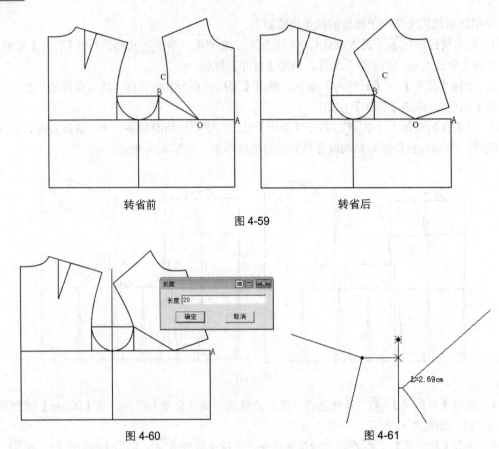

转省前　　　　　　　　　　　　　转省后

图 4-59

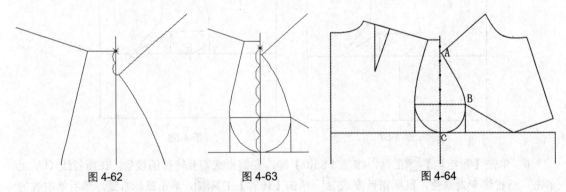

图 4-60　　　　　　　　　　　　图 4-61

9. 使用【等份规】工具 将线段二等分，如图 4-62 所示。

10. 单击【等份规】工具，设置等分数为 6，将线段等分为 6 份，如图 4-63 所示。

11. 使用【剪断线】工具分别单击或框选前袖窿弧线 AB、BC，然后单击鼠标右键，连接两段弧线，弧线会自动修正至圆顺，如图 4-64 所示。

图 4-62　　　　　　　　　　图 4-63　　　　　　　　　　图 4-64

12. 使用【比较长度】工具依次单击后袖窿弧线的起点、中间任意一点、终点，右侧工具属性栏中弹出【长度比较表栏】对话框，单击【记录】按钮，可看到尺寸变量名标注为"后袖窿"，如图 4-65 所示。

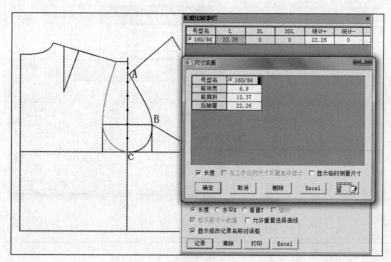

图 4-65

13．使用【比较长度】工具 依次单击前袖窿弧线的起点、中间任意一点、终点，右侧工具属性栏中弹出【长度比较表栏】对话框，单击【记录】按钮，可看到尺寸变量名标注为"前袖窿"，如图 4-66 所示。

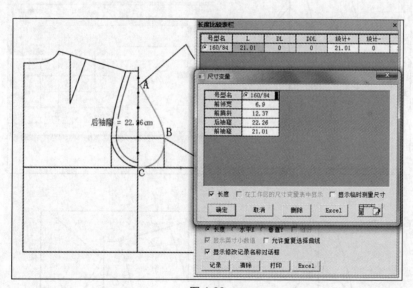

图 4-66

14．使用【智能笔】工具 单击并按住点 A，移动鼠标指针到胸围线后松开鼠标左键，鼠标指针变成 ，弹出【单圆规】对话框。单击右上角的 按钮，双击"后袖窿"，输入公式"后袖窿+1"，单击【OK】按钮。单击【单圆规】对话框中的【确定】按钮，如图 4-67 所示。

15．单击【智能笔】工具 ，用同样的方法画出前袖山斜线，如图 4-68 所示。

16．使用【等份规】工具 ，设置等分数为 3，将线段三等分，如图 4-69 所示。

17．使用【等份规】工具 将线段三等分，如图 4-70 所示。

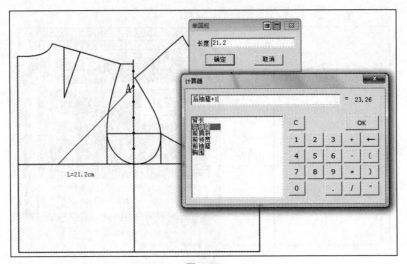

图 4-67

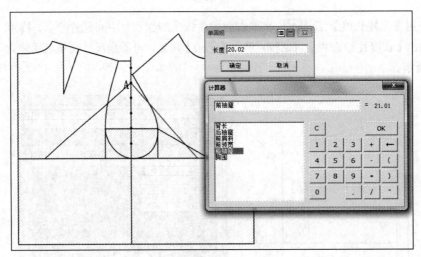

图 4-68

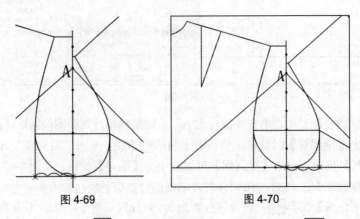

图 4-69　　　　　　　图 4-70

18. 单击【比较长度】工具，按住【Shift】键，鼠标指针变成，切换为测量线功能，分别单击等分点 A、B，右键工具属性栏中会显示测量数据，单击【记录】按钮。测量并记录线段 CD 的长度，如图 4-71 所示。

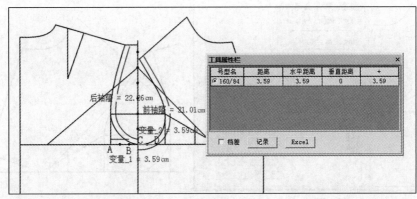

图 4-71

19. 单击【智能笔】工具，右键框选胸围线，鼠标指针变成，单击点 A，剪断胸围线，同样在点 B 剪断胸围线，如图 4-72 所示。

20. 单击【智能笔】工具，让鼠标指针靠近胸围线，胸围线变为红色，点 A 变亮时单击，弹出【点位置】对话框。单击右上角的按钮，选择【长度】选项，双击"变量_1"，输入公式，单击【OK】按钮。单击【点位置】对话框中的【确定】按钮，如图 4-73 所示。在丁字尺状态下画垂直线，与袖山斜线相交，如图 4-74 所示。

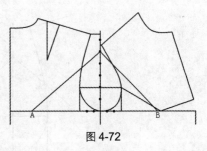

图 4-72

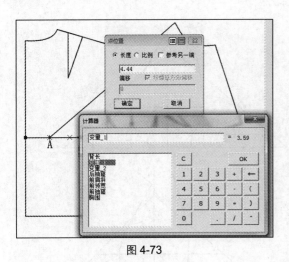

图 4-73

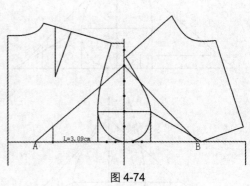

图 4-74

21. 在胸围线的另一端取一个点，如图 4-75 所示，画出一条垂直线与袖山斜线相交，如图 4-76 所示。

22. 从等分点 A 向袖窿弧线画垂直线，从等分点 B 向袖窿弧线画垂直线，如图 4-77 所示。

23. 画出水平线，如图 4-78 所示。

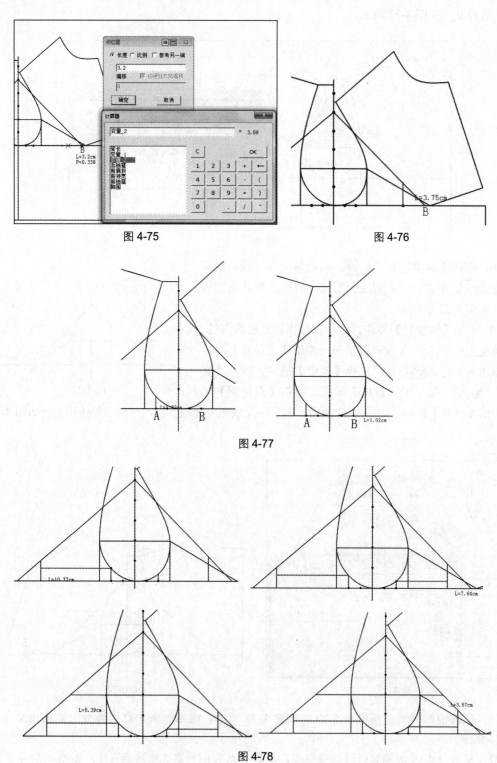

图 4-75

图 4-76

图 4-77

图 4-78

24．单击【智能笔】工具 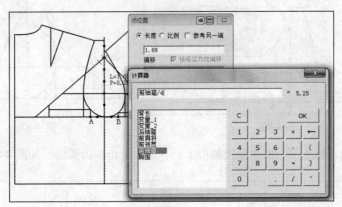，按住【Shift】键，单击并按住后袖山斜线的一个端点，这时鼠标指针变成 ，移动到另一个端点后松开鼠标左键，即可选中这条线。移动鼠标指针靠近袖山顶点，袖山顶点变亮时单击，弹出【点位置】对话框。单击右上角的 按钮，双击"前袖窿"，输入公式"前袖窿/4"，单击【OK】按钮。单击【点位置】对话框中的【确定】按钮，如图 4-79 所示。

图 4-79

25．移动鼠标画出垂直线，在合适的位置单击，弹出【长度】对话框，输入数据"2"，单击【确定】按钮，如图 4-80 所示。

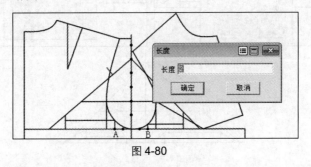

图 4-80

26．在前袖山斜线上取一点，如图 4-81 所示。

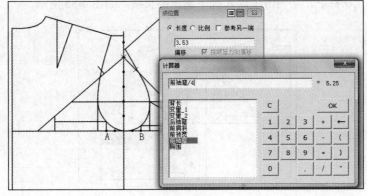

图 4-81

27．画出垂直线，如图 4-82 所示。

28．单击【智能笔】工具 ✐，右键框选袖山斜线，鼠标指针变成 ⊕，单击点 A，剪断后袖山斜线，同样在点 B 处剪断前袖山斜线，如图 4-83 所示。

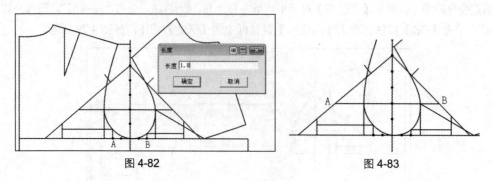

图 4-82　　　　　　　　　　　　图 4-83

29．在曲线输入状态下，依次单击袖山上的各点，画出袖山弧线，如图 4-84 所示。

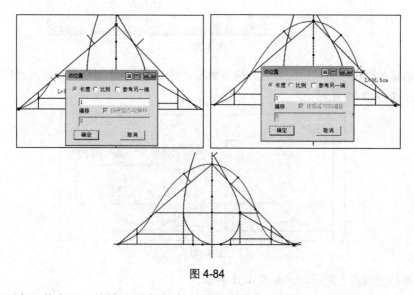

图 4-84

30．在丁字尺状态下，从袖山顶点 A 向下画出袖长线，如图 4-85 所示。

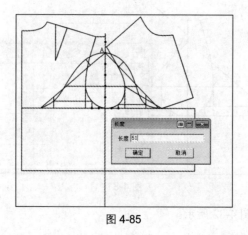

图 4-85

31．单击【智能笔】工具 ，在点 A 上按住鼠标右键拖动，画出水平线和垂直线，鼠标指针变成 ，这时单击鼠标右键可以切换水平线和垂直线的方向，移动鼠标指针到袖长底点并单击结束操作，如图 4-86 所示。

32．用同样的方法画出前袖底线，如图 4-87 所示。

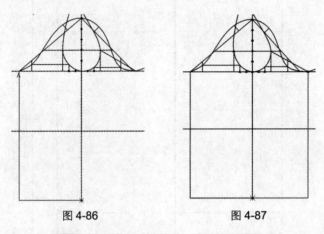

图 4-86　　　　　　　　图 4-87

33．单击【智能笔】工具 ，选择袖山顶点 A，按【Enter】键，弹出【偏移对话框】。在文本框中输入公式 "－（51/2+2.5）"，如图 4-88 所示，单击【确定】按钮。

34．使用【智能笔】工具 在丁字尺状态下画出水平袖肘线，如图 4-89 所示。

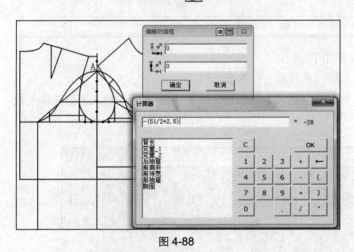

图 4-88　　　　　　　　　　　图 4-89

35．单击 按钮保存文件。

4.3　新文化式裙子原型

新文化式裙子原型的结构如图 4-90 所示。

采用裙子原型尺寸表如表 4-3 所示，腰围放松量为 2cm，臀围放松量为 4cm。

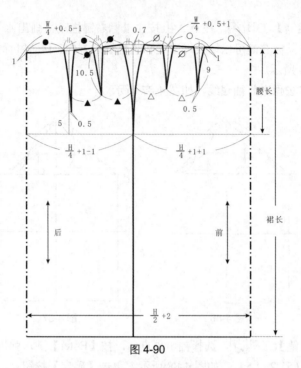

图 4-90

表 4-3   **裙子原型尺寸表**   **单位：cm**

部位	腰围	臀围	腰长	裙长
规格	66	92	18	60

绘制新文化式裙子原型的操作步骤如下。

1. 双击快捷图标 ，进入设计与放码系统的工作界面。

2. 单击主工具栏中的 ▦ 工具，弹出【规格表】对话框，如图 4-91 所示。输入部位名称及数据，单击【确定】按钮。

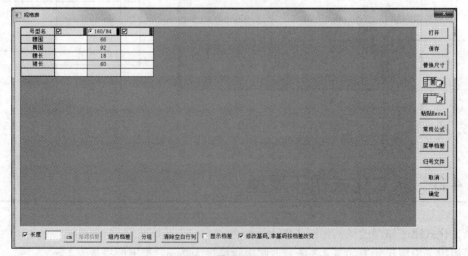

图 4-91

3．单击▣按钮，弹出【文档另存为】对话框，输入文件名"新文化式裙子原型"，单击【保存】按钮。

4．使用【智能笔】工具✐在工作区单击，按住鼠标左键斜向拉出矩形框后松开鼠标左键，弹出【矩形】对话框。单击右上角的▣按钮，双击列表框中的"裙长"，双击列表中的"臀围"，输入公式"臀围/2+2"，"="后面会自动计算出结果，单击【OK】按钮。单击【矩形】对话框中的【确定】按钮，如图 4-92 所示。

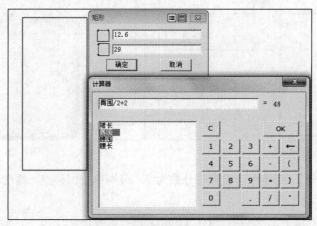

图 4-92

5．单击【智能笔】工具✐，按住鼠标左键拖动左边的垂直线，显示出一条平行线后单击，弹出【平行线】对话框。单击右上角的▣按钮，输入公式"臀围/4"，单击【OK】按钮，再单击【确定】按钮，如图 4-93 所示。

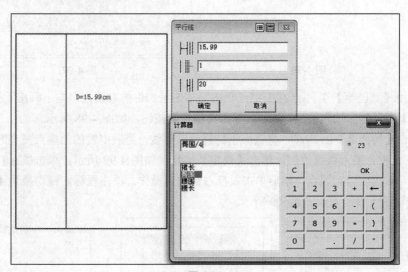

图 4-93

6．单击【智能笔】工具✐，按住鼠标左键拖动上边的水平线，显示出一条平行线后单击，弹出【平行线】对话框，输入数据"18"，单击【确定】按钮，如图 4-94 所示。

7. 单击【智能笔】工具 🖊，按住【Shift】键，在点 A 处单击鼠标右键，拖动鼠标指针，显示偏移线，弹出【偏移对话框】，单击右上角的 回 按钮。在文本框中输入 "0"，双击列表框中的 "腰围"，输入公式 "腰围/4+0.5-1"，"=" 后面会自动计算出结果，单击【OK】按钮。单击【偏移对话框】中的【确定】按钮，如图 4-95 所示。

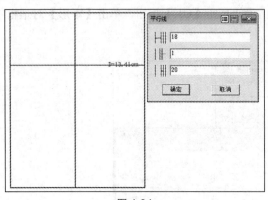
图 4-94

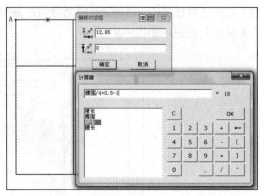
图 4-95

8. 单击【等份规】工具 🚗，设置等分数为 3，分别单击偏移点、侧缝线上的端点，等分成 3 份，如图 4-96 所示。

9. 单击【比较长度】工具，按住【Shift】键，鼠标指针变成 凸，切换为测量线功能，单击其中一份的两个端点，右侧工具属性栏中会显示测量数据，单击【记录】按钮，如图 4-97 所示。

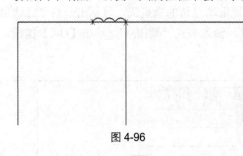
图 4-96

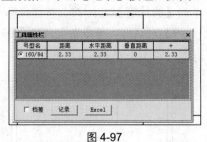
图 4-97

10. 使用【智能笔】工具 🖊 在丁字尺状态下单击第二份的右端点，向上画出垂直线后单击，弹出【长度】对话框，输入数据 "0.7"，单击【确定】按钮，如图 4-98 所示。

11. 单击【智能笔】工具 🖊，将鼠标指针靠近后中线，当后中线的上端点变亮时单击，弹出【点位置】对话框，输入数据 "1"，单击【确定】按钮，如图 4-99 所示。单击鼠标右键切换到曲线输入状态，单击侧缝起翘点，然后单击鼠标右键结束操作。单击鼠标右键切换为【调整】工具 🔧，将斜线调整为弧线，如图 4-100 所示。

图 4-98

图 4-99

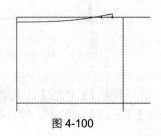
图 4-100

12．单击【等份规】工具 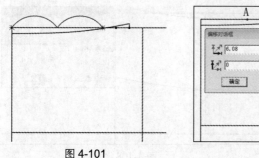，设置等分数为 2，将线段二等分，如图 4-101 所示。

13．单击【智能笔】工具 ∕，按住【Shift】键，在点 A 处单击鼠标右键，拖动鼠标指针，显示偏移线，弹出【偏移对话框】。单击右上角的 ▦ 按钮，在文本框中输入 "0"，双击列表框中的 "变量 _1"。单击【OK】按钮。单击【偏移对话框】中的【确定】按钮，如图 4-102 所示。

图 4-101

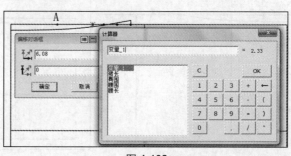
图 4-102

14．单击【等份规】工具 ▣，设置等分数为 2，将线段二等分，如图 4-103 所示。

15．使用【智能笔】工具 ∕ 单击等分点，向下画出垂直线，如图 4-104 所示。

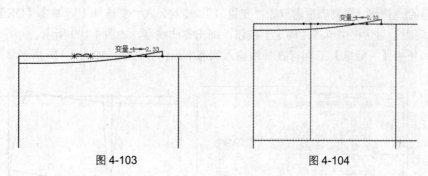

图 4-103　　　　　　　　　　　　　　　图 4-104

16．单击【智能笔】工具 ∕，将鼠标指针靠近垂直线，当垂直线的下端点变亮时单击，弹出【点位置】对话框，输入数据 "5"，单击【确定】按钮，如图 4-105 所示。

17．移动鼠标画出水平线后单击，弹出【长度】对话框，输入数据 "0.5"，单击【确定】按钮，如图 4-106 所示。

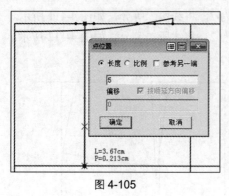
图 4-105

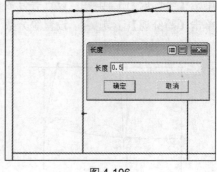
图 4-106

18．使用【智能笔】工具 ∕ 从腰围弧线右端点画一条弧线到臀围线上，如图 4-107 所示。

19. 单击【智能笔】工具 ，按住【Shift】键，在腰围弧线上按住鼠标左键并拖动，鼠标指针会变成 ⌒，进入【相交等距线】功能，依次单击后中线、侧缝弧线。移动鼠标后单击，弹出【不等距平行线】对话框，输入数据"10.5"，单击"确定"按钮，如图 4-108 所示。

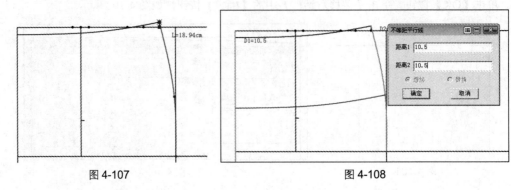

图 4-107   图 4-108

20. 单击【等份规】工具 ，按住【Shift】键，鼠标指针变成 ，单击侧缝线与腰围弧线的交点，移动鼠标指针，出现两个等距点，在合适的位置单击，弹出【线上两等距】对话框。单击右上角的 按钮，在列表框内双击"变量_1"，输入公式"变量_1/2"，单击【OK】按钮。再在【线上两等距】对话框中单击【确定】按钮。画出省边线点，如图 4-109 所示。

21. 使用【智能笔】工具 在曲线输入状态下画出省边线，如图 4-110 所示。

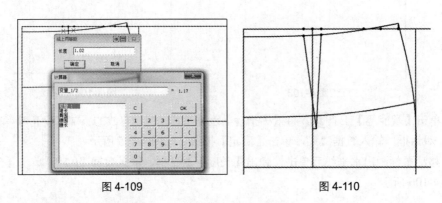

图 4-109   图 4-110

22. 单击【等份规】工具 ，设置等分数为 2，将线段二等分，如图 4-111 所示。

23. 单击【等份规】工具 ，设置等分数为 2，将线段二等分，如图 4-112 所示。

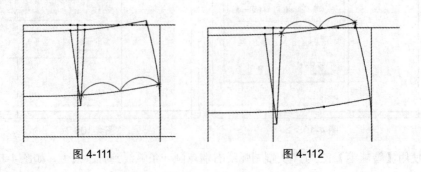

图 4-111   图 4-112

24. 使用【智能笔】工具 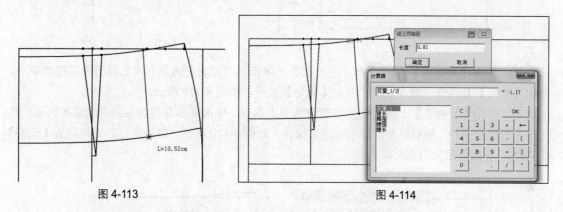画出省中线，如图 4-113 所示。

25. 单击【等份规】工具，按【Shift】键，鼠标指针变成，单击省中线与腰围弧线的交点，移动鼠标指针，出现两个等距点，在合适的位置单击，弹出【线上两等距】对话框。单击右上角的按钮，双击"变量_1"，输入公式"变量_1/2"，单击【OK】按钮。在【线上两等距】对话框中单击【确定】按钮，画出省边线上的点，如图 4-114 所示。

图 4-113

图 4-114

26. 使用【智能笔】工具画出第二个省的边线，如图 4-115 所示。

27. 单击【智能笔】工具，在上平线与前中线交点处单击鼠标右键，拖动鼠标指针，在合适的位置单击，弹出【偏移对话框】对话框。单击右上角的按钮，在文本框中输入"0"。双击列表框中的"腰围"，输入公式"腰围/4+0.5+1"，"="后面会自动计算出结果，单击【OK】按钮。单击【偏移对话框】对话框中的【确定】按钮，如图 4-116 所示。

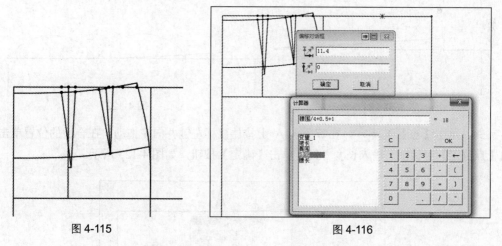

图 4-115

图 4-116

28. 单击【等份规】工具，设置等分数为 3，分别单击偏移点、侧缝线上的端点，将线段等分成 3 份，如图 4-117 所示。

29. 单击【比较长度】工具，按住【Shift】键，鼠标指针变成，切换为测量线功能，分别单击其中一份的两个端点，右侧工具属性栏中显示测量数据，单击【记录】按钮，如图 4-118 所示。

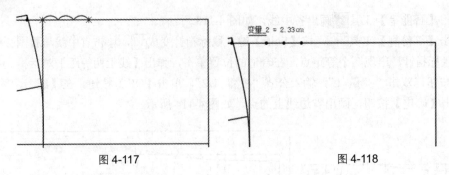

| 图 4-117 | 图 4-118 |

30. 使用【智能笔】工具 ![], 在丁字尺状态下单击第二份的左端点，向上画出垂直线后单击，弹出【长度】对话框，输入数据，单击【确定】按钮，如图 4-119 所示。

31. 使用【智能笔】工具 ![], 单击前中线的上端点，单击鼠标右键切换到曲线输入状态，然后单击侧缝起翘点，最后单击鼠标右键结束操作，如图 4-120 所示。单击鼠标右键切换到【调整】工具 ![], 将曲线形状调整至满意。

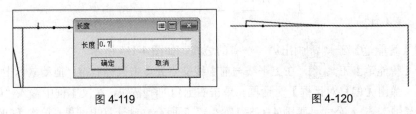

| 图 4-119 | 图 4-120 |

32. 使用【智能笔】工具 ![]单击等分点，向腰围弧线画一条垂直线，如图 4-121 所示。

33. 单击【等份规】工具 ![], 设置等分数为 2，将线段二等分，等分点为 A，如图 4-122 所示。

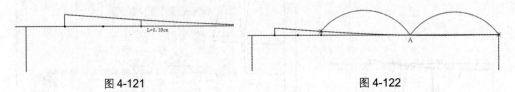

| 图 4-121 | 图 4-122 |

34. 单击【点】工具 ![], 在等分点 A 上按住鼠标左键并向左拖动，在合适的位置单击，弹出【点位置】对话框，输入长度"1"，单击【确定】按钮，如图 4-123 所示。

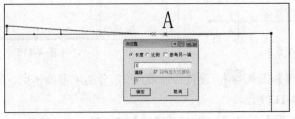

图 4-123

35. 单击【点】工具 ![], 在偏移点 B 上单击鼠标右键，向左拖动鼠标指针，弹出【点位置】对话框。单击右上角的 ![]按钮，在列表框里双击"变量_2"，单击【OK】按钮，单击【确定】按钮，如图 4-124 所示。

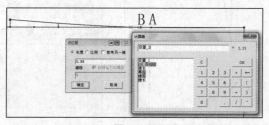

图 4-124

36. 单击【等份规】工具 ⚬⚬，设置线段 BC 的等分数为 2，将线段二等分，如图 4-125 所示。

37. 使用【智能笔】工具 ✐ 单击等分点，移动鼠标画出垂直线，在合适的位置单击，弹出【长度】对话框，输入数据"9"，单击【确定】按钮，如图 4-126 所示。

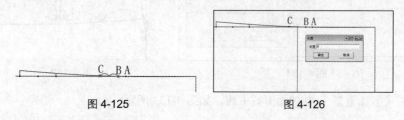

图 4-125　　　　　　　　　　　图 4-126

38. 使用【智能笔】工具 ✐ 单击垂直线的下端点，拖动鼠标指针画出水平线，在合适的位置单击，弹出【长度】对话框，输入数据，单击【确定】按钮，如图 4-127 所示。

39. 使用【智能笔】工具 ✐ 画出侧缝弧线，单击鼠标右键切换为【调整】工具 ▶ 将侧缝弧线调整圆顺，如图 4-128 所示。

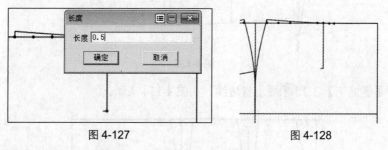

图 4-127　　　　　　　　　　　图 4-128

40. 使用【智能笔】工具 ✐ 画出省边线，如图 4-129 所示。

41. 单击【等份规】工具 ⚬⚬，按【Shift】键，鼠标指针变成 ⌨，单击省中点与腰围弧线的交点，移动鼠标指针出现两个等距点，单击弹出【线上两等距】对话框。单击右上角的 ▤ 按钮，在列表框中双击"变量_2"，输入公式"变量_2/2"，单击【OK】按钮，在【线上两等距】对话框中单击【确定】按钮，画出省边线点，如图 4-130 所示。

42. 单击【智能笔】工具 ✐，在前腰弧线上按住鼠标左键，拖动鼠标指针，鼠标指针会变成 ⌨，进入相交等距线功能，依次单击前中线、前侧缝弧线，移动鼠标后单击，弹出【平行线】对话框，输入数据"9"，如图 4-131 所示。

43. 单击【等份规】工具 ⚬⚬，设置等分数为 2，将线段二等分，如图 4-132 所示。

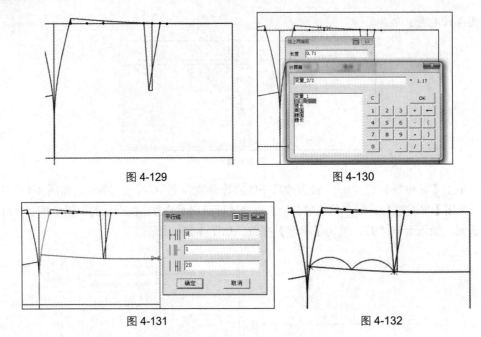

图 4-129   图 4-130

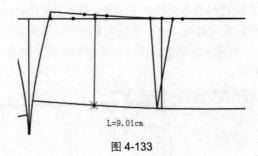

图 4-131   图 4-132

44. 使用【智能笔】工具 画出省中线，如图 4-133 所示。

L=9.01cm

图 4-133

45. 使用【智能笔】工具 画出省边线，如图 4-134 所示。

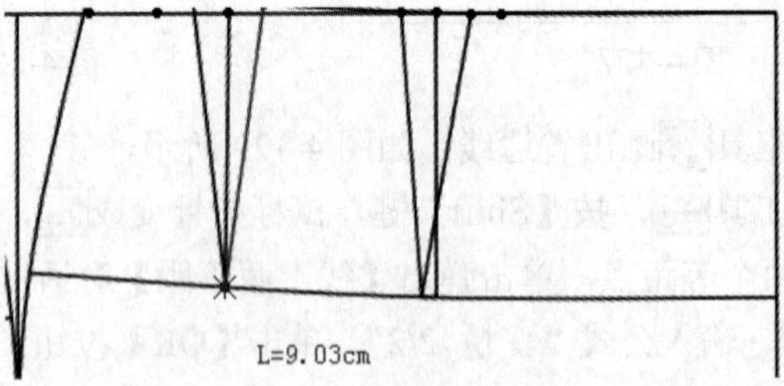

L=9.03cm

图 4-134

46. 使用【对称复制】工具 分别单击前中线的两个端点，然后依次单击前裙片的点、线，在空白处单击鼠标右键结束操作。使用【智能笔】工具 画出连角及靠边，删除多余的线，如图 4-135 所示，单击 按钮保存文件。

下面附上新文化式男装原型制板图，如图 4-136 所示，以及新文化式童装原型制板图，如图 4-137

所示，供读者参考（单位：cm）。

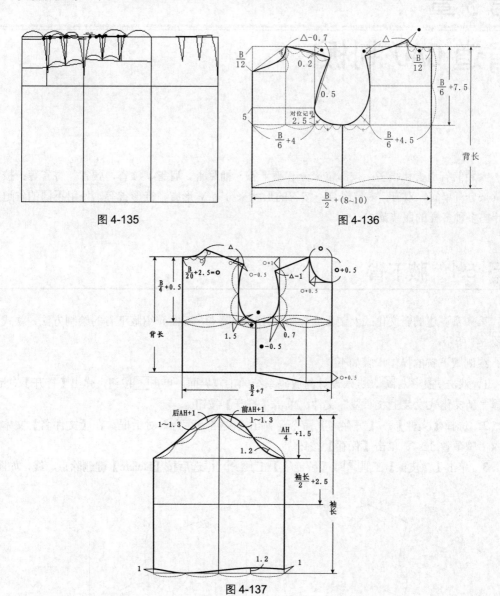

图 4-135

图 4-136

图 4-137

第 5 章
省道 CAD 制板

女装的省道变化很多：按部位来分有腋下省、袖窿省、肩省、领省、腰省、臀省等；按省的数量来分有单省、双省、多省组合；按省的形状来分有 V 形省、锥形省等。使用不同的省道可以设计出多种多样的服装款式。

5.1 腋下省

第 4 章讲述的新文化式女装上衣原型使用了袖窿省，下面介绍腋下省的绘制方法，款式效果如图 5-1 所示。

绘制腋下省的操作步骤如下。

1. 双击快捷图标，进入设计与放码系统的工作界面。单击按钮，弹出【打开】对话框，选择"新文化式女装上衣原型"文件，单击【打开】按钮。

2. 选择【文件】→【另存为】命令，弹出【文档另存为】对话框，在【文件名】文本框中输入"腋下省.dgs"，单击【保存】按钮。

3. 单击【橡皮擦】工具或【智能笔】工具，框选后按【Delete】键删除点、线，如图 5-2 所示。

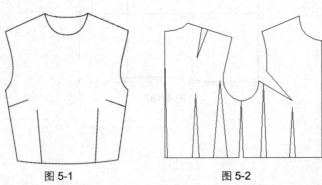

图 5-1   图 5-2

4. 单击【成组复制/移动】工具，左键框选或单击前衣片的所有线条；按【Shift】键可以切换为复制移动，单击鼠标右键，移动鼠标指针将结构线复制到空白处后单击，如图 5-3 所示。

5. 使用【剪断线】工具将线条在点 A、点 B、点 C 处剪断，使用【橡皮擦】工具删除部分线条，如图 5-4 所示。

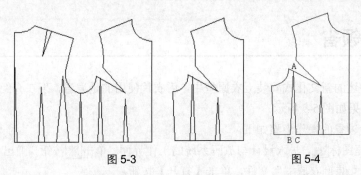

图 5-3   图 5-4

6. 使用【旋转复制】工具 ⬚，单击要旋转的线条，默认为旋转复制，按【Shift】键切换为只旋转，单击鼠标右键结束操作；单击点 A 将其设为旋转中心，然后单击点 B 将线 AB 设为旋转轴，移动鼠标，使点 B 与点 C 重合后单击，如图 5-5 所示。

7. 单击【智能笔】工具 ✏，靠近前衣片的侧缝线，当上端点变亮时单击，弹出【点位置】对话框，输入数据，单击【确定】按钮，如图 5-6 所示。

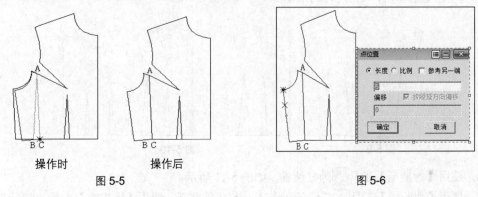

操作时   操作后

图 5-5   图 5-6

8. 在曲线输入状态下，单击胸高点，然后单击鼠标右键，即可画出腋下省的省中线，如图 5-7 所示。

9. 使用【转省】工具 ▦ 框选要操作的结构线，被选中的线条会变成红色，单击鼠标右键结束选择。单击新省线 OC，新省线会变为绿色，单击鼠标右键结束选择。单击合并省的起始边 OA，起始边会变为蓝色。单击合并省的终止边 OB，省道即可转移到腋下的位置，如图 5-8 所示。

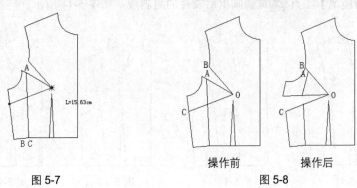

操作前   操作后

图 5-7   图 5-8

10. 单击 ▦ 按钮保存文件。

5.2 领省

在第 4 章讲述的新文化式女装上衣原型中，后衣片使用的是肩省，现在介绍后衣片领省的绘制方法，款式效果如图 5-9 所示。

绘制后衣片领省的操作步骤如下。

1. 双击快捷图标，进入设计与放码系统的工作界面。单击按钮，弹出【打开】对话框，选择"新文化式女装上衣原型"文件，单击【打开】按钮。

2. 选择【文件】→【另存为】命令，弹出【文档另存为】对话框，在【文件名】文本框中输入"领省.dgs"，单击【保存】按钮。

3. 使用【橡皮擦】工具单击删除点、线。使用【成组复制/移动】工具左键框选或单击后衣片的所有线条，按住【Shift】键切换为复制移动。单击鼠标右键，移动鼠标指针，将结构线复制到空白处后单击，如图 5-10 所示。

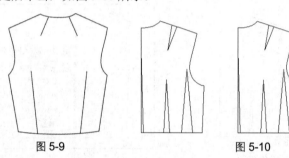

图 5-9　　　　　　　　　　　　　　图 5-10

4. 使用【智能笔】工具画好领省，如图 5-11 所示。

5. 使用【剪断线】工具将线条在点 A、点 B 处剪断，使用【橡皮擦】工具删除部分线条，如图 5-12 所示。

6. 使用【转省】工具框选要操作的结构线，被选中的线条会变成红色，单击鼠标右键结束选择。单击新省线 OC，新省线会变为绿色，单击鼠标右键结束选择。单击合并省的起始边 OA，起始边会变为蓝色。单击合并省的终止边 OB，省道即可转移为领省，如图 5-13 所示。

7. 使用【智能笔】工具重新画出后衣片的肩斜线，如图 5-14 所示。

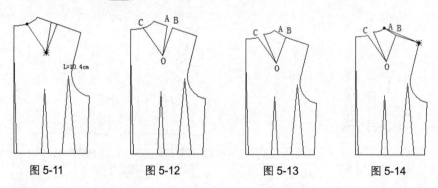

图 5-11　　　　图 5-12　　　　图 5-13　　　　图 5-14

8. 单击按钮保存文件。

5.3 T形省

T形省的款式效果如图 5-15 所示。

绘制 T 形省的操作步骤如下。

1. 双击快捷图标 ，进入设计与放码系统的工作界面，单击 按钮，弹出【打开】对话框，选择"新文化式女装上衣原型"文件，单击【打开】按钮。

2. 选择【文件】→【另存为】命令，弹出【文档另存为】对话框，在【文件名】文本框中输入"T 形省.dgs"，单击【保存】按钮。

3. 使用【橡皮擦】工具 单击删除点、线。使用【成组复制/移动】工具 左键框选或单击后衣片的所有线条，按【Shift】键切换为复制移动，单击鼠标右键，移动鼠标指针，将结构线复制到空白处后单击，如图 5-16 所示。

4. 使用【智能笔】工具 画出新省，如图 5-17 所示。

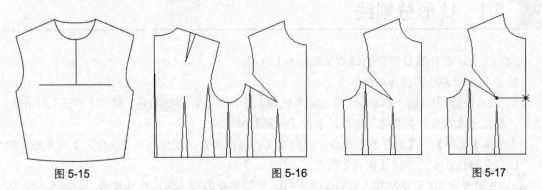

图 5-15　　　　　　　图 5-16　　　　　　　图 5-17

5. 使用【转省】工具 框选要操作的结构线，被选中的线条会变为红色，单击鼠标右键结束选择。单击新省线 OC，新省线会变为绿色，单击鼠标右键结束选择。单击合并省的起始边 OA，起始边会变为蓝色。单击合并省的终止边 OB，省道即可转移为领省，如图 5-18 所示。

6. 使用【对称复制】工具 单击前中线的两个端点，将两个端点的连线作为对称轴，框选前衣片的结构线，单击鼠标右键完成操作，如图 5-19 所示。

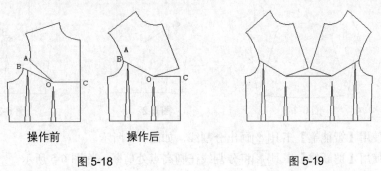

操作前　　　　　操作后

图 5-18　　　　　　　　　　图 5-19

7. 单击 按钮保存文件。

第 6 章

分割线 CAD 制板

在设计服装时，可以巧妙地将省道隐藏在分割线中，这样能使服装样式简洁而又有变化。常见的分割线有公主线、刀背线等，分割线的形状有直线也有弧线。通过与不同面料的拼接，以及与辅料的搭配，能设计出丰富的服装款式。

 ## 6.1 U 形分割线

女装上衣前衣片的 U 形分割线效果如图 6-1 所示。

绘制 U 形分割线的操作步骤如下。

1. 双击快捷图标 ，进入设计与放码系统的工作界面。单击 按钮，弹出【打开】对话框，选择"新文化式女装上衣原型"文件，单击【打开】按钮。

2. 选择【文件】→【另存为】命令，弹出【文档另存为】对话框，在【文件名】文本框中输入"U 形分割线.dgs"，单击【保存】按钮。

3. 按第 5 章 5.1 节绘制腋下省的步骤 3～6，删除多余的点、线，合并省道，如图 6-2 所示。

4. 使用【橡皮擦】工具 删除腰省，使用【智能笔】工具 从 BP 点重新画腰省，如图 6-3所示。

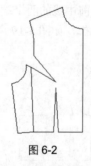

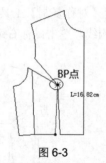

| 图 6-1 | 图 6-2 | 图 6-3 |

5. 使用【智能笔】工具 画出分割线，如图 6-4 所示。

6. 使用【剪断线】工具 将分割线在胸高点处剪断，如图 6-5 所示。

7. 使用【转省】工具 框选要操作的结构线，被选中的线条会变为红色，单击鼠标右键结束选择。单击分割线 OC，分割线会变为绿色，单击鼠标右键结束选择。单击腰省的起始边 OA，起始边会变为蓝色。单击腰省的终止边 OB，省道即可转移到分割线的位置，如图 6-6 所示。

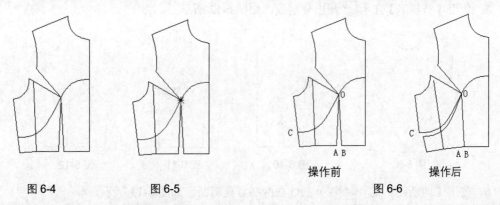

图 6-4　　　　　　图 6-5　　　　　　操作前　　　　　操作后　　图 6-6

8. 使用【转省】工具 框选要操作的结构线，被选中的线条会变为红色，单击鼠标右键结束选择。单击分割线 OC，分割线会变为绿色，单击鼠标右键结束选择。单击袖窿省的起始边 OA，起始边会变为蓝色。单击袖窿省的终止边 OB，省道即可转移到分割线的位置，如图 6-7 所示。

9. 使用【橡皮擦】工具 删除多余的线条，单击 按钮保存文件，如图 6-8 所示。

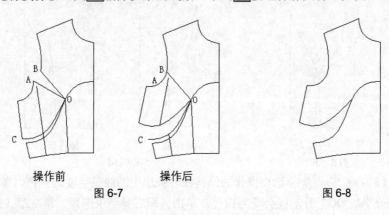

操作前　　　　　　操作后　　　　　　　　　　图 6-8
图 6-7

 ## 6.2　菱形分割线

菱形分割线的款式效果如图 6-9 所示。

绘制菱形分割线的操作步骤如下。

1. 双击快捷图标 ，进入设计与放码系统的工作界面。单击 按钮，弹出【打开】对话框，选择"U 形分割线"文件，单击【打开】按钮。

2. 选择【文件】→【另存为】命令，弹出【文档另存为】对话框，在【文件名】文本框中输入"菱形分割线.dgs"，单击【保存】按钮。

3. 按第 5 章 5.1 节绘制腋下省的步骤 3～6，删除多余的点、线，合并省道。使用【剪断线】工具 ，分别单击线段 AE、EO，再单击鼠标右键，连接线段 AO，如图 6-10 所示。

4. 使用【橡皮擦】工具 删除腰省，使用【智能笔】工具 从 BP 点重新画腰省，如图 6-11

所示。

5. 使用【智能笔】工具 ✏ 画出分割线，如图 6-12 所示。

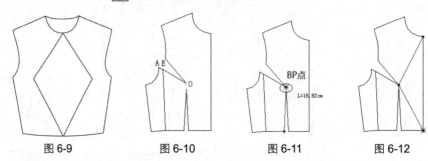

<table>
<tr><td>图 6-9</td><td>图 6-10</td><td>图 6-11</td><td>图 6-12</td></tr>
</table>

6. 使用【剪断线】工具 ✂ 将分割线在胸高点处剪断，如图 6-13 所示。

7. 使用【转省】工具 🗒 框选要操作的结构线，被选中的线条会变为红色，单击鼠标右键结束选择。单击分割线 OC，分割线会变为绿色，单击鼠标右键结束选择。单击袖窿省的起始边 OA，起始边会变为蓝色。单击袖窿省的终止边 OB，省道即可转移到分割线的位置，如图 6-14 所示。

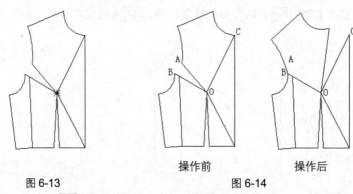

图 6-13   操作前   操作后
                          图 6-14

8. 使用【转省】工具 🗒 框选要操作的结构线，被选中的线条会变为红色，单击鼠标右键结束选择。单击分割线 OC，分割线会变为绿色，单击鼠标右键结束选择。单击腰省的起始边 OA，起始边会变为蓝色。单击腰省的终止边 OB，省道即可转移到分割线的位置，如图 6-15 所示。

9. 使用【橡皮擦】工具 ✏ 删除多余的线条，使用【旋转复制】工具 🔄 框选前衣片的结构线，单击鼠标右键。分别单击前中线的两个端点，以两个端点的连线为旋转轴，移动鼠标指针，将结构线旋转至垂直方向后单击，单击 💾 按钮保存文件，如图 6-16 所示。

操作前   操作后
图 6-15   图 6-16

6.3　V 形分割线

后衣片肩部的 V 形分割线如图 6-17 所示。

绘制 V 形分割线的操作步骤如下。

1．双击快捷图标，进入设计与放码系统的工作界面。单击 按钮，弹出【打开】对话框，选择"U 形分割线"文件，单击【打开】按钮。

2．选择【文件】→【另存为】命令，弹出【文档另存为】对话框，在【文件名】文本框中输入"V 形分割线.dgs"，单击【保存】按钮。

3．使用【剪断线】工具 将线条剪断，使用【橡皮擦】工具 删除部分线条，如图 6-18 所示。

4．使用【智能笔】工具 从图 6-19 所示的省尖点画出一条水平线与袖窿弧线相交。

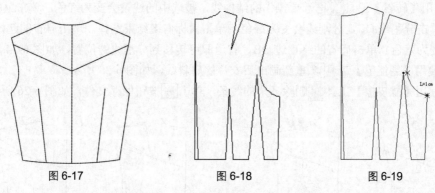

图 6-17　　　　　　图 6-18　　　　　　图 6-19

5．使用【旋转复制】工具 单击要旋转的线条，按住【Shift】键可以在旋转与复制旋转之间切换，单击鼠标右键结束选择。单击省尖点将其设置为旋转中心，然后单击省边线点将一条省边线设置为旋转轴，移动鼠标指针，使省合并，如图 6-20 所示。

6．使用【智能笔】工具 画出袖窿省的边线，如图 6-21 所示。

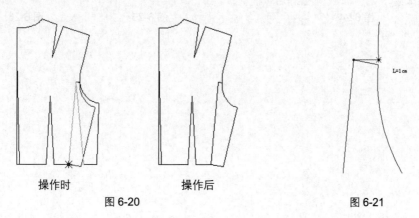

操作时　　　　　　操作后

图 6-20　　　　　　　　　　　图 6-21

7．使用【智能笔】工具 从袖窿弧线到肩省尖点画一条斜线，如图 6-22 所示。

8. 单击【智能笔】工具 🖉，按住【Shift】键，单击点 A 并按住鼠标左键，这时鼠标指针变成 🔽，将鼠标指针移动到点 B 后松开鼠标左键。再次单击点 B，移动鼠标指针，画出延长线，到后中线变为红色后单击，即可画好 V 形分割线，如图 6-23 所示。

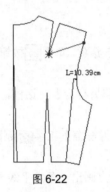

图 6-22

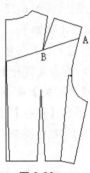

图 6-23

9. 使用【转省】工具 框选要操作的结构线，被选中的线条会变为红色，单击鼠标右键结束选择。单击分割线 OC，分割线会变为绿色，单击鼠标右键结束选择。单击肩省的起始边 OA，起始边会变为蓝色。单击肩省的终止边 OB，省道即可转移到分割线的位置，如图 6-24 所示。

10. 使用【智能笔】工具 🖉 重新画出后衣片的肩斜线，如图 6-25 所示。

11. 使用【橡皮擦】工具 ✐ 删除多余的线条，单击 按钮保存文件，如图 6-26 所示。

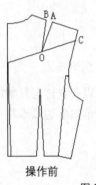

操作前

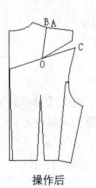

操作后

图 6-24

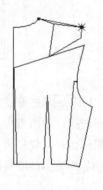

图 6-25

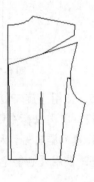

图 6-26

第 7 章

褶裥 CAD 制板

女装通常会设计一些褶裥，按形状可将褶裥分为刀褶、工字褶、碎褶等。褶裥经常使用在上衣、裙子等的设计中，以表现出妩媚及动感。

 ## 7.1 褶裥款式一

褶裥款式一如图 7-1 所示。

绘制该褶裥款式的操作步骤如下。

1. 双击快捷图标，进入设计与放码系统的工作界面。单击按钮，弹出【打开】对话框，选择"新文化式女装上衣原型"文件，单击【打开】按钮。

2. 选择【文件】→【另存为】命令，弹出【文档另存为】对话框，在【文件名】文本框中输入"褶裥款式一.dgs"，单击【保存】按钮。

3. 使用【橡皮擦】工具删除多余的点、线，如图 7-2 所示。

4. 使用【智能笔】工具，画出分割线，两条省边线之间用水平线连接，如图 7-3 所示。

5. 使用【剪断线】工具将省边线在分割线处剪断，如图 7-4 所示。

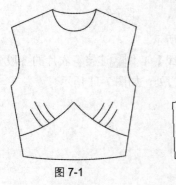
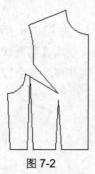
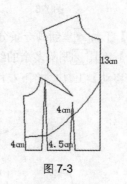
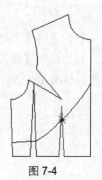

图 7-1　　　　　　图 7-2　　　　　　图 7-3　　　　　　图 7-4

6. 使用【移动旋转复制】工具依次单击点 A、点 A'、点 B、点 B'，按住【Shift】键切换为对接移动，分别单击要对接的线条，最后单击鼠标右键结束操作，如图 7-5 所示。

7. 使用【移动旋转复制】工具依次单击点 A、点 A'、点 B、点 B'，按住【Shift】键切换为对接移动，分别单击要对接的线条，最后单击鼠标右键结束操作，如图 7-6 所示。

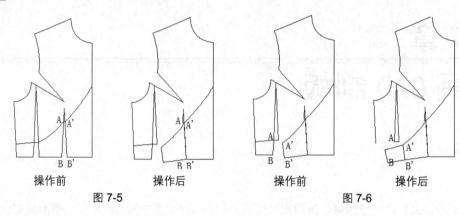

操作前　　　　操作后　　　　操作前　　　　操作后

图 7-5　　　　　　　　　　　　　图 7-6

8. 使用【智能笔】工具 ✐ 依次画出上衣片的分割线，如图 7-7 所示。

9. 使用【橡皮擦】工具 ✐ 删除多余的线条，使用【调整】工具 ↖ 调整分割线，使用【智能笔】工具 ✐ 通过 BP 点画一条竖线与上衣片分割线相交，如图 7-8 所示。

10. 使用【转省】工具 ▮ 框选要操作的结构线，被选中的线条会变为红色，单击鼠标右键结束选择。单击新省线 OC，新省线会变为绿色，单击鼠标右键结束选择。单击袖窿省的起始边 OA，起始边会变为蓝色。单击袖窿省的终止边 OB，省道即可转移到新省线的位置，如图 7-9 所示。

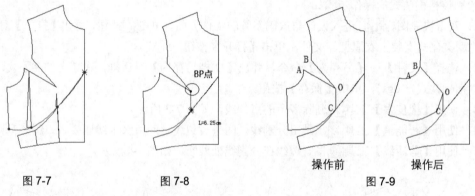

操作前　　　　操作后

图 7-7　　　　　图 7-8　　　　　　　图 7-9

11. 使用【智能笔】工具 ✐ 重新画一条分割线，如图 7-10 所示。

12. 使用【橡皮擦】工具 ✐ 删除多余的线条，使用【剪断线】工具 ✂ 连接下衣片的各段分割线，使用【成组复制/移动】工具 ▦ 将下衣片复制并移动到空白处，如图 7-11 所示。

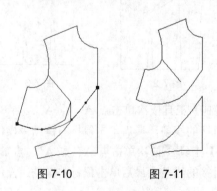

图 7-10　　　　图 7-11

13. 使用【比较长度】工具 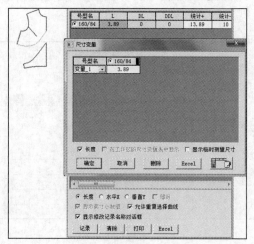 单击上衣片的分割线，单击鼠标右键，然后单击下衣片的分割线，单击鼠标右键，弹出【长度比较表栏】对话框，显示两条弧线相差的长度，如图 7-12 所示。单击【记录】按钮，弹出【尺寸变量】对话框，单击【确定】按钮。

图 7-12

14. 使用【智能笔】工具 在上衣片分割线上画出一条斜线，如图 7-13 所示。

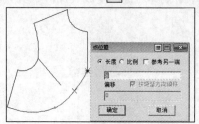 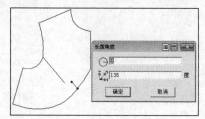

图 7-13

15. 使用【智能笔】工具 画出另外两条斜线，如图 7-14 所示。

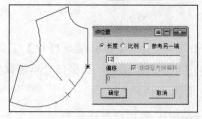 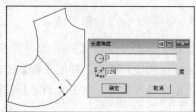

第一条斜线

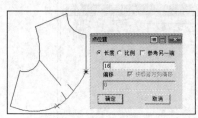 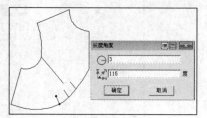

第二条斜线

图 7-14

16. 单击【等份规】工具 ，按住【Shift】键，鼠标指针变成 ，单击分割线上的点，移动鼠标后单击，弹出【线上两等距】对话框。单击右上角的 按钮，双击"变量_1"，输入公式"变量_1/2"，"="后面会自动计算出结果，单击【OK】按钮。单击【线上两等距】对话框的【确定】按钮，如图 7-15 所示。

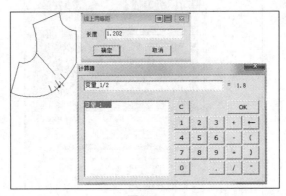

图 7-15

17. 使用【等份规】工具 画出其他褶位，如图 7-16 所示。

18. 使用 【剪刀】工具框选所有结构线，单击鼠标右键，生成衣片，如图 7-17 所示。

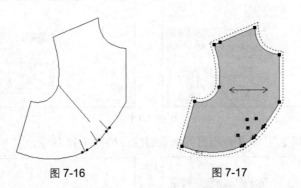

图 7-16   图 7-17

19. 在快捷工具栏中单击【显示/隐藏结构线】工具 和【显示/隐藏样片】工具 ，使工具凹陷，以显示结构线和样片。使用【褶】工具 框选 3 条褶线，在空白处单击鼠标右键，弹出【褶】对话框，输入数据，单击【确定】按钮，如图 7-18 所示。

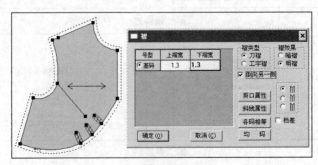

图 7-18

出现红色调整线，单击鼠标右键完成操作，如图 7-19 所示。

20．单击【布纹线】工具，单击鼠标右键，旋转布纹线。使用【橡皮擦】工具删除多余的线条，单击按钮保存文件，如图 7-20 所示。

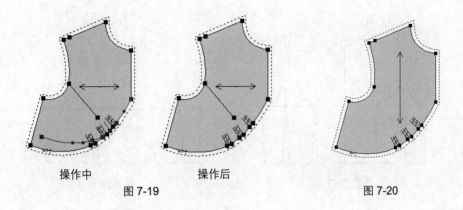

操作中　　　　　　　　操作后

图 7-19　　　　　　　　　　　　　　　　　　图 7-20

7.2　褶裥款式二

褶裥款式二如图 7-21 所示。

绘制该褶裥的操作步骤如下。

1．双击快捷图标，进入设计与放码系统的工作界面。单击按钮，弹出【打开】对话框，选择"新文化式女装上衣原型"文件，单击【打开】按钮。

2．选择【文件】→【另存为】命令，弹出【文档另存为】对话框，在【文件名】文本框中输入"褶裥款式二.dgs"，单击【保存】按钮。

3．使用【橡皮擦】工具删除多余的点、线，如图 7-22 所示。

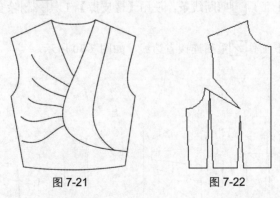

图 7-21　　　　　　　　　　　图 7-22

4．使用【对称复制】工具单击前中线的两个端点，框选前衣片的结构线，单击鼠标右键将其对称复制，使用【智能笔】工具在丁字尺状态下画出水平胸围线，如图 7-23 所示。

5．使用【智能笔】工具画出分割线，省边线之间用水平线连接，如图 7-24 所示。

6．单击【等份规】工具，设置等分数为 2，分别单击袖窿省、侧省的两边线点，画出省

205

中点，如图 7-25 所示。

7. 使用【智能笔】工具 画出省中线，如图 7-26 所示。

8. 使用【智能笔】工具 画出褶裥，省边线之间用水平线连接，如图 7-27 所示。

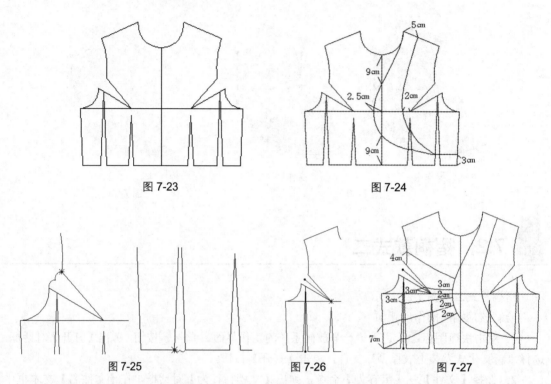

图 7-23　　　　　　　　　　　图 7-24

图 7-25　　　　　　图 7-26　　　　　　图 7-27

9. 使用【对称复制】工具 单击前中线的两个端点，单击右边衣片的弧线，单击鼠标右键将其对称复制，如图 7-28 所示。

10. 使用【剪断线】工具 剪断线条，使用【橡皮擦】工具 删除多余的线条，如图 7-29 所示。

11. 使用【智能笔】工具 重新连接省边线，如图 7-30 所示。

图 7-28　　　　　　　　图 7-29　　　　　　　　图 7-30

12. 使用【旋转复制】工具 分别单击要旋转的线条，按住【Shift】键切换为旋转，鼠标指针变为 ，单击鼠标右键结束选择。单击点 O 将其设置为旋转中心，然后单击点 A 将线段 OA 设置为旋转轴，移动鼠标指针，使点 A 与点 B 重合后单击，如图 7-31 所示。

13. 使用【旋转复制】工具 分别单击要旋转的线条，按住【Shift】键切换为旋转，鼠标指针变为 ，单击鼠标右键结束选择。单击点 O 将其设置为旋转中心，然后单击点 A 将线段 OA 设置为旋转轴，移动鼠标，使点 A 与点 B 重合后单击。使用【橡皮擦】工具 删除多余的线条，如图 7-32 所示。

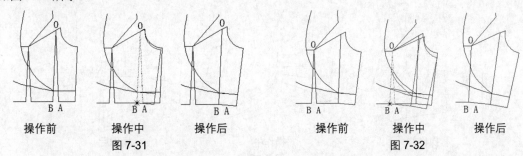

| 操作前 | 操作中 | 操作后 | | 操作前 | 操作中 | 操作后 |
| 图 7-31 | | | | 图 7-32 | | |

14. 使用【旋转复制】工具 分别单击要旋转的线条，按住【Shift】键切换为旋转复制，鼠标指针变为 ，单击鼠标右键结束选择。单击点 O 将其设置为旋转中心，然后单击点 A 将线段 OA 设置为旋转轴，移动鼠标指针，使点 A 与点 B 重合后单击。使用【剪断线】工具 剪断线条，使用【橡皮擦】工具 删除多余的线条，如图 7-33 所示。

| 操作前 | 操作中 | 操作后 |
| 图 7-33 | | |

15. 使用【旋转复制】工具 分别单击要旋转的线条，按住【Shift】键切换为旋转复制，鼠标指针变为 ，单击鼠标右键结束选择。单击点 O 将其设置为旋转中心，然后单击点 A 将线段 OA 设置为旋转轴，移动鼠标指针，使点 A 与点 B 重合后单击。使用【剪断线】工具 剪断线条，使用【橡皮擦】工具 删除多余的线条，如图 7-34 所示。

| 操作前 | 操作中 | 操作后 |
| 图 7-34 | | |

16. 使用【旋转复制】工具图分别单击要旋转的线条，按住【Shift】键切换为旋转复制，鼠标指针变为，单击鼠标右键结束选择。单击点 O 将其设置为旋转中心，然后单击点 A 将线段 OA 设置为旋转轴，移动鼠标指针，使点 A 与点 B 重合后单击。使用【剪断线】工具剪断线条，使用【橡皮擦】工具删除多余的线条，如图 7-35 所示。

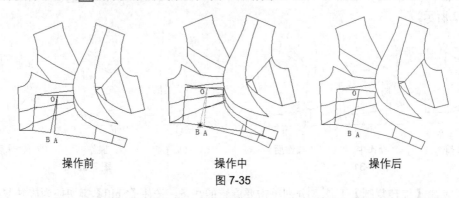

操作前　　　　　　　　　操作中　　　　　　　　　操作后

图 7-35

17. 使用【旋转复制】工具图分别单击要旋转的线条，按住【Shift】键切换为旋转复制，鼠标指针变为，单击鼠标右键结束选择。单击点 O 将其设置为旋转中心，然后单击点 A 将线段 OA 设置为旋转轴，移动鼠标指针，使点 A 与点 B 重合后单击。使用【剪断线】工具剪断线条，使用【橡皮擦】工具删除多余的线条，如图 7-36 所示。

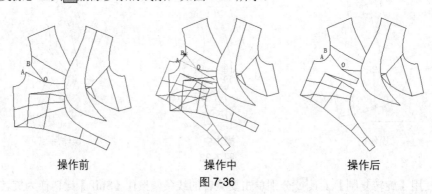

操作前　　　　　　　　　操作中　　　　　　　　　操作后

图 7-36

18. 使用【展开、去除余量】工具框选或单击要展开的线条，选中的线条会变为红色，单击鼠标右键结束选择。单击侧缝线，侧缝线会变为绿色。单击增加展开量的弧线，弧线会变为蓝色。单击或框选褶线，在衣片的上部分单击鼠标右键确定固定侧，弹出【单向展开或去除余量】对话框，输入数据，单击【确定】按钮，如图 7-37 所示。

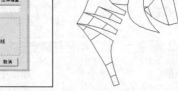

图 7-37

19. 使用【展开、去除余量】工具 框选或单击要展开的线条，选中的线条会变为红色，单击鼠标右键结束选择。单击袖窿弧线，袖窿弧线会变为绿色。单击增加展开量的弧线，弧线会变为蓝色。分别单击褶线，褶线会变为灰色。在衣片的上部分单击鼠标右键确定固定侧，弹出【单向展开或去除余量】对话框，输入数据，单击【确定】按钮，如图 7-38 所示。

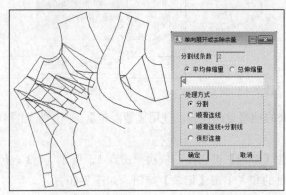
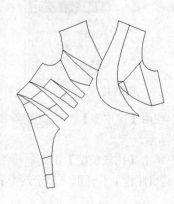

图 7-38

20. 单击 按钮保存文件。

7.3 褶裥款式三

褶裥款式三如图 7-39 所示。

绘制该褶裥的操作步骤如下。

1. 双击快捷图标 ，进入设计与放码系统的工作界面。单击 按钮，弹出【打开】对话框，选择"新文化式女装上衣原型"文件，单击【打开】按钮。

2. 选择【文件】→【另存为】命令，弹出【文档另存为】对话框，在【文件名】文本框中输入"褶裥款式三.dgs"，单击【保存】按钮。

3. 使用【橡皮擦】工具 删除多余的点、线，如图 7-40 所示。

4. 使用【对称复制】工具 单击前中线的两个端点，框选前衣片的结构线，单击鼠标右键将其对称复制。使用【智能笔】工具 在丁字尺状态下画出水平胸围线，如图 7-41 所示。

图 7-39   图 7-40   图 7-41

5. 使用【智能笔】工具 画出分割线，如图 7-42 所示。

6. 单击【等份规】工具 ，设置等分数为 7，分别单击分割线的两个端点，画出等分点，如图 7-43 所示。

7. 使用【智能笔】工具 重新画出袖窿省，如图 7-44 所示。

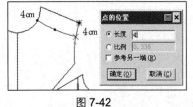

图 7-42　　　　　　　　图 7-43　　　　　　　　图 7-44

8. 使用【橡皮擦】工具 删除原来的袖窿省结构线，使用【智能笔】工具 画出褶裥，如图 7-45 所示。

9. 单击【比较长度】工具 ，按住【Shift】键切换，依次单击点 1、点 2、点 3、点 4，弹出【工具属性栏】对话框，显示两个省量的和，单击【记录】按钮，如图 7-46 所示。

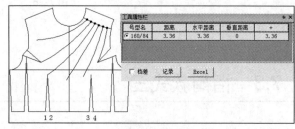

图 7-45　　　　　　　　　　　　　　图 7-46

10. 使用【橡皮擦】工具 删除原来的省，使用【智能笔】工具 画出新的省中线，如图 7-47 所示。

11. 单击【等份规】工具 ，按住【Shift】键，鼠标指针变成 ，单击省中线端点，移动鼠标，出现两个对称点后单击，弹出【线上两等距】对话框。单击对话框右上角的 按钮，弹出【计算器】对话框，输入公式"变量_1/6"，"="后面会自动计算出结果。单击【计算器】对话框的【OK】按钮，然后单击【线上两等距】对话框中的【确定】按钮，如图 7-48 所示。

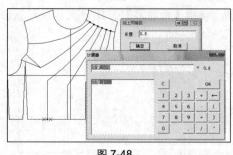

图 7-47　　　　　　　　图 7-48

12. 使用【等份规】工具 画出其他等分点，如图 7-49 所示。

13. 使用【智能笔】工具 画出新省线，如图 7-50 所示。

14．使用【剪断线】工具 ✂ 剪断线条，使用【橡皮擦】工具 ✐ 删除多余的点、线，如图 7-51 所示。

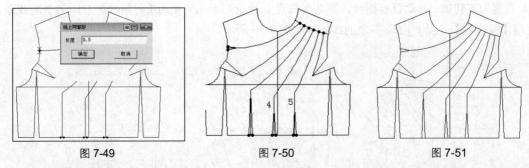

图 7-49　　　　　　　　　图 7-50　　　　　　　　　图 7-51

15．使用【旋转复制】工具 ⟳ 分别单击要旋转的线条，按住【Shift】键切换为旋转复制，鼠标指针变为 ⟳，单击鼠标右键结束选择。单击点 O 将其设置为旋转中心，然后单击点 A 将线段 OA 设置为旋转轴，移动鼠标指针，使点 A 与点 B 重合后单击。使用【剪断线】工具 ✂ 剪断线条，使用【橡皮擦】工具 ✐ 删除多余的线条，如图 7-52 所示。

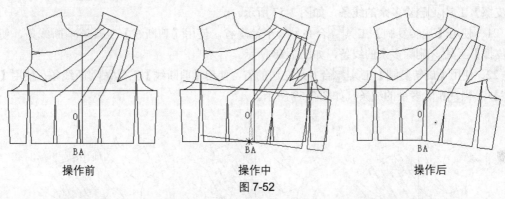

操作前　　　　　　　　操作中　　　　　　　　操作后
图 7-52

16．使用【旋转复制】工具 ⟳ 合并转移其他省，使用【剪断线】工具 ✂ 剪断线条，使用【橡皮擦】工具 ✐ 删除多余的线条，如图 7-53 所示。

17．使用【旋转复制】工具 ⟳ 合并转移右袖窿省，使用【剪断线】工具 ✂ 剪断线条，使用【橡皮擦】工具 ✐ 删除多余的线条，如图 7-54 所示。

18．使用【旋转复制】工具 ⟳ 合并最右边的省，使用【剪断线】工具 ✂ 剪断线条，使用【橡皮擦】工具 ✐ 删除多余的线条，如图 7-55 所示。

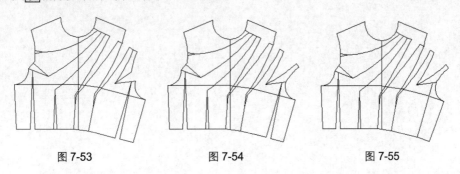

图 7-53　　　　　　　　　图 7-54　　　　　　　　　图 7-55

19．使用【旋转复制】工具🖻分别单击要旋转的线条，按住【Shift】键切换为旋转复制，鼠标指针变为🖑，单击鼠标右键结束选择。单击点 O 将其设置为旋转中心，然后单击点 A 将线段 OA 设置为旋转轴，移动鼠标指针，使点 A 与点 B 重合后单击。使用【剪断线】工具✂剪断线条，使用【橡皮擦】工具✏删除多余的线条，如图 7-56 所示。

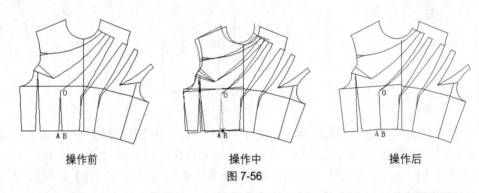

操作前　　　　　　　　操作中　　　　　　　　操作后

图 7-56

20．使用【旋转复制】工具🖻合并左边的袖窿省，使用【剪断线】工具✂剪断线条，使用【橡皮擦】工具✏删除多余的线条，如图 7-57 所示。

21．使用【旋转复制】工具🖻合并另一个袖窿省，使用【剪断线】工具✂剪断线条，使用【橡皮擦】工具✏删除多余的线条，如图 7-58 所示。

22．使用【旋转复制】工具🖻合并最左边的省，使用【剪断线】工具✂剪断线条，使用【橡皮擦】工具✏删除多余的线条，如图 7-59 所示。

图 7-57　　　　　　　　图 7-58　　　　　　　　图 7-59

23．单击🖫按钮保存文件。

第 8 章

领型 CAD 制板

服装的领型大体可分为立领、翻领、驳领等，各种类型的领子并不是独立的，它们可以在结构中互相转化。

8.1 西装领

西装领是驳领的一种，效果如图 8-1 所示。

绘制西装领的操作步骤如下。

1. 双击快捷图标 ，进入设计与放码系统的工作界面。单击 按钮，弹出【打开】对话框，选择"新文化式女装上衣原型"文件，单击【打开】按钮。

2. 选择【文件】→【另存为】命令，弹出【文档另存为】对话框，在【文件名】文本框中输入"西装领.dgs"，单击【保存】按钮。

3. 使用【橡皮擦】工具 删除多余的点、线，如图 8-2 所示。

4. 使用【智能笔】工具 单击后中线的上端点，移动鼠标指针靠近后肩斜线，当颈侧点变亮时单击，弹出【点位置】对话框，输入数据，单击【确定】按钮，单击鼠标右键结束操作。使用【调整】工具 调整弧线，如图 8-3 所示。

图 8-1

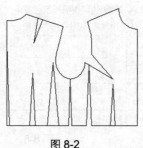

图 8-2

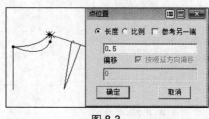

图 8-3

5. 单击【比较长度】工具 ，按住【Shift】键切换到测量线功能，鼠标指针变成 ，分别单击后中线的上端点、颈侧点，测量两点之间的直线距离，右侧工具属性栏中会显示测量数据，单击【记录】按钮，如图 8-4 所示。

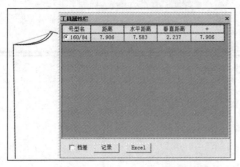

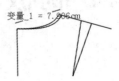

图 8-4

6．单击【智能笔】工具 ▨，按住【Shift】键单击后袖窿弧线上的任意一点，按住鼠标左键将其移动到后肩端点处松开鼠标左键，鼠标指针变成 ▨。再次单击后肩端点，移动鼠标指针，画出延长线后单击，弹出【长度】对话框，输入数据，单击【确定】按钮，如图 8-5 所示。

7．使用【智能笔】工具 ▨ 重新画出一条肩斜线，增加垫肩量，如图 8-6 所示。

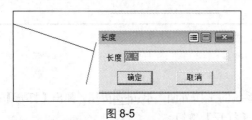

图 8-5

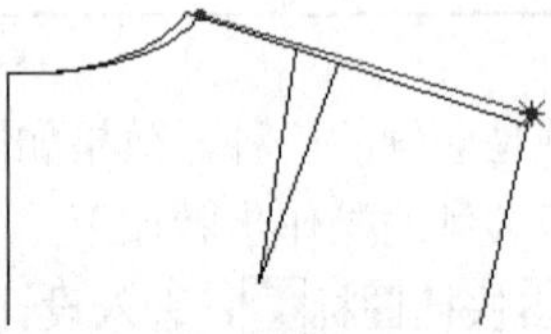

图 8-6

8．使用【智能笔】工具 ▨ 从前衣片 BP 点画一条水平线到前中线，如图 8-7 所示。

9．使用【旋转复制】工具 ▨ 分别单击前衣片上部分的结构线，单击鼠标右键结束选择。单击胸高点，将其设置为旋转中心，然后单击前中线的上端点将其连线设置为旋转轴，移动鼠标指针，当前领圈弧线被选中，右端点变亮时单击，弹出【点位置】对话框，输入旋转距离，单击【确定】按钮。使用【橡皮擦】工具 ▨ 删除多余的线条，如图 8-8 所示。

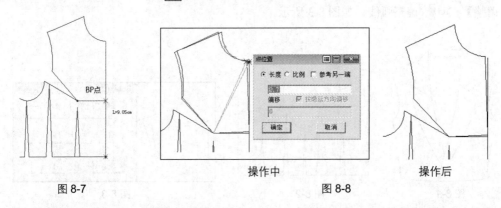

图 8-7

操作中　　　　　　操作后

图 8-8

10．单击【等份规】工具 ▨，设置等分数为 3，分别单击前领圈弧线的两个端点，画出等分点，如图 8-9 所示。

11．单击【智能笔】工具 ▨，按住【Shift】键单击前袖窿弧线上的任意一点，按住鼠标左键将其移动到前肩端点处松开鼠标左键，鼠标指针变成 ▨。再次单击前肩端点，移动鼠标指针，画出延长线后单击，弹出【长度】对话框，输入数据，单击【确定】按钮，如图 8-10 所示。

图 8-9

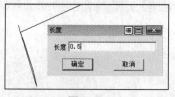

图 8-10

12. 使用【智能笔】工具 ✎ 单击前肩端点，移动鼠标指针靠近肩斜线，当肩斜线变为红色，颈侧点变亮时单击，弹出【点位置】对话框，输入数据，单击【确定】按钮，单击鼠标右键结束操作，如图 8-11 所示。

13. 单击【智能笔】工具 ✎，在前中线上按住鼠标左键并拖动，鼠标指针变成 ⇄，出现平行线，移动鼠标指针至合适位置后单击，弹出【平行线】对话框，输入数据，单击【确定】按钮，即可画好新的前中线和止口线，如图 8-12 所示。

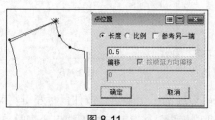

图 8-11

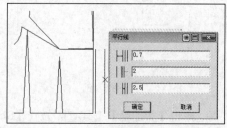

图 8-12

14. 单击【智能笔】工具 ✎，按住【Shift】键单击前肩斜线上的一个端点，按住鼠标左键将其移动到另一个端点处松开鼠标左键，鼠标指针变成 ▽。单击前领圈弧线的第一个等分点，移动鼠标指针画出平行线后单击，弹出【长度】对话框，输入数据，单击【确定】按钮，如图 8-13 所示。

15. 使用【智能笔】工具 ✎ 画出驳口线，如图 8-14 所示。

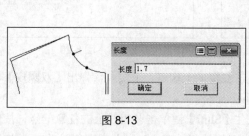

图 8-13

图 8-14

16. 使用【智能笔】工具 ✎ 连接两点画出串口线，如图 8-15 所示。

17. 使用【智能笔】工具 ✎，在驳口线上按住鼠标左键并拖动，鼠标指针变成 ⇄，出现平行线，移动鼠标指针至合适位置后单击，弹出【平行线】对话框，输入数据，单击【确定】按钮，如图 8-16 所示。

18. 单击【智能笔】工具 ✎，按住【Shift】键单击串口线的上端点，按住鼠标左键将其移动到下端点处松开鼠标左键，鼠标指针变成 ▽。再次单击下端点，移动鼠标指针画出延长线，直至与驳口线的平行线相交后单击，如图 8-17 所示。

19. 使用【智能笔】工具 ✐ 画出驳头外弧线，使用【调整】工具 ▨ 调整驳头外的弧线，如图 8-18 所示。

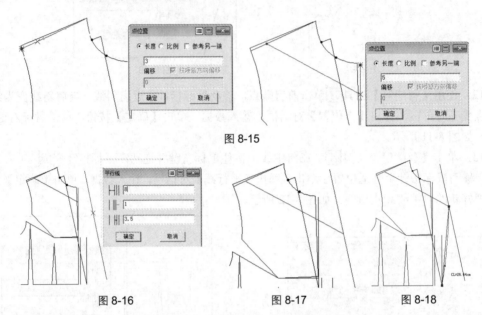

图 8-15

图 8-16   图 8-17   图 8-18

20. 单击【智能笔】工具 ✐，按住【Shift】键单击串口线的一个端点，按住鼠标左键将其移动到另一个端点处松开鼠标左键，鼠标指针变成 ▽。移动鼠标指针，当串口线下端点变亮时单击，弹出【点位置】对话框，输入数据，单击【确定】按钮，如图 8-19 所示。移动鼠标指针，画出垂直线后单击，弹出【长度】对话框，输入数据，单击【确定】按钮，如图 8-20 所示。

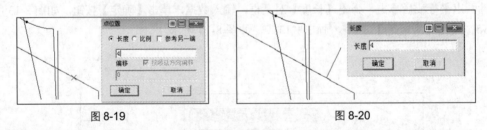

图 8-19   图 8-20

21. 使用【圆规】工具 ▨ 依次单击驳嘴的上端点、下端点，弹出【双圆规】对话框，输入数据，单击【确定】按钮，如图 8-21 所示。

22. 单击【智能笔】工具 ✐，按住【Shift】键单击驳口线上的任意一点，按住鼠标左键将其移动到驳口线的另一点处松开鼠标左键，鼠标指针变成 ▽。单击肩斜线的右端点，移动鼠标指针，画出平行线后单击，弹出【长度】对话框。单击对话框右上角的 ▥ 按钮，弹出【计算器】对话框，输入后领圈弧线的直线测量长度，单击【计算器】对话框中的【OK】按钮，返回到【长度】对话框中输入数据，单击【长度】对话框中的【确定】按钮，如图 8-22 所示。

23. 使用【圆规】工具 ▨ 依次单击直线的上端点、下端点，弹出【双圆规】对话框，在【第 1 边】文本框中输入"3"，在【第 2 边】文本框中输入后领圈的直线距离，单击【确定】按钮，如图 8-23 所示。

图 8-21

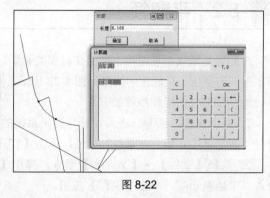

图 8-22

24. 单击【智能笔】工具 🖉，按住【Shift】键单击点 A，按住鼠标左键将其移动到点 B 处松开鼠标左键，鼠标指针变成 🔽。再次单击点 A，移动鼠标指针，画出垂直线后单击，弹出【长度】对话框，输入数据，单击【确定】按钮，如图 8-24 所示。

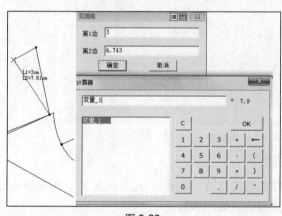

图 8-23

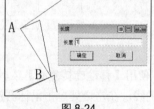

图 8-24

25. 使用【智能笔】工具 🖉 画出领底弧线，使用【调整】工具 🖈 调整领底弧线，如图 8-25 所示。

26. 使用【智能笔】工具 🖉 画出领外口弧线，使用【调整】工具 🖈 调整领外口弧线，如图 8-26 所示。

27. 单击 🖫 按钮保存文件，如图 8-27 所示。

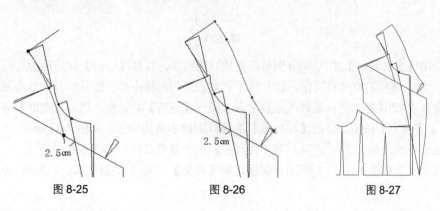

图 8-25　　　　　　　　图 8-26　　　　　　　　图 8-27

217

8.2　平翻领

平翻领是指底领量很少、平铺在肩部的领型。根据不同的领外口线的形状和长度，该领型有许多不同的变化。平翻领的效果如图 8-28 所示。

绘制平翻领的操作步骤如下。

1. 双击快捷图标，进入设计与放码系统的工作界面。单击按钮，弹出【打开】对话框，选择"新文化式女装上衣原型"文件，单击【打开】按钮。

2. 选择【文件】→【另存为】命令，弹出【文档另存为】对话框，在【文件名】文本框中输入"平翻领.dgs"，单击【保存】按钮。

3. 使用【橡皮擦】工具删除多余的点、线，如图 8-29 所示。

4. 使用【智能笔】工具重新画出前后领圈弧线，使用【调整】工具调整前后领圈弧线，如图 8-30 所示。

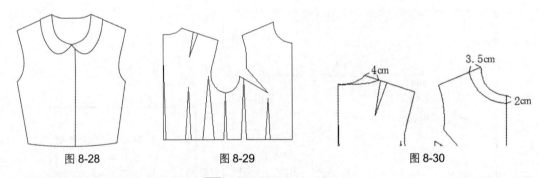

图 8-28　　　　　　图 8-29　　　　　　图 8-30

5. 使用【移动旋转复制】工具依次单击点 A、点 A'、点 B、点 B'，再分别单击后衣片要对接的线，在空白处单击鼠标右键完成操作，如图 8-31 所示。

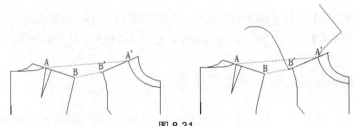

图 8-31

6. 使用【旋转复制】工具分别单击要旋转的线条，按住【Shift】键切换为旋转，鼠标指针变为，单击鼠标右键结束操作。单击点 A 将其设置为旋转中心，然后单击点 B 将线段 AB 设置为旋转轴，移动鼠标指针，旋转线条后单击，弹出【旋转】对话框。选择【宽度】选项，输入数据，单击【确定】按钮。使用【橡皮擦】工具删除多余的线条，如图 8-32 所示。

7. 使用【智能笔】工具从后颈中点向上画出一条垂直线，如图 8-33 所示。

8. 使用【智能笔】工具画出领弧线，用【调整】工具调整领弧线，如图 8-34 所示。

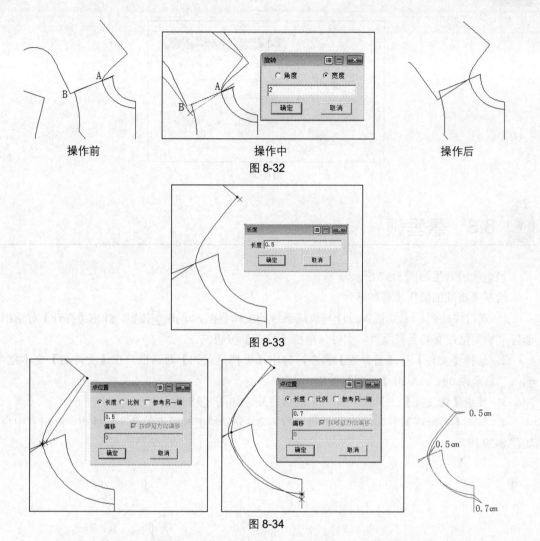

操作前   操作中   操作后

图 8-32

图 8-33

图 8-34

9. 使用【智能笔】工具 🖉 画出领外口弧线，用【调整】工具 🔧 调整领外口弧线，如图 8-35 所示。

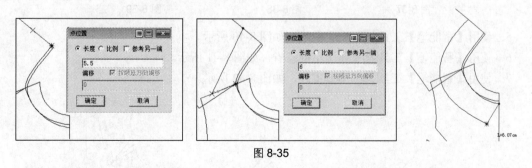

图 8-35

10. 使用【圆角】工具 📐 分别单击两条领外口弧线，移动鼠标指针，出现圆角后单击，弹出【顺滑连角】对话框，输入数据，单击【确定】按钮，如图 8-36 所示。

11. 单击 🖫 按钮保存文件。

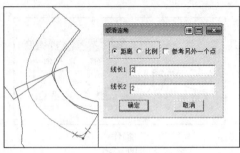

图 8-36

 ## 8.3　悬垂领

悬垂领的效果如图 8-37 所示。

绘制悬垂领的操作步骤如下。

1. 双击快捷图标，进入设计与放码系统的工作界面。单击按钮，弹出【打开】对话框，选择"新文化式女装上衣原型"文件，单击【打开】按钮。

2. 选择【文件】→【另存为】命令，弹出【文档另存为】对话框，在【文件名】文本框中输入"悬垂领.dgs"，单击【保存】按钮。

3. 使用【橡皮擦】工具删除多余的点、线，如图 8-38 所示。

4. 单击【等份规】工具，设置等分数为 2，分别单击袖窿省的两个边线点，画出省中点，如图 8-39 所示。

图 8-37

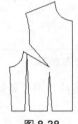
图 8-38

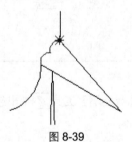
图 8-39

5. 使用【智能笔】工具画出省中线，如图 8-40 所示。

6. 使用【智能笔】工具重新画出袖窿省，如图 8-41 所示。

7. 使用【智能笔】工具画出新省线，如图 8-42 所示。

图 8-40

图 8-41

图 8-42

8．使用【橡皮擦】工具 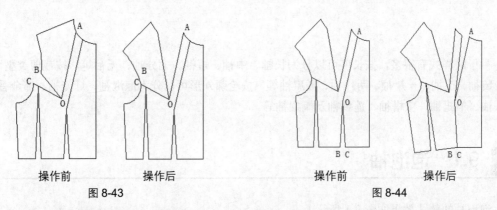删除多余的点、线。使用【转省】工具 框选前衣片的结构线，线条变为红色表示被选中，单击鼠标右键结束选择。单击线条 OA，线条会变为绿色，单击鼠标右键结束选择。依次单击线条 OB、OC，将省量转移，如图 8-43 所示。

9．使用【转省】工具 框选前衣片的结构线，线条变为红色表示被选中，单击鼠标右键，单击线条 OA，线条会变为绿色，单击鼠标右键结束选择。依次单击线条 OB、OC，将省量转移，如图 8-44 所示。

操作前	操作后	操作前	操作后
图 8-43		图 8-44	

10．使用【旋转复制】工具 框选前衣片的所有结构线，按住【Shift】键切换为旋转，鼠标指针变为 ，单击鼠标右键结束选择。单击前中线的下端点，将其设置为旋转中心，然后单击前中线的上端点，将其连线设置为旋转轴，移动鼠标指针，旋转线条后单击，弹出【旋转】对话框，输入数据，单击【确定】按钮，如图 8-45 所示。

11．使用【智能笔】工具 从颈侧点向上画出竖线，如图 8-46 所示。

12．单击【智能笔】工具 ，在竖线的上端点处按住鼠标右键并拖动，鼠标指针显示为 ，这时可以画出水平线和垂直线，单击前中线的下端点完成操作，如图 8-47 所示，单击 按钮保存文件。

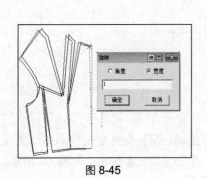
图 8-45

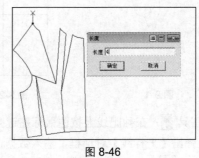
图 8-46

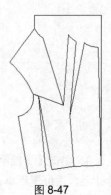
图 8-47

第9章

袖型 CAD 制板

袖子的样式有很多，按长度可以分为长袖、中袖、短袖、七分袖、无袖等，按裁剪类型可以分为装袖、连袖、一片袖、两片袖、插肩袖等，按轮廓外形可以分为泡泡袖、灯笼袖、郁金香袖、喇叭袖、羊腿袖、宝塔袖、莲藕袖及蝙蝠袖等。

 ## 9.1 泡泡袖

泡泡袖的款式效果如图 9-1 所示。

绘制泡泡袖的操作步骤如下。

1. 双击快捷图标，进入设计与放码系统的工作界面。单击 按钮，弹出【打开】对话框，选择"新文化式女装袖子原型"文件，单击【打开】按钮。

2. 选择【文件】菜单中的【另存为】命令，弹出【文档另存为】对话框，在【文件名】文本框中输入"泡泡袖.dgs"，单击【保存】按钮。

3. 使用【橡皮擦】工具 删除多余的点、线，如图 9-2 所示。

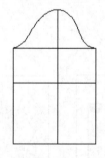

图 9-1   图 9-2

4. 单击【智能笔】工具 ，在袖肥线上按住鼠标左键并拖动，鼠标指针变成 ，移动鼠标指针至合适位置后单击，弹出【平行线】对话框，输入数据，单击【确定】按钮，如图 9-3 所示。

5. 使用【智能笔】工具 画出两边袖底线，如图 9-4 所示。

6. 单击【智能笔】工具 ，在袖中线上按住鼠标左键并拖动，鼠标指针变成 ，移动鼠标指针至合适位置后单击，弹出【平行线】对话框，输入数据，单击【确定】按钮，如图 9-5 所示。

7. 单击 【智能笔】工具，在袖中线上按住鼠标左键并拖动，鼠标指针变成 ，移动鼠标指针至合适位置后单击，弹出【平行线】对话框，输入数据，单击【确定】按钮，如图 9-6 所示。

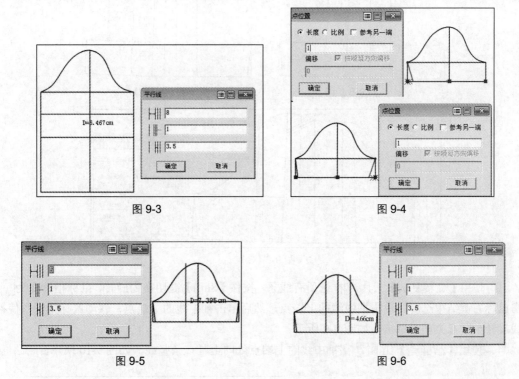

图 9-3　　　　　　　　　　　　　　　　图 9-4

图 9-5　　　　　　　　　　　　　　　　图 9-6

8. 使用【智能笔】工具 将两条褶线靠边。使用【褶】工具 框选所有的结构线，结构线变为红色，单击鼠标右键，然后单击袖山弧线，袖山弧线变为绿色。单击袖口线，袖口线变为蓝色。单击袖中线，袖中线变为灰色。单击鼠标右键，弹出【褶】对话框，输入数据，单击【确定】按钮，如图 9-7 所示。单击【褶】工具 ，在做好的褶上单击鼠标右键，可以快速调整褶的大小。

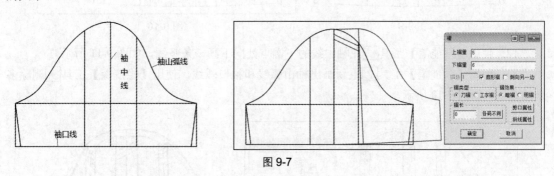

图 9-7

9. 使用【褶】工具 框选所有的结构线，结构线变为红色，单击鼠标右键，如图 9-8（1）所示。单击袖山弧线，袖山弧线变为绿色。单击袖口线，袖口线变为蓝色。单击袖中线，袖中线变为灰色。单击鼠标右键，如图 9-8（2）所示。弹出【褶】对话框，输入数据，单击【确定】按钮，如图 9-8（3）所示。用同样的方法画出右边褶。单击【褶】工具 ，在做好的褶上单击鼠标右键，可以快速调整褶的大小。

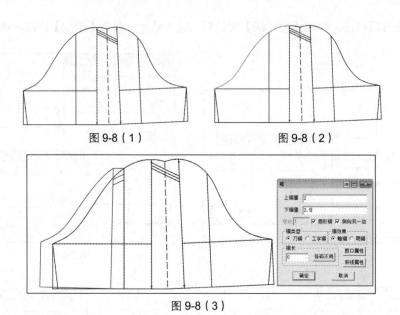

图 9-8（1）　　　　　　　　图 9-8（2）

图 9-8（3）

10. 使用【旋转复制】工具 在框选所有线条，按住【Shift】键切换为旋转，鼠标指针变为 ，单击鼠标右键结束选择。单击袖中线的上端点，然后单击袖中线的下端点，移动鼠标指针，使袖中线旋转至竖直方向后单击，如图 9-9 所示。

11. 使用【智能笔】工具 在袖中线的上端点处向上画一条竖线，如图 9-10 所示。

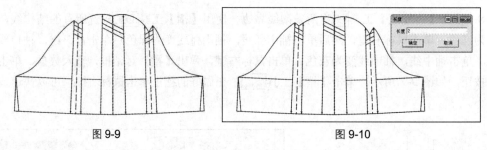

图 9-9　　　　　　　　　　图 9-10

12. 使用【智能笔】工具 在袖中线的下端点处向下画一条竖线，如图 9-11 所示。

13. 使用【智能笔】工具 重新画出袖山弧线和袖口弧线，使用【橡皮擦】工具 删除多余的线条，如图 9-12 所示。

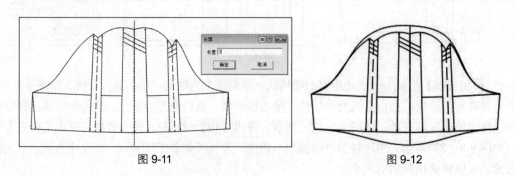

图 9-11　　　　　　　　　　图 9-12

9.2 羊腿袖

羊腿袖的款式效果如图 9-13 所示。

绘制羊腿袖的操作步骤如下。

1. 双击快捷图标 ，进入设计与放码系统的工作界面。单击 按钮，弹出【打开】对话框，选择"新文化式女装袖子原型"文件，单击【打开】按钮。

2. 选择【文件】→【另存为】命令，弹出【文档另存为】对话框，在【文件名】文本框中输入"羊腿袖.dgs"，单击【保存】按钮。

3. 使用【橡皮擦】工具 删除多余的点、线，如图 9-14 所示。

4. 使用【展开、去除余量】工具 框选所有线条，线条变为红色表示被选中，单击鼠标右键结束选择。依次单击袖口直线、袖山弧线、袖中线，然后单击鼠标右键，弹出【单向展开或去除余量】对话框，输入数据，单击【确定】按钮，如图 9-15 所示。

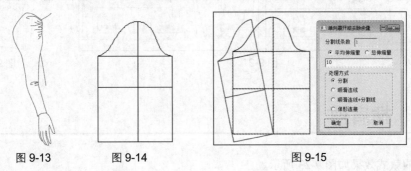

| 图 9-13 | 图 9-14 | 图 9-15 |

5. 使用【等份规】工具 分别单击展开线的两个端点，画出等分点，如图 9-16 所示。

6. 使用【智能笔】工具 画出袖中线，如图 9-17 所示。

7. 使用【旋转复制】工具 框选所有线条，按住【Shift】键切换为旋转，鼠标指针变为 ，单击鼠标右键结束选择。单击袖中线的上端点，然后单击袖中线的下端点，移动鼠标指针，使袖中线旋转至竖直方向后单击，如图 9-18 所示。

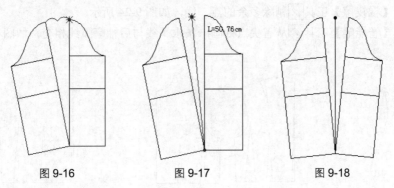

| 图 9-16 | 图 9-17 | 图 9-18 |

8. 使用【智能笔】工具 从袖中线的上端点处向上画一条竖线，如图 9-19 所示。

9. 使用【智能笔】工具 画出新的袖山弧线，如图 9-20 所示。

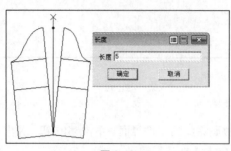

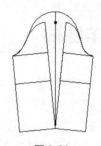

图 9-19   图 9-20

10. 使用【智能笔】工具 ✐ 画出袖底线，如图 9-21 所示。

11. 使用【调整】工具 ➤ 调整袖底线，单击 🖫 按钮保存文件，如图 9-22 所示。

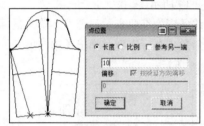

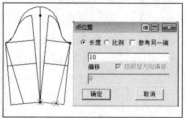

图 9-21   图 9-22

 ## 9.3 插肩袖

插肩袖的款式效果如图 9-23 所示。

绘制插肩袖的操作步骤如下。

1. 双击快捷图标 📷，进入设计与放码系统的工作界面。单击 📷 按钮，弹出【打开】对话框，选择"新文化式女装上衣原型"文件，单击【打开】按钮。

2. 选择【文件】→【另存为】命令，弹出【文档另存为】对话框，在【文件名】文本框中输入"插肩袖.dgs"，单击【保存】按钮。

3. 使用【橡皮擦】工具 ✐ 删除多余的点、线，如图 9-24 所示。

4. 使用【智能笔】工具 ✐ 从省尖点处画一条水平线与后袖窿弧线相交，如图 9-25 所示。

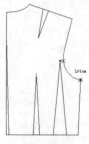

图 9-23   图 9-24   图 9-25

5. 单击【智能笔】工具 ✐，按住【Shift】键单击点 A，按住鼠标左键将其移动到点 B 后松开鼠标左键，鼠标指针变成 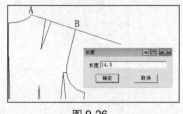。单击点 B，移动鼠标，画出延长线后单击，弹出【长度】对话框，输入数据，单击【确定】按钮，如图 9-26 所示。

6. 单击【智能笔】工具 ，按住【Shift】键单击点 A，按住鼠标左键将其移动到点 B 处松开鼠标左键，鼠标指针变成 。单击点 B，移动鼠标指针，画出垂直线后单击，弹出【长度】对话框，输入数据，单击【确定】按钮，如图 9-27 所示。

图 9-26   图 9-27

7. 单击【智能笔】工具 ，移动鼠标指针靠近线段 AB，当点 A 变亮时单击，弹出【点位置】对话框，输入数据，单击【确定】按钮，如图 9-28 所示。在曲线输入状态下单击点 B，然后单击鼠标右键结束操作，如图 9-29 所示。

8. 单击【智能笔】工具 ，按住【Shift】键单击点 A，按住鼠标左键将其移动到点 B 后松开鼠标左键，鼠标指针变成 。单击点 B，移动鼠标指针，画出延长线后单击，弹出【长度】对话框，输入数据，单击【确定】按钮，如图 9-30 所示。

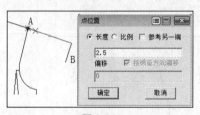   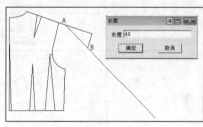

图 9-28   图 9-29   图 9-30

9. 单击【智能笔】工具 ，按住【Shift】键单击点 A，按住鼠标左键将其移动到点 B 后松开鼠标左键，鼠标指针变成 。单击点 B，移动鼠标，画出垂直线后单击，弹出【长度】对话框，输入数据，单击【确定】按钮，如图 9-31 所示。

10. 使用【橡皮擦】工具 删除多余的线条，使用【智能笔】工具 在腋下点 A 处画一条水平线，如图 9-32 所示。

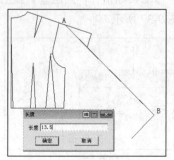   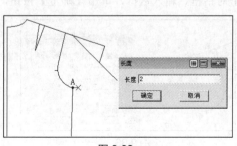

图 9-31   图 9-32

11. 使用【智能笔】工具 从后中线的下端点向下画一条竖线，如图 9-33 所示。

12. 单击【智能笔】工具 ，在点 A 处单击鼠标右键，移动鼠标指针，出现水平线和垂直线，单击鼠标右键切换水平线和垂直线的方向，然后单击后中线的下端点，如图 9-34 所示。

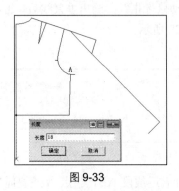
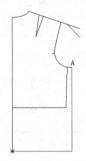

图 9-33　　　　　　　　　　　　图 9-34

13. 使用【智能笔】工具 依次连接各点，画出插肩袖的分割线，如图 9-35 所示。

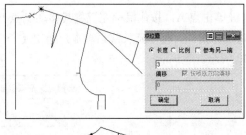
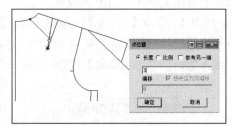

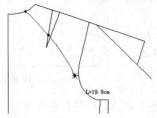

图 9-35

14. 单击【智能笔】工具 ，按住【Shift】键单击点 A，按住鼠标左键将其移动到点 B 处松开鼠标左键，鼠标指针变成 。移动鼠标指针靠近线段 AB，当点 A 变亮时单击，弹出【点位置】对话框，输入数据，单击【确定】按钮，如图 9-36 所示。移动鼠标指针，画出垂直线后单击，弹出【长度】对话框，输入数据，单击【确定】按钮，如图 9-37 所示。

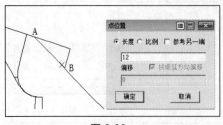
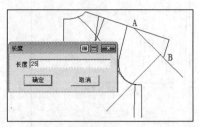

图 9-36　　　　　　　　　　　　图 9-37

15. 使用【剪断线】工具在点 A 处将分割线剪断，如图 9-38 所示。

16. 使用【智能笔】工具画一条弧线与垂直线相交，如图 9-39 所示。

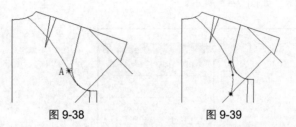

图 9-38   图 9-39

17. 使用【比较长度】工具分别单击两条弧线，然后单击鼠标右键，比较两条弧线的长度。如果长度相差太大，就用【调整】工具调整第二条弧线，如图 9-40 所示。

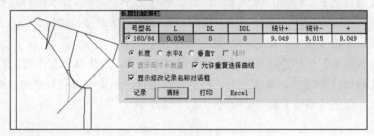

图 9-40

18. 使用【智能笔】工具连接袖底线，如图 9-41 所示。

19. 单击【智能笔】工具，按住【Shift】键单击点 A，按住鼠标左键将其移动到点 B 处松开鼠标左键，鼠标指针变成。单击点 B，移动鼠标指针，画出延长线后单击，弹出【长度】对话框，输入数据，单击【确定】按钮，如图 9-42 所示。

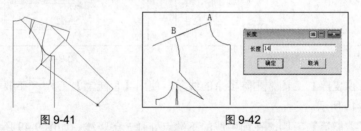

图 9-41   图 9-42

20. 单击【智能笔】工具，按住【Shift】键单击点 A，按住鼠标左键将其移动到点 B 处松开鼠标左键，鼠标指针变成。单击点 B，移动鼠标指针，画出垂直线后单击，弹出【长度】对话框，输入数据，单击【确定】按钮，如图 9-43 所示。

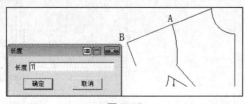

图 9-43

21．单击【智能笔】工具 ，移动鼠标指针靠近线段 AB，当点 A 变亮时单击，弹出【点位置】对话框，输入数据，单击【确定】按钮，如图 9-44 所示。在曲线输入状态下单击点 B，然后单击鼠标右键结束操作，如图 9-45 所示。

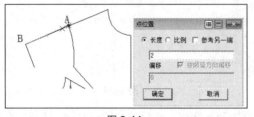

图 9-44　　　　　　　　　　　　　　　　　图 9-45

22．单击【智能笔】工具 ，按住【Shift】键单击点 A，按住鼠标左键将其移动到点 B 处松开鼠标左键，鼠标指针变成 。单击点 B，移动鼠标指针，画出延长线后单击，弹出【长度】对话框，输入数据，单击【确定】按钮，如图 9-46 所示。

23．单击【智能笔】工具 ，按住【Shift】键单击点 A，按住鼠标左键将其移动到点 B 处松开鼠标左键，鼠标指针变成 。单击点 B，移动鼠标指针，画出垂直线后单击，弹出【长度】对话框，输入数据，单击【确定】按钮，如图 9-47 所示。

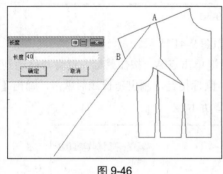

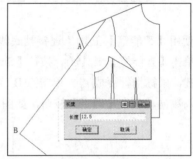

图 9-46　　　　　　　　　　　　　　　　　图 9-47

24．使用【橡皮擦】工具 删除多余的线条，使用【智能笔】工具 在腋下点 A 处画一条水平线，如图 9-48 所示。

25．使用【智能笔】工具 在前中线的下端点处画一条竖线，如图 9-49 所示。

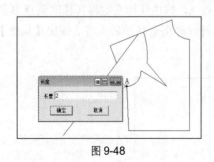

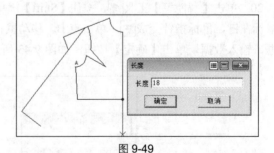

图 9-48　　　　　　　　　　　　　　　　　图 9-49

26．单击【智能笔】工具 ，在点 A 处单击鼠标右键，移动鼠标指针，出现水平线和垂直线，单击鼠标右键切换水平线和垂直线的方向，然后单击竖线的下端点，如图 9-50 所示。

27. 单击【智能笔】工具 ，按住【Shift】键单击点 A，按住鼠标左键将其移动到点 B 处松开鼠标左键，鼠标指针变成 。移动鼠标指针靠近线段 AB，当点 A 变亮时单击，弹出【点位置】对话框，输入数据，单击【确定】按钮，如图 9-51 所示。移动鼠标指针，画出垂直线后单击，弹出【长度】对话框，输入数据，单击【确定】按钮，如图 9-52 所示。

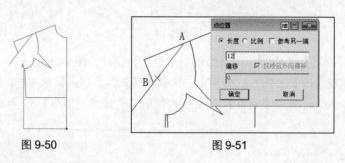

图 9-50　　　　　　　　　　　　　图 9-51

28. 使用【智能笔】工具 在省边线点处画一条水平线，如图 9-53 所示。

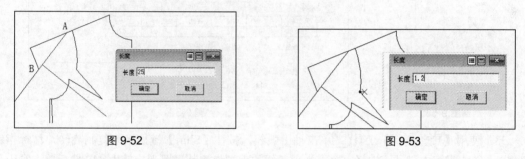

图 9-52　　　　　　　　　　　　　图 9-53

29. 使用【智能笔】工具 画出插肩袖的分割线，如图 9-54 所示。

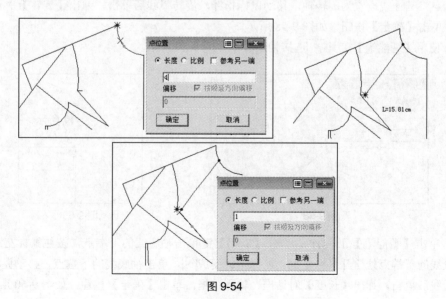

图 9-54

30. 使用【智能笔】工具 重新画出袖窿弧线，如图 9-55 所示。

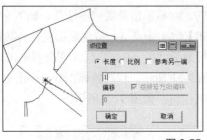

图 9-55

31．使用【智能笔】工具 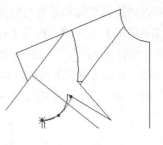画一条弧线与垂直线相交，如图 9-56 所示。

32．单击【比较长度】工具 ，分别单击两条弧线，然后单击鼠标右键，比较两条弧线的长度。如果长度相差太大，就用【调整】工具 调整第二条弧线，如图 9-57 所示。

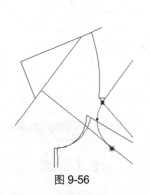

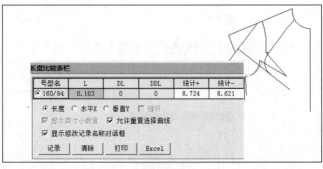

<table>
<tr><td style="width:50%;text-align:center">图 9-56</td><td style="text-align:center">图 9-57</td></tr>
</table>

33．使用【旋转复制】工具 单击袖山弧线，按住【Shift】键切换为复制旋转，鼠标指针变为 ，单击鼠标右键结束选择。单击袖山弧线的上端点将其设置为旋转中心，然后单击袖山弧线的下端点将其连线设置为旋转轴，移动鼠标指针，旋转弧线后单击，弹出【旋转】对话框，输入数据，单击【确定】按钮，如图 9-58 所示。

34．使用【智能笔】工具 连接袖底线，如图 9-59 所示。

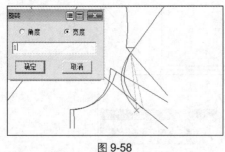

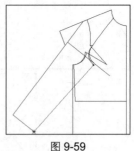

<table>
<tr><td style="width:66%;text-align:center">图 9-58</td><td style="text-align:center">图 9-59</td></tr>
</table>

35．单击【智能笔】工具 ，按住【Shift】键单击袖底线的上端点，按住鼠标左键将其移动到袖底线的下端点处松开鼠标左键，鼠标指针变成 。单击袖底线的下端点，移动鼠标指针，画出延长线后单击，弹出【长度】对话框，输入数据，单击【确定】按钮，如图 9-60 所示。

36．使用【智能笔】工具 画出袖口线，如图 9-61 所示。

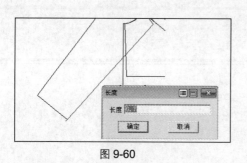

图 9-60

图 9-61

37. 单击 按钮保存文件，如图 9-62 所示。

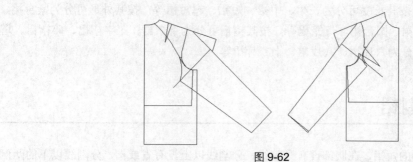

图 9-62

第 10 章

短裙 CAD 制板

裙子的款式很多，按其长度可分为长裙、中裙、短裙、超短裙等，按其外形可分为紧身裙、A 形裙、喇叭裙、鱼尾裙、圆台裙、灯笼裙等，按其褶裥可分为百褶裙、工字褶裙、碎褶裙、塔裙等，按其分割片数可分为六片裙、八片裙、十二片裙等。

 ## 10.1　分割裙

分割裙是一款中腰的短裙，在腹部设有分割线，分割线以上没有省或褶，分割线以下的两侧有刀褶，款式效果如图 10-1 所示。

绘制分割裙的操作步骤如下。

1．双击快捷图标，进入设计与放码系统的工作界面。单击按钮，弹出【打开】对话框，选择"新文化式裙子基本纸样"文件，单击【打开】按钮。

2．选择【文件】→【另存为】命令，弹出【文档另存为】对话框，在【文件名】文本框中输入"分割裙.dgs"，单击【保存】按钮。

3．使用【橡皮擦】工具删除多余的点、线，如图 10-2 所示。

4．使用【智能笔】工具，在前腰口弧线处按住鼠标左键并拖动，依次单击侧缝弧线、前中线，弹出【平行线】对话框，输入数据，单击【确定】按钮，如图 10-3 所示。

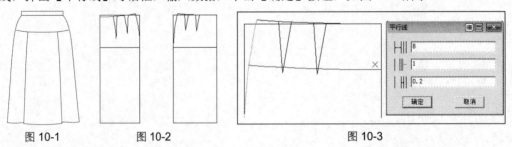

图 10-1　　　　　图 10-2　　　　　　　　　　　　　图 10-3

5．单击【等份规】工具，设置等分数为 2，分别单击两个省边线点，画出省中点，如图 10-4 所示。

6．使用【智能笔】工具画出省中线，如图 10-5 所示。

7．使用【智能笔】工具重新画出两个腰省，使用【橡皮擦】工具删除多余的点、线，如图 10-6 所示。

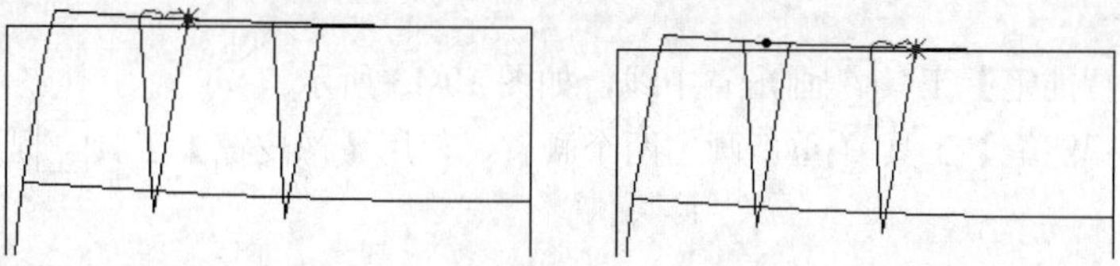

图 10-4

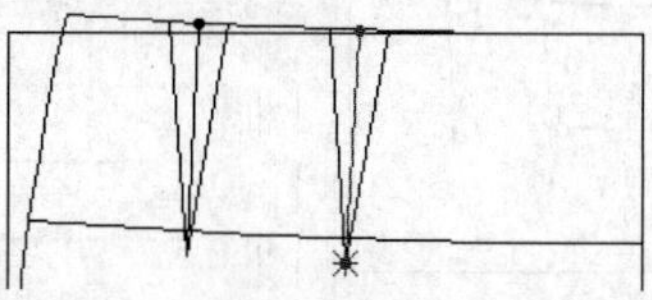

图 10-5

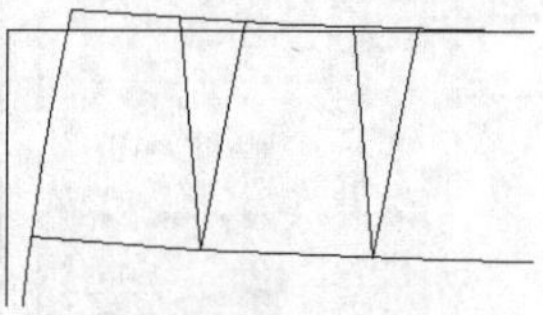

图 10-6

8．使用【剪断线】工具剪断侧缝弧线、腰口弧线。使用【旋转复制】工具框选所有线条，按住【Shift】键切换为旋转，鼠标指针变为，单击鼠标右键结束选择。单击点 O 将其设置为旋转中心，单击点 A 将线段 OA 设置为旋转轴，移动鼠标指针，使点 A 与点 B 重合后单击，如图 10-7 所示。

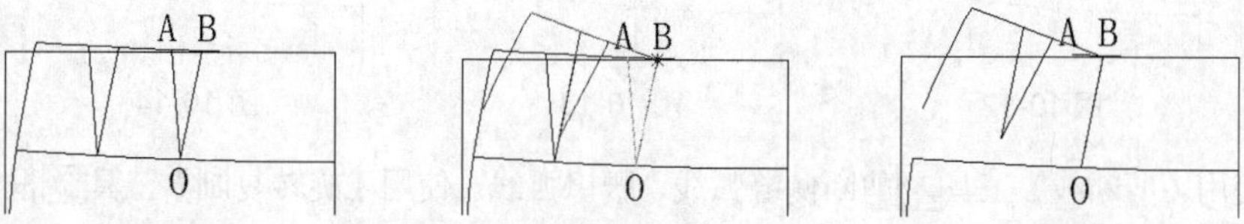

旋转前　旋转中　旋转后

图 10-7

9．使用【旋转复制】工具框选所有线条，按住【Shift】键切换为旋转，鼠标指针变为，单击鼠标右键结束选择。单击点 O 将其设置为旋转中心，单击点 A 将线段 OA 设置为旋转轴，移动鼠标指针，使点 A 与点 B 重合后单击，如图 10-8 所示。

10．使用【智能笔】工具连接并修正育克弧线，如图 10-9 所示。

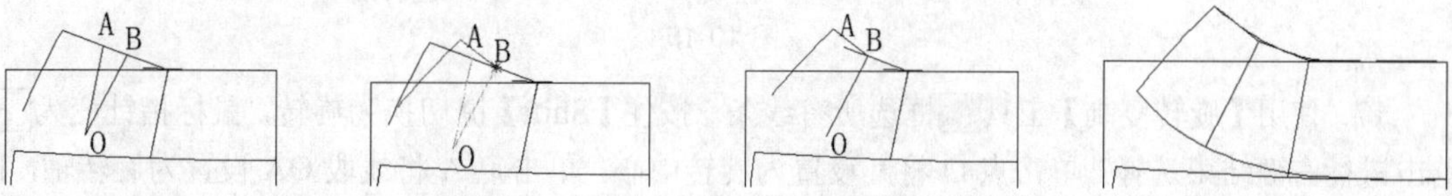

操作前　操作中　操作后

图 10-8　图 10-9

11．使用【褶】工具框选下裙片的结构线，结构线变为红色，单击鼠标右键，在靠近前中线处单击分割弧线，分割弧线变为绿色。在靠近前中线处单击裙摆线，裙摆线变为蓝色。单击鼠标右键，弹出【褶】对话框，输入数据，单击【确定】按钮，如图 10-10 所示。

12．单击【智能笔】工具，在后腰口弧线上按住鼠标左键并拖动，依次单击后中线、侧缝弧线，弹出【平行线】对话框，输入数据，单击【确定】按钮，如图 10-11 所示。

13．单击【等份规】工具，设置等分数为 2，分别单击两个省边线点，画出省中点，如图

10-12 所示。

14．使用【智能笔】工具 ✐ 画出省中线，如图 10-13 所示。

15．使用【智能笔】工具 ✐ 重新画出两个腰省，使用【橡皮擦】工具 ✐ 删除多余的点、线，如图 10-14 所示。

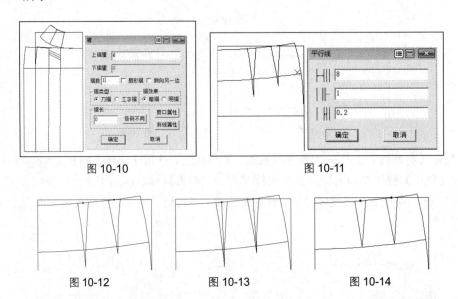

图 10-10　　　　　　　　　图 10-11

图 10-12　　　　　　图 10-13　　　　　　图 10-14

16．使用【剪断线】工具 ✄ 剪断侧缝弧线、腰口弧线。使用【旋转复制】工具 ✐ 框选所有线条，按住【Shift】键切换为旋转，鼠标指针变为 ✚，单击鼠标右键结束选择。单击点 O 将其设置为旋转中心，单击点 A 将线段 OA 设置为旋转轴，移动鼠标指针，使点 A 与点 B 重合后单击，如图 10-15 所示。

旋转前　　　　　　旋转中　　　　　　旋转后

图 10-15

17．使用【旋转复制】工具 ✐ 框选所有线条，按住【Shift】键切换为旋转，鼠标指针变为 ✚，单击鼠标右键结束选择。单击点 O 将其设置为旋转中心，单击点 A 将线段 OA 设置为旋转轴，移动鼠标指针，使点 A 与点 B 重合后单击，如图 10-16 所示。

18．使用【智能笔】工具 ✐ 连接并修正育克弧线，如图 10-17 所示。

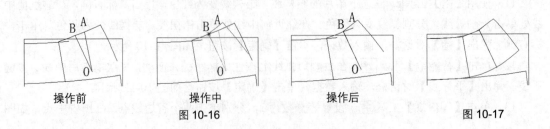

操作前　　　　　　操作中　　　　　　操作后

图 10-16　　　　　　　　　　　　　　图 10-17

19. 使用【褶】工具 框选下裙片的结构线，结构线变为红色。单击鼠标右键，在靠近后中线处单击分割弧线，分割弧线变为绿色。在靠近后中线处单击裙摆线，裙摆线变为蓝色。单击鼠标右键，弹出【褶】对话框，输入数据，单击【确定】按钮，如图 10-18 所示。

20. 使用【对称复制】工具 单击前中线的两个点，将其设置为对称轴，框选前裙片的结构线，单击鼠标右键确认操作，如图 10-19 所示。

21. 使用【剪刀】工具 从某一个端点开始依次单击纸样的外轮廓线条，经过弧线要在弧线上多单击一下，直至形成封闭区域，生成前裙片纸样和后裙片纸样。单击【布纹线】工具 ，单击鼠标右键，将布纹线方向改成竖向。单击 按钮保存文件，如图 10-20 所示。

图 10-18

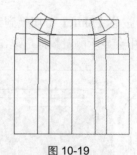

图 10-19

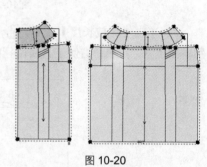

图 10-20

10.2　多层褶裙

多层褶裙的款式效果如图 10-21 所示。

绘制多层褶裙的操作步骤如下。

1. 双击快捷图标 ，进入设计与放码系统的工作界面。

2. 使用【智能笔】工具 在丁字尺状态下画一条竖线，长度为裙长，如图 10-22 所示。

3. 单击【等份规】工具 ，设置等分数为 5，分别单击竖线的两个端点，将其平均分成 5 份，如图 10-23 所示。

4. 单击【等份规】工具 ，设置等分数为 3，将其中一份分为 3 份，如图 10-24 所示。

图 10-21　　　　　　　　图 10-22　　　　　　　　图 10-23　　　图 10-24

5. 使用【智能笔】工具 画出水平腰口线，如图 10-25 所示。

6. 单击【等份规】工具 ，设置等分数为 3，将腰口线分为 3 份，如图 10-26 所示。

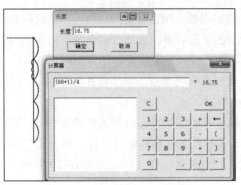

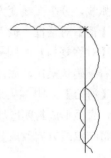

图 10-25　　　　　　　　　　图 10-26

7. 单击【比较长度】工具，按住【Shift】键切换到测量线功能，鼠标指针变成，分别单击点 A、点 B，右侧工具属性栏中会显示测量数据，单击【记录】按钮，如图 10-27 所示。

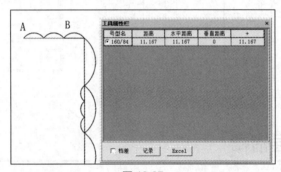

图 10-27

8. 使用【智能笔】工具单击腰口线的左端点，画出一条水平线，如图 10-28 所示。

9. 单击【智能笔】工具，在点 A 上单击鼠标右键，鼠标指针变成，移动鼠标可以画出水平线和垂直线，这时再单击鼠标右键可以切换水平线和垂直线的方向，单击点 B 结束操作，如图 10-29 所示。

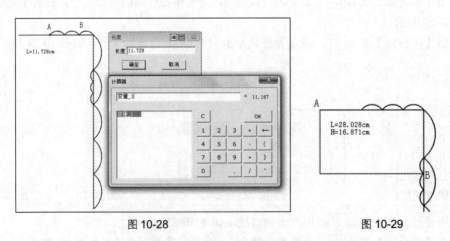

图 10-28　　　　　　　　　　图 10-29

10. 使用【智能笔】工具在点 A 处画出水平线，如图 10-30 所示。

11. 使用【智能笔】工具 ✐ 从点 A 向上画出竖线，如图 10-31 所示。

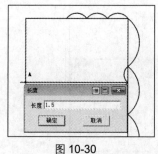
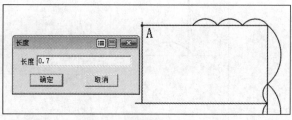

图 10-30　　　　　　　　　　图 10-31

12. 使用【智能笔】工具 ✐ 连接点 A、点 B，如图 10-32 所示。

13. 使用【智能笔】工具 ✐ 画出前腰口弧线，如图 10-33 所示。

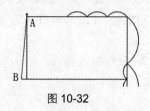
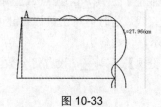

图 10-32　　　　　　　　　　图 10-33

14. 使用【智能笔】工具 ✐ 画出后腰口弧线，在中线上向下移 1cm，如图 10-34 所示。

15. 单击【等份规】工具 ⌒，设置等分数为 2，将腰宽线分为两份，如图 10-35 所示。

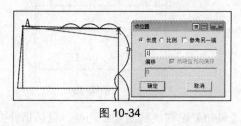
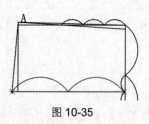

图 10-34　　　　　　　　　　图 10-35

16. 单击【比较长度】工具 📏，按住【Shift】键切换到测量线功能，鼠标指针变成 🖱，分别单击两个等分点，右侧工具属性栏中会显示数据，单击【记录】按钮，如图 10-36 所示。

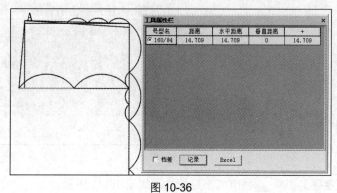

图 10-36

17. 使用【智能笔】工具 🖉 画出水平延长线，如图 10-37 所示。

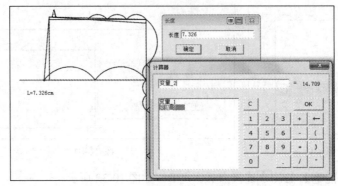

图 10-37

18. 单击【智能笔】工具 🖉，在点 A 上单击鼠标右键，鼠标指针变成 ⁕，移动鼠标指针可以画出水平线和垂直线，这时再单击鼠标右键可以切换水平线和垂直线的方向，单击点 B 结束操作，如图 10-38 所示。

19. 单击【等份规】工具 🚃，设置等分数为 2，分别单击点 A、点 B，画出中点，如图 10-39 所示。

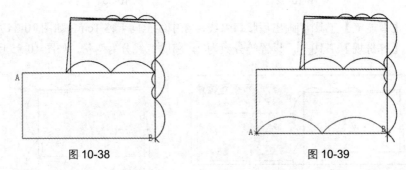

| 图 10-38 | 图 10-39 |

20. 单击【比较长度】工具 ✐，按住【Shift】键切换到测量线功能，鼠标指针变成 ⛶，分别单击点 A、点 B，右侧工具属性栏中会显示测量数据，单击【记录】按钮，如图 10-40 所示。

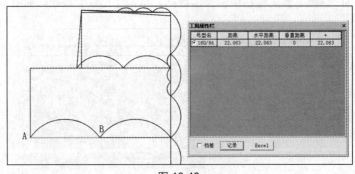

图 10-40

21. 使用【智能笔】工具 🖉 画出水平延长线，如图 10-41 所示。

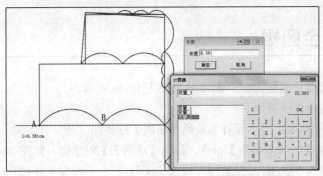

图 10-41

22．单击【智能笔】工具 ，在点 A 上单击鼠标右键，鼠标指针变成 ，移动鼠标指针可以画出水平线和垂直线，这时再单击鼠标右键可以切换水平线和垂直线的方向，单击点 B 结束操作，如图 10-42 所示。

23．单击【智能笔】工具，在空白处按住鼠标左键并拖动，画出矩形框，弹出【矩形】对话框，设置矩形宽度为"3"，长度如图 10-43 所示，即可画好裙腰。

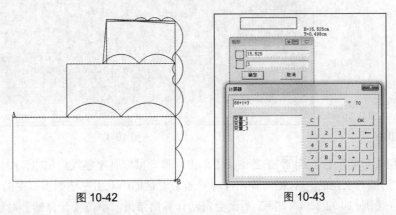

图 10-42   图 10-43

24．单击【对称复制】工具，单击中线的两个端点，把中线作为对称轴，框选裙片的结构线，单击鼠标右键完成操作，如图 10-44 所示。

25．使用【剪刀】工具从某一个端点开始依次单击纸样的外轮廓线条，经过弧线要在弧线上多单击一下，直至形成封闭区域，生成前裙片纸样和后裙片纸样。单击【布纹线】工具，单击鼠标右键，将布纹线的方向转成竖向。单击 按钮，将文件保存为"多层褶裙"，如图 10-45 所示。

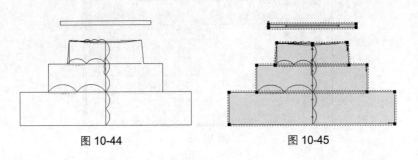

图 10-44   图 10-45

10.3 全圆裙

全圆裙的裙摆展开后呈 360°，款式效果如图 10-46 所示。

绘制全圆裙的操作步骤如下。

1．双击快捷图标，进入设计与放码系统的工作界面。

2．选择【表格】→【规格表】命令，弹出【规格表】对话框，如图 10-47 所示。单击第一列的第一个空格，输入"腰围"，在基码下输入"66"；单击"腰围"下面的空格输入"裙长"，并在相应空格中输入"60"，单击【确定】按钮。

图 10-46

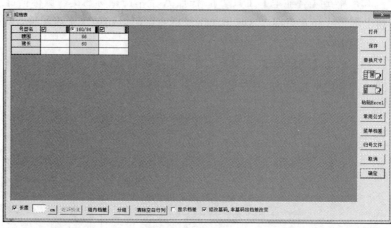

图 10-47

3．使用【智能笔】工具在工作区中单击，移动鼠标画出竖线后单击，弹出【长度】对话框。单击对话框右上角的按钮，弹出【计算器】对话框。双击左边列表框中的【腰围】选项，输入公式"（腰围+1）/2/3.14"，"="后面会自动计算出结果。单击【计算器】对话框中的【OK】按钮，然后单击【长度】对话框中的【确定】按钮，如图 10-48 所示。

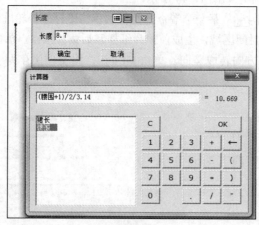

图 10-48

4．使用【智能笔】工具 ![icon]单击竖线的下端点，移动鼠标指针画出竖线的延长线后单击，弹出【长度】对话框。单击对话框右上角的 ![icon]按钮，弹出【计算器】对话框。双击左边列表框中的【裙长】选项，"＝"后面会自动计算出结果。单击【计算器】对话框中的【OK】按钮，然后单击【长度】对话框中的【确定】按钮，如图 10-49 所示。

5．单击【比较长度】工具 ![icon]，按住【Shift】键切换到测量线功能，鼠标指针变成 ![icon]，分别单击点 A、点 B，工具属性栏中会显示测量数据，单击【记录】按钮，如图 10-50 所示。

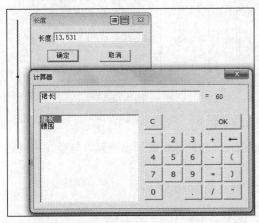

图 10-49

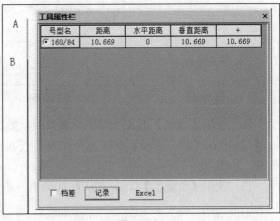

图 10-50

6．使用【智能笔】工具 ![icon]单击竖线的上端点，移动鼠标画出水平线后单击，弹出【长度】对话框。单击对话框右上角的 ![icon]按钮，弹出【计算器】对话框。双击左边列表框中的"变量_1"，"＝"后面会自动计算出结果。单击【计算器】对话框中的【OK】按钮，然后单击【长度】对话框中的【确定】按钮，如图 10-51 所示。

7．使用【智能笔】工具 ![icon]单击水平线的左端点，移动鼠标画出水平线的延长线后单击，弹出【长度】对话框。单击对话框右上角的 ![icon]按钮，弹出【计算器】对话框。双击左边列表框中的"裙长"选项，"＝"后面会自动计算出结果。单击【计算器】对话框中的【OK】按钮，然后单击【长度】对话框中的【确定】按钮，如图 10-52 所示。

图 10-51

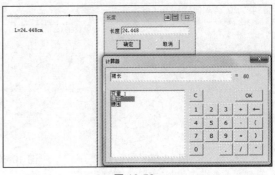

图 10-52

8．使用【CR 圆弧】工具 ![icon]依次单击点 A、点 B，移动鼠标指针画出圆弧，与竖线相接后单击，如图 10-53 所示。

9. 单击【智能笔】工具 ，移动鼠标指针靠近弧线 AB，当点 A 变亮时单击，弹出【点位置】对话框，在【长度】文本框中输入 "1"，单击【确定】按钮，如图 10-54 所示。移动鼠标指针靠近竖线，当点 B 变亮时单击，弹出【点位置】对话框，在【长度】文本框中输入 "1"，单击【确定】按钮，然后单击鼠标右键，如图 10-55 所示。

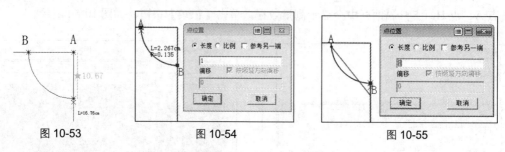

图 10-53　　　　　　图 10-54　　　　　　　　图 10-55

10. 使用【调整】工具 调整后腰弧线，如图 10-56 所示。

11. 使用【CSE 圆弧】 工具依次单击点 A、点 B，移动鼠标指针画出圆弧，与竖线相接后单击，如图 10-57 所示。

12. 使用【智能笔】工具 从点 B 画出一条水平线，如图 10-58 所示。

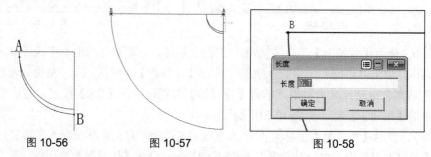

图 10-56　　　　　　图 10-57　　　　　　　　图 10-58

13. 使用【智能笔】工具 连接裙摆的两个端点，如图 10-59 所示。

14. 使用【调整】工具 调整裙摆弧线，如图 10-60 所示。

15. 使用【智能笔】工具 从后腰弧线画一条水平线与裙摆相交，如图 10-61 所示。

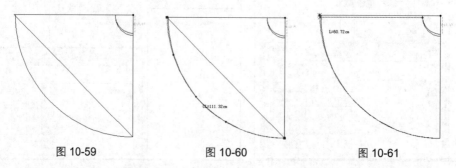

图 10-59　　　　　　图 10-60　　　　　　　　图 10-61

16. 单击【智能笔】工具 ，在空白处按住鼠标左键并拖动，画出矩形框，弹出【矩形】对话框。设置矩形宽度为 "3"，长度如图 10-62 所示，即可画好裙腰。

图 10-62

17. 使用【对称复制】工具单击中线的两个端点，将中线作为对称轴，框选裙片的结构线，单击鼠标右键完成操作，如图 10-63 所示。

18. 使用【剪刀】工具从某一个端点开始依次单击纸样的外轮廓线条，经过弧线要在弧线上多单击一下，直至形成封闭区域，生成前裙片纸样和后裙片纸样。单击按钮，将文件保存为"全圆裙"，如图 10-64 所示。

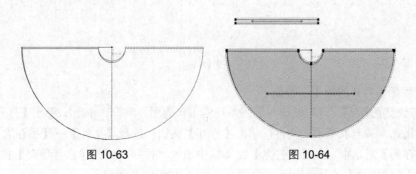

图 10-63　　　　　　　　　　　图 10-64

第 11 章

女式衬衫 CAD 制板

常见的女装款式有裙子、衬衫、裤子、外套等，本章主要讲解女式衬衫的 CAD 制板。

图 11-1 所示是一款女式翻领衬衫，左衣片有一个贴袋。

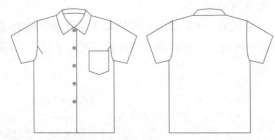

图 11-1

绘制这款翻领衬衫的操作步骤如下。

1．双击快捷图标 ![icon]，进入设计与放码系统的工作界面。单击 ![icon] 按钮，弹出【打开】对话框，选择"新文化式女装上衣原型"文件，单击【打开】按钮。选择【文件】→【另存为】命令，弹出【文档另存为】对话框，在【文件名】文本框中输入"衬衫.dgs"，单击【保存】按钮。

2．使用【橡皮擦】工具 ![icon] 删除多余的点、线，如图 11-2 所示。

3．使用【智能笔】工具 ![icon] 单击后肩省尖点，在丁字尺状态下画一条水平线，使其与后袖窿弧线相交，如图 11-3 所示。

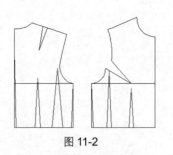

图 11-2

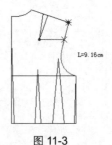

图 11-3

4．单击【等份规】工具 ![icon]，设置等分数为 2，分别单击肩省的两边线点，如图 11-4 所示。

5．使用【剪断线】工具 ![icon] 将后肩斜线、后袖窿弧线剪断，如图 11-5 所示。

6．使用【旋转复制】工具 ![icon] 分别单击要旋转的线条，按住【Shift】键切换为旋转，鼠标指针变为 ![icon]，单击鼠标右键结束选择。单击点 O 将其设置为旋转中心，单击点 A 将线段 OA 设置为旋转轴，移动鼠标指针，使点 A 与点 B 重合后单击，如图 11-6 所示。

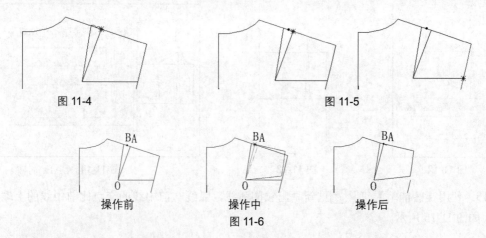

图 11-4   图 11-5

操作前   操作中   操作后
图 11-6

7．使用【智能笔】工具 ✐ 重新连接肩线与袖窿弧线，如图 11-7 所示。

8．使用【智能笔】工具 ✐ 从后中线的下端点向下画一条长 20cm 的竖线，如图 11-8 所示。

9．单击【智能笔】工具 ✐，在竖线的下端点处单击鼠标右键并拖动，显示水平线和垂直线，在腰围线的右端点处单击，如图 11-9 所示。

10．单击【等份规】工具 ➰，设置等分数为 2，分别单击前片袖窿省的两个边线点，如图 11-10 所示。

11．使用【智能笔】工具 ✐ 重新画出省线和袖窿弧线，如图 11-11 所示。

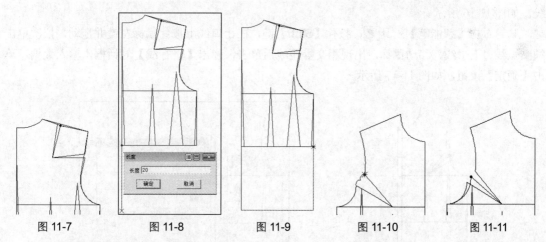

图 11-7   图 11-8   图 11-9   图 11-10   图 11-11

12．使用【智能笔】工具 ✐ 从侧缝线的下端点向下画一条长 20cm 竖线，如图 11-12 所示。

13．单击【智能笔】工具 ✐，在竖线的下端点处单击鼠标右键并拖动，显示水平线和垂直线，此时单击鼠标右键可切换水平线和垂直线的方向，在腰围线的右端点处单击，如图 11-13 所示。

14．使用【剪断线】工具 ✄ 分别单击前中线的各条线段，单击鼠标右键即可连接前中线。单击【智能笔】工具 ✐，在前中线上按住鼠标左键并拖动，画出平行线后单击，弹出【平行线】对话框，输入数据 "1.5"，单击【确定】按钮，如图 11-14 所示。

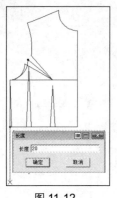

图 11-12

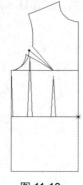

图 11-13

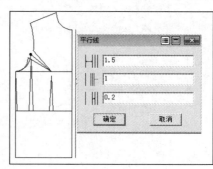

图 11-14

15．使用【智能笔】工具 ∅ 重新画出领圈弧线，弧线与前中线的交点比前中线的上端点低 1cm，如图 11-15 所示。

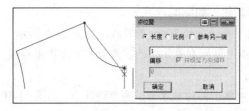

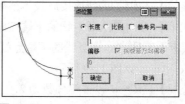

图 11-15

16．使用【智能笔】工具 ∅ 在丁字尺状态下画出下平线。使用【剪断线】工具 ✂ 连接下平线，如图 11-16 所示。

17．单击【智能笔】工具 ∅，按住【Shift】键，在止口线上按住鼠标左键并拖动，依次单击领圈弧线、下平线，移动鼠标，出现相交等距线后单击，弹出【平行线】对话框，输入数据，单击【确定】按钮，如图 11-17 所示。

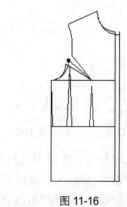

图 11-16

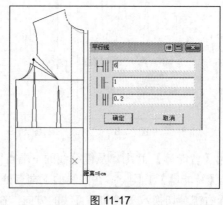

图 11-17

18．单击【智能笔】工具 ∅，按住【Shift】键，在胸高点上按住鼠标右键并拖动，鼠标指针变成 ⊡，移动鼠标指针至合适位置处单击，弹出【偏移对话框】，在 ⊞ 文本框中输入"4"，在 ⊞ 文本框中输入"1.5"，单击【确定】按钮，如图 11-18 所示。

19. 使用【智能笔】工具 ✐ 连接新省线，使用【橡皮擦】工具 ✐ 删除多余的点、线，如图 11-19 所示。

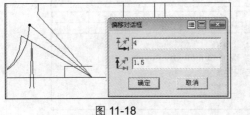

图 11-18　　　　　　　　　　　　图 11-19

20. 使用【智能笔】工具 ✐ 画出口袋，如图 11-20 所示。

21. 单击【智能笔】工具 ✐，按住【Shift】键，左键框选线条，再单击鼠标右键，鼠标指针变成 ⌖，左键框选前后衣片的所有线条，选中的线条变为红色，单击鼠标右键结束选择。单击任意一点，复制并移动线条到空白处后单击。使用【橡皮擦】工具 ✐ 删除多余的点、线，如图 11-21 所示。

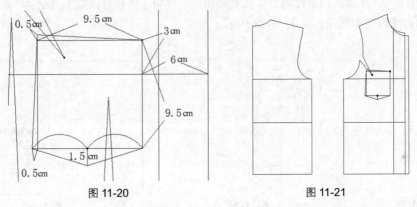

图 11-20　　　　　　　　　　　　图 11-21

22. 单击【智能笔】工具 ✐，按住【Shift】键，左键框选线条，然后单击鼠标右键，鼠标指针变成 ⌖，再次按【Shift】键，鼠标指针变成 ⌖，左键框选前衣片的所有线条，选中的线条变成红色，单击鼠标右键结束选择。单击任意一点，移动线条与后衣片拼接后单击。使用【橡皮擦】工具 ✐ 删除多余的点、线，如图 11-22 所示。

23. 使用【智能笔】工具 ✐ 从省尖点画一条水平线，如图 11-23 所示。

24. 使用【旋转复制】工具 ✐ 合并袖窿省，如图 11-24 所示。

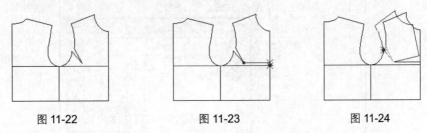

图 11-22　　　　　图 11-23　　　　　图 11-24

25. 使用【剪断线】工具 ✐ 连接前袖窿弧线。使用【比较长度】工具 ✐ 分别单击前后袖窿弧线，弹出【长度比较表栏】对话框，单击【记录】按钮，如图 11-25 所示。

图 11-25

26. 单击【智能笔】工具 ，在肩端点上按住鼠标右键并拖动，画出水平线和垂直线，单击前后袖窿的交点，如图 11-26 所示。

27. 单击【等份规】工具 ，设置等分数为 6，分别单击垂直线的两个端点，如图 11-27 所示。

28. 单击【智能笔】工具 ，按住【Shift】键，在第一个等分点 A 上按住鼠标右键并拖动，鼠标指针变成 ，移动鼠标指针到合适位置处单击，弹出【偏移对话框】，在 对话框中输入数据"1"，单击【确定】按钮，如图 11-28 所示。

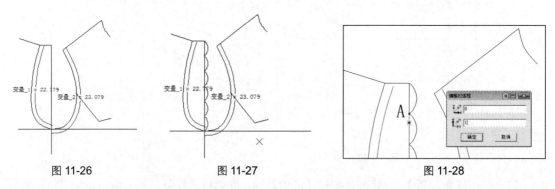

图 11-26   图 11-27   图 11-28

29. 单击【智能笔】工具 ，在点 A 上按住鼠标左键，移动鼠标指针到前胸围线上，松开鼠标左键，鼠标指针变成 ，弹出【单圆规】对话框。单击对话框右上角的 按钮，弹出【计算器】对话框，输入前袖窿弧线数据"变量_2"，单击【确定】按钮，如图 11-29 所示。

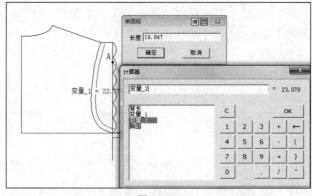

图 11-29

30．单击【智能笔】工具 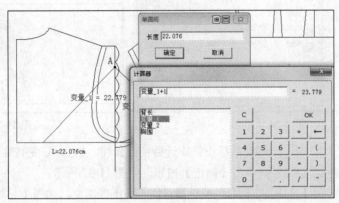，在点 A 上按住鼠标左键，移动鼠标指针到后胸围线处，松开鼠标左键，鼠标指针变成 ，弹出【单圆规】对话框。单击对话框右上角的 按钮，弹出【计算器】对话框，输入公式"变量_1+1"，单击【确定】按钮，如图 11-30 所示。

图 11-30

31．使用【剪断线】工具 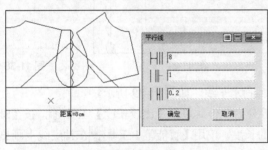连接前后胸围线。单击【智能笔】工具 ，在胸围线上按住鼠标左键并拖动至合适位置，松开鼠标左键，在界面中单击，弹出【平行线】对话框，输入数据"8"，单击【确定】按钮，如图 11-31 所示。

32．使用【智能笔】工具 画出两条袖底线，如图 11-32 所示。

图 11-31

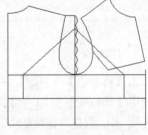

图 11-32

33．使用【智能笔】工具 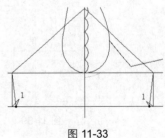画出两条袖底斜线，如图 11-33 所示。

34．单击【智能笔】工具 ，按住【Shift】键，在前袖山斜线的上端点处按住鼠标左键，移动鼠标指针到下端点处，松开鼠标左键，这时鼠标指针变成 。移动鼠标指针靠近前袖山斜线，当前袖山斜线变亮时单击，弹出【点位置】对话框。单击对话框右上角的 按钮，弹出【计算器】对话框，输入公式"变量_2/4"，单击【确定】按钮，如图 11-34 所示。

图 11-33

35．移动鼠标指针画出垂直线后单击，弹出【长度】对话框，输入数据，单击【确定】按钮，如图 11-35 所示。

36．使用【智能笔】工具 画出后袖山斜线的垂直线，如图 11-36 所示。

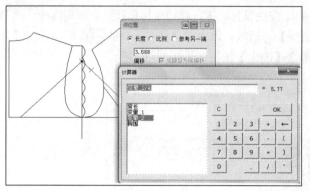

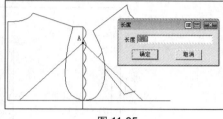

图 11-34   图 11-35

37．单击【点】工具 ，移动鼠标指针靠近后袖窿弧线，当点 A 变亮时单击，弹出【点位置】对话框，输入数据"8.59"，单击【确定】按钮，如图 11-37 所示。

38．单击【智能笔】工具 ，从点 A 画垂直线与胸围线相交，如图 11-38 所示。

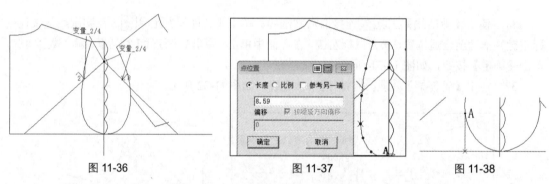

图 11-36   图 11-37   图 11-38

39．单击【智能笔】工具 ，从点 A 画水平线，如图 11-39 所示。

40．使用【等份规】工具 将线段等分为 3 份。单击【比较长度】工具 ，按【Shift】键，鼠标指针变成 ，测量并记录其中一份的长度。使用【智能笔】工具 在袖底线上画出偏移点，如图 11-40 所示。

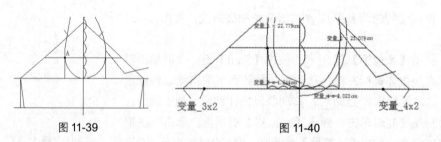

图 11-39   图 11-40

41．使用【智能笔】工具 画出水平线和垂直线，如图 11-41 所示。

42．使用【剪断线】工具 在点 A、点 B 处剪断袖山斜线，使用【点】工具 画出两个点，如图 11-42 所示。

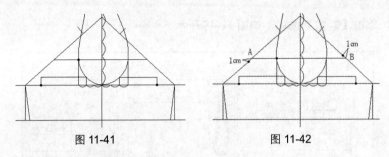

图 11-41　　　　　　　　　图 11-42

43. 使用【智能笔】工具 ∅ 画出袖山弧线，如图 11-43 所示。

44. 使用【比较长度】工具 测量并记录前后领圈的弧长，如图 11-44 所示。

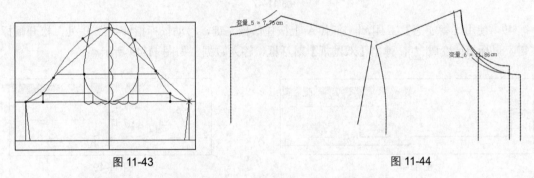

图 11-43　　　　　　　　　　　　　　图 11-44

45. 使用【智能笔】工具 ∅ 画出后领中线，如图 11-45 所示。

46. 使用【智能笔】工具 ∅ 画出水平线，其长度等于后领圈的弧长"变量_5"，如图 11-46 所示。

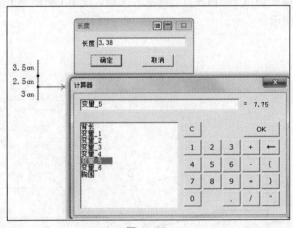

图 11-45　　　　　　　　　　　　　图 11-46

47. 使用【智能笔】工具 ∅ 画出另一条任意长度的水平线，在点 A 上按住鼠标左键，移动鼠标指针到水平线处，松开鼠标左键，鼠标指针变成 ，弹出【单圆规】对话框。单击对话框右上角的 图标，弹出【计算器】对话框，输入前领圈弧长，单击【确定】按钮，如图 11-47 所示。

48. 使用【智能笔】工具 ∅，按住【Shift】键，单击斜线的上端点不放开，移动到点 A 再放开，这时鼠标指针变成 ；再次单击点 A，移动鼠标指针画出垂直线再单击，弹出【长度】对话框，输入数据，单击【确定】按钮，如图 11-48 所示。

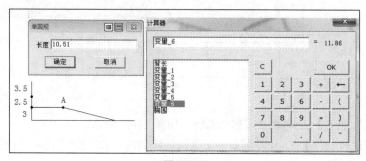

图 11-47

49．使用【智能笔】工具 🖊，在点 A 上按住鼠标左键，移动鼠标指针到点 B 处，松开鼠标左键，鼠标指针变成 🖱，弹出【双圆规】对话框，输入数据，如图 11-49 所示。

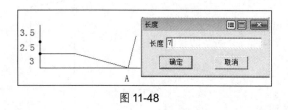

图 11-48

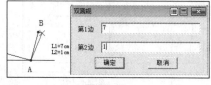

图 11-49

50．使用【智能笔】工具 🖊 画出领子的外轮廓弧线，如图 11-50 所示。

51．使用【对称复制】工具 🖾 分别单击对称轴的两个端点，框选要对称复制的线条，单击鼠标右键，对称复制领子、后衣片、前衣片贴边。使用【智能笔】工具 🖊 画出前衣片的袖窿省边线，如图 11-51 所示。

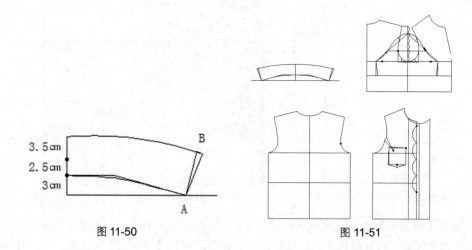

图 11-50

图 11-51

第 12 章

服装 CAD 放码

富怡服装 CAD V10.0 版本有多种放码方法，使用公式法可以实现自动放码，另外也可以采用规则放码、按方向键放码等方法。本章主要讲解点放码的操作。

 ## 12.1 裙子的放码

裙子的放码参数如图 12-1 所示（单位：cm）。

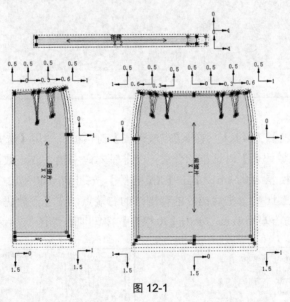

图 12-1

为裙子放码的操作步骤如下。

1. 双击快捷图标，进入设计与放码系统的工作界面。单击按钮，弹出【打开】对话框，选择"裙子-放码"文件，单击【打开】按钮。

> **注：**
> 可以利用第 4 章制作的"新文化式裙子原型"文件，将其剪成纸样后加缝份，根据纸样信息等进行放码。

2．选择【表格】→【规格表】命令，弹出【规格表】对话框。输入号型名称、部位尺寸、数据，单击号型后面的颜色色块，给不同的号型设置不同的颜色，完成以后单击【确定】按钮，如图 12-2 所示。

> **注：**
> 在放码的过程中，为了便于观察，可以按【F7】键将缝份线隐藏，对净样线进行放码的同时，对毛样也进行放码。

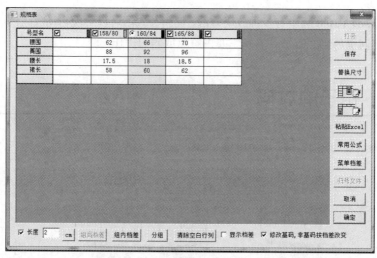

图 12-2

3．选择【点放码表】工具，弹出【点放码表】对话框。使用【选择】工具单击后裙片的侧缝上端点，在【点放码表】对话框的任意一个非基本码中输入放码数据，设置【dX】方向档差为 1cm，【dY】方向档差为 0.5cm，单击【XY 相等】按钮，如图 12-3 所示。

4．使用【选择】工具单击后裙片的臀围线的右端点，在【点放码表】对话框中输入放码数据，设置【dX】方向档差为 1cm，单击【X 相等】按钮，如图 12-4 所示。

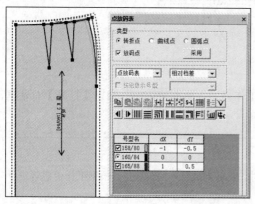

图 12-3

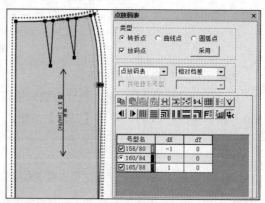

图 12-4

5. 使用【选择】工具![icon]单击后裙片的臀围线的右端点，在【点放码表】对话框中输入放码数据，设置【dX】方向档差为 1cm，【dY】方向档差为 1.5cm，单击【XY 相等】按钮![icon]，如图 12-5 所示。

6. 使用【选择】工具![icon]选择侧缝线的下端点，在【点放码表】对话框中单击【复制放码量】按钮![icon]，选择后中线的下端点，单击【粘贴 Y】按钮![icon]，如图 12-6 所示。

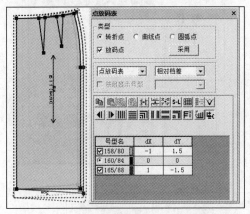

图 12-5

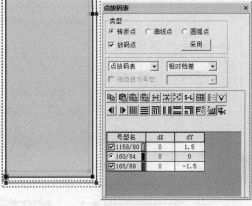

图 12-6

7. 使用【选择】工具![icon]选择侧缝线的上端点，在【点放码表】对话框中单击【复制放码量】按钮![icon]，框选边线点，即可选中后腰弧线上的各点，单击【粘贴 Y】按钮![icon]，如图 12-7 所示。

8. 使用【选择】工具![icon]框选点 1、点 2、点 3、点 4，在【点放码表】对话框中输入放码数据，设置【dX】方向档差为 0.3cm，单击【X 相等】按钮![icon]，如图 12-8 所示。

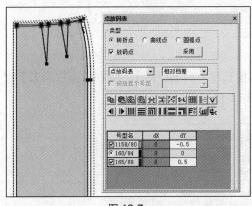

图 12-7

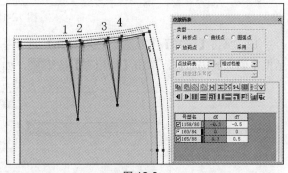

图 12-8

9. 使用【选择】工具![icon]框选点 1、点 2 两点，在【点放码表】对话框中单击【X 取反】按钮![icon]，如图 12-9 所示。

10. 单击【选择】工具![icon]，单击【复制放码量】按钮![icon]，框选省尖点，单击【粘贴放码量】按钮![icon]，如图 12-10 所示。

11. 单击【拷贝点放码量】工具![icon]，在右侧工具属性栏中选择"XY"单选项，鼠标指针为![icon]，单击或框选后裙片的放码点，单击鼠标右键结束操作。单击前裙片相应的放码点，即可迅速复制相同的放码量，如图 12-11 所示。

> **注：**
>
> 可用【对称复制】工具 将前裙片改成关联对称，对一侧进行放码，对称侧也会进行放码。

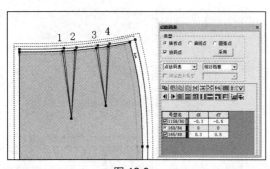

图 12-9　　　　　　　　　　　　　　　　图 12-10

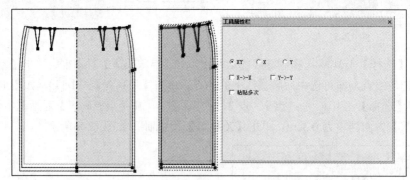

图 12-11

12．单击【选择】工具 ，按顺时针方向单击裙腰长度方向上的两个点，在【点放码表】对话框中输入放码数据，单击【X 相等】按钮 ，如图 12-12 所示。

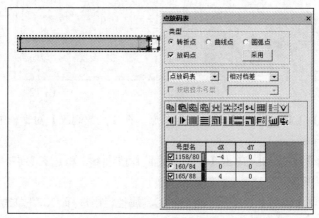

图 12-12

12.2　衬衫的放码

衬衫的放码参数如图 12-13 所示。

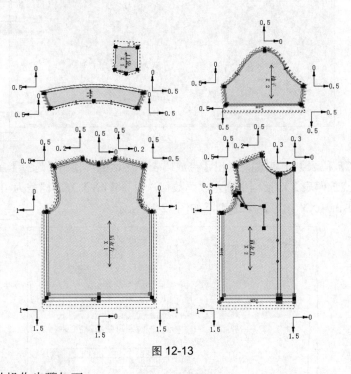

图 12-13

为衬衫放码的操作步骤如下。

1. 双击快捷图标，进入设计与放码系统的工作界面。单击　按钮，弹出【打开】对话框，选择"衬衫-放码"文件，单击【打开】按钮。选择【文件】→【另存为】命令，将文件另存为"衬衫-放码"。

> **注：**
> 可以利用第 11 章制作的"衬衫"文件，将其剪成纸样后加缝份，对纸样信息等进行放码。

2. 选择【表格】→【规格表】命令，弹出【规格表】对话框。输入号型名称、部位尺寸、数据，单击号型后面的颜色色块，给不同的号型设置不同的颜色，完成以后单击【确定】按钮，如图 12-14 所示。

> **注：**
> 在下面放码的过程中，为了便于观察，可以按 F7 键将缝份线隐藏，对净样线进行放码的同时，毛样也进行放码。

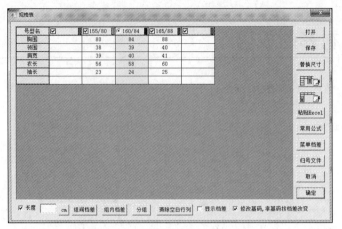

图 12-14

3．单击【点放码表】工具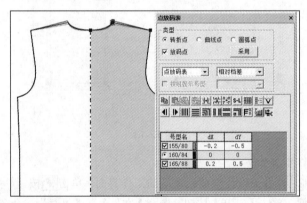，弹出【点放码表】对话框。使用【选择】工具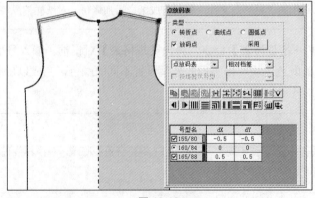单击后衣片的侧颈点，在【点放码表】对话框中输入放码数据，设置【dX】方向档差为 0.2cm，【dY】方向档差为 0.5cm，单击【XY 相等】按钮，如图 12-15 所示。

图 12-15

4．使用【选择】工具单击后衣片的肩端点，在【点放码表】对话框中输入放码数据，设置【dX】方向档差为 0.2cm，【dY】方向档差为 0.5cm，单击【XY 相等】按钮，如图 12-16 所示。

图 12-16

5. 使用【选择】工具框选后衣片胸围线的右端点、腰节点及后衣片侧缝线的下端点，在【点放码表】对话框中输入放码数据，设置【dX】方向档差为1cm，单击【X 相等】按钮，如图 12-17 所示。

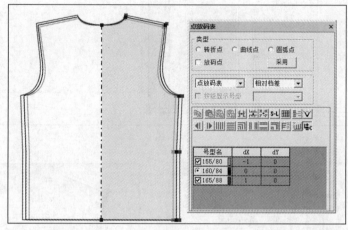

图 12-17

6. 使用【选择】工具框选后衣片侧缝线的下端点及后中点，在【点放码表】对话框中输入放码数据，设置【dY】方向档差为 1.5cm，单击【Y 相等】按钮，如图 12-18 所示。

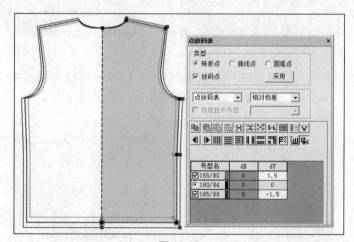

图 12-18

7. 单击【拷贝点放码量】工具，在工具属性栏中选择【XY】【X】或【Y】单选项，根据具体情况勾选【X→-X】或【Y→-Y】复选框，鼠标指针变成，单击后衣片的放码点，鼠标指针变成，单击前衣片的放码点，即可迅速复制相同的放码量，如图 12-19 所示。

8. 单击【选择】工具，按顺时针方向依次单击前领圈弧线的各个放码点，在【点放码表】对话框中输入放码数据，设置【dY】方向档差为 0.3cm，单击【Y 相等】按钮，如图 12-20 所示。

9. 单击【选择】工具，按顺时针方向依次单击袖窿省的各个放码点，在【点放码表】对话框中输入放码数据，设置【dX】方向档差为 0.5cm，单击【X 相等】按钮，如图 12-21 所示。

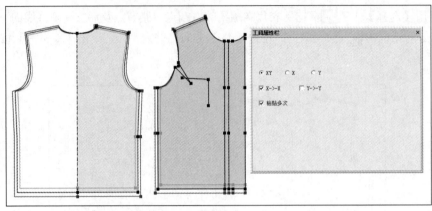

图 12-19

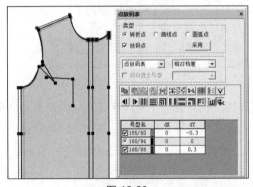

图 12-20

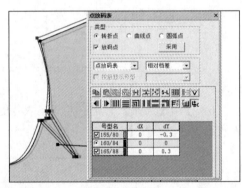

图 12-21

10．使用【选择】工具单击袖山弧线的顶点，在【点放码表】对话框中输入放码数据，设置【dY】方向档差为 0.5cm，单击【Y 相等】按钮，如图 12-22 所示。

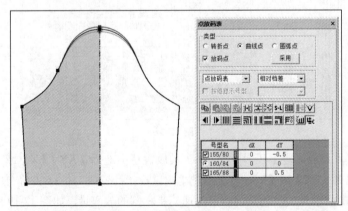

图 12-22

11．使用【选择】工具框选袖山弧线的左端点及左袖口点，在【点放码表】对话框中输入放码数据，设置【dX】方向档差为 0.5cm，单击【X 相等】按钮，并在袖窿中间放码点处单击鼠标右键，将其转为弧线点，如图 12-23 所示。

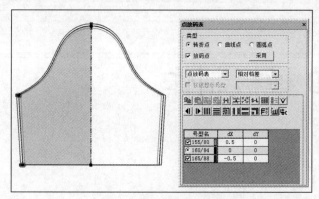

图 12-23

12．使用【选择】工具，框选袖口线的左端点及袖中下点，在【点放码表】对话框中输入放码数据，设置【dY】方向档差为 0.5cm，单击【Y 相等】按钮，如图 12-24 所示。

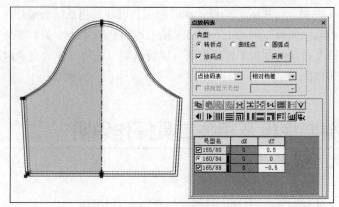

图 12-24

13．使用同样的方法对领子进行放码，如图 12-25 所示。

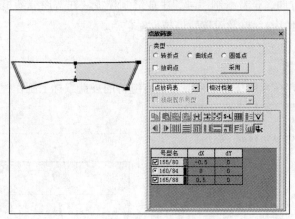

图 12-25

第 13 章

服装 CAD 模板制作

 ## 13.1 模板缝制简介

模板缝制分为生产夹具（模板）的设计和缝制工艺设计（包括缝制顺序、回针等）两部分。文件可以直接导出到富怡模板切割机上，在切割机上切割 PVC 板材，最终组合成模板；还可以生成自动缝制线迹，以在自动缝纫机上进行缝制。模板缝制工艺很好地为企业解决了熟练缝纫工难招、劳动力成本高等问题。

 ## 13.2 缝制模板及相关工具操作说明

关于缝制模板及相关工具的功能及操作说明。

选择【缝制模板】工具，右侧工具属性栏如图 13-1 所示。

一、缝制模板

功能：在纸样的净样线上（辅助线）上开槽、修改参数、手动排列并更改缝制线的顺序、更改单条缝制线的缝制方向、查看缝制序号、生成缝制模板（在普通缝纫机上用）、创建规则模板（在富怡自动缝纫机上使用），以及设置暂停位、对位点。

操作如下。

1. 在净样线上开槽。

（1）下面以图 13-2 所示的袋盖为例，在已有缝份的袋盖纸样上制作模板。

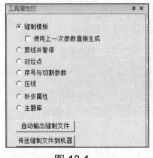

图 13-1

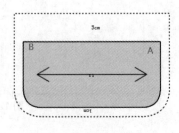

图 13-2

（2）单击【缝制模板】工具，在右侧工具属性栏里选择【缝制模板】单选项，从点 A 拖选到点 B，弹出【缝制模板】对话框，如图 13-3 所示。

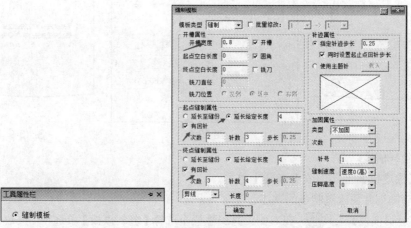

图 13-3

（3）在对话框中输入恰当的数值，单击【确定】按钮。在车缝处有两条线，蓝色的为切割线，红色的为切割轨迹线，箭头为切割方向，如图 13-4 所示。

（4）单击【缝制模板】工具，在该纸样上单击鼠标右键，弹出【生成缝制模板】对话框，如图 13-5 所示，输入适当的数值后单击【确定】按钮，画出图 13-6 所示的模板。

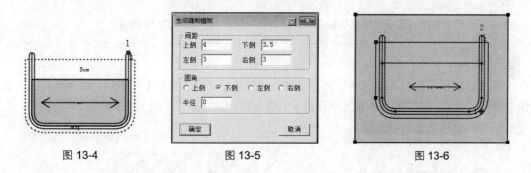

图 13-4   图 13-5   图 13-6

> 注：
> 上述步骤（4）生成的模板一般适用于普通缝纫机。

2．在纸样辅助线上开槽。

单击【缝制模板】工具，在右侧工具属性栏里选择【缝制模板】单选项。单击辅助线或拖选辅助线的两端或框选辅助线（同时可选多条），如图 13-7 所示，弹出【缝制模板】对话框，如图 13-8 所示，输入恰当的数值后单击【确定】按钮，结果如图 13-9 所示。

3．修改参数。

单击【缝制模板】工具，在右侧工具属性栏里选择【缝制模板】单选项，将鼠标指针移至开槽线上，单击鼠标右键，在弹出的【缝制模板】对话框中进行修改。

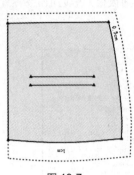

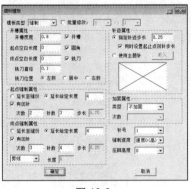

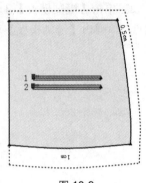

| 图 13-7 | 图 13-8 | 图 13-9 |

4．删除开槽线。

使用【橡皮擦】工具在开槽线上单击。

5．手动排列并更改缝制线的顺序。

单击【缝制模板】工具，在右侧工具属性栏里选择【缝制模板】单选项，按数字键，如【6】键，直接在靠近头的位置单击想设置成序号 6 的缝制线，接着可依次排列缝制线 7、8、9 等。

6．更改单条缝制线的缝制方向。

单击【缝制模板】工具，在右侧工具属性栏里选择【缝制模板】单选项，编号所在位置为该条缝制线的起始点，用【缝制模板】工具在模板槽的另一端单击，数字就会移动到另一端。

> 注：
>
> 对于闭合的缝制线，需要使用箭头标示下针位置及运针方向，如图 13-10 所示。

7．查看缝制序号。

单击【缝制模板】工具，在右侧工具属性栏里选择【缝制模板】单选项，移至纸样之外输入缝制序号，如 3，在工作区中缝制序号为 3 的缝制线会被选中，如图 13-11 和图 13-12 所示，这时连续单击，会依次选中缝制线 4、5、6 等。

图 13-10

图 13-11

有选中的纸样时，只会显示选中纸样的缝制序号

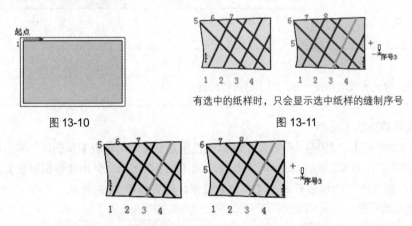

工作区中的所有纸样全被选中或全没被选中时，会显示所有纸样的同一个缝制序号

图 13-12

8．创建规则模板并把模板纸样放入规则模板中。

（1）单击【缝制模板】工具 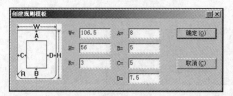，在工作区的空白位置按住鼠标左键并拖动，弹出【创建规则模板】对话框，如图 13-13 所示。

（2）根据实际情况输入恰当的数值，单击【确定】按钮即可生成一个模板，如图 13-14 所示，在模板右下角会自动生成一个对位点。

（3）把多个纸样移动至规则模板中，单击【缝制模板】工具，在该规则模板的空白区单击鼠标右键，纸样与规则模板就会合成一体了，如图 13-15 所示。

图 13-13

图 13-14

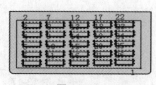

图 13-15

> **注：**
>
> 这种模板一般适用于富怡自动缝纫机。

选择【缝制】单选项，【缝制模板】对话框如图 13-16 所示，其参数说明如下。

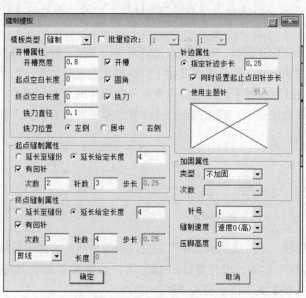

图 13-16

● 模板类型：包含【缝制】（默认）、【激光切】【刀切】【笔画】【空走】选项；如果仅制作模板（塑料板）缝制，则任选一种类型都可以开槽。

● 开槽属性。

➢ 开槽：勾选【开槽】复选框，并输入开槽宽度，制作的文件就有槽，否则没有槽。

267

> ➢ 圆角：勾选该复选框，模板槽的两端为圆角，否则为直角。

> ➢ 开槽宽度：纸样上槽的宽度。

> ➢ 铣刀：用铣刀进行切割，输入【铣刀直径】，设置【铣刀位置】，可以确定切割方式。图 13-17 所示分别为铣刀居左、居中、居右的效果。

> ➢ 起点空白长度、终点空白长度：缝制线的起点到模板槽头的距离、缝制线终点到模板槽尾的距离（可以是压脚的前、后长度），如图 13-18 所示。

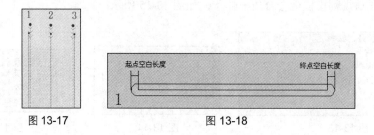

图 13-17　　　　　　　　图 13-18

● 起点、终点缝制属性。

> ➢ 延长至缝份：模板槽自动延长到缝份线上。

> ➢ 延长给定长度：没必要延长时可输入 0；导入非富怡文件作为模板时，可在此输入数据以达到要求。

> ➢ 有回针：勾选该复选框，并在【次数】【针数】【步长】文本框中输入相应的数据，接自动缝纫机时有回针；起点与终点可设不同的回针数，也可设不同的重复次数，还可设不同的步长。

起点回针效果如图 13-19 所示，这是起点重复两次的情况。除掉该线本身的一次走针，再增加一次回针。如果重复偶数次，则从内部开始下针；如果重复奇数次，则从起点开始下针。

终点回针效果如图 13-20 所示，这是终点重复 3 次的情况。原理同上，需要增加两次回针，但是最后一针不能落在结束点上，要比结束点少 1 针，以免剪线后的线头露出来。

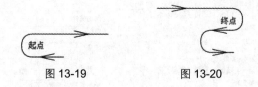

图 13-19　　　　　　　　图 13-20

● 剪线、延迟剪线、不剪线：机器停下来后，确定是剪线、延迟剪线还是不剪线。

● 长度：机头空走一定的长度再剪线。例如，客户希望保留 5cm 的线头，那么就要选择【延迟剪线】选项，在【长度】文本框中输入"5"。

● 针迹属性。

> ➢ 指定针迹步长：接自动缝纫机时，应在此先设置好针距，范围为 0.1~2.55cm。如果软件中设置的单位为 cm，在此文本框中输入的数是"0.25"，那么自动缝纫机缝出针迹长度为 0.25 cm；若文本框中输入的数为"0.25，0.4"，则自动缝纫机缝出的就为以 0.25cm 的针迹缝一针再以 0.4cm 的针迹缝一针，会以这两种针迹交替缝纫。

➢ 同时设置起止点回针步长：不勾选该复选框，起点终点的回针步长可以分别指定；勾选该复选框，起点、终点的回针步长与指定针迹步长一样。

➢ 使用主题针：单击【载入】按钮，可以把主题库中的文件设置到模板槽内（图 13-21 右上方的红点表示下针点，右下方的数值表示一个循环图的长与高）。

> **注：**
> 回针数、针迹属性、修边宽度和缝制速度只适用于自动缝纫机。

● 加固属性。

➢ 逐针加固：在每一针步来回缝制指定次数后再缝制下一针步，该次数必须是单数，如 3、5、7。

➢ 整体加固：来回缝制整段线，次数必须大于 1，如 2、3、4。

● 针号：指定使用哪根针来缝制，支持针号 1～32。

● 缝制速度：使用什么速度来缝制，目前有 0～3 共 4 种速度。

● 压脚高度：提供 0～3 共 4 种压脚高度。

选择【激光切】单选项，【缝制模板】对话框如图 13-22 所示，其参数说明如下。

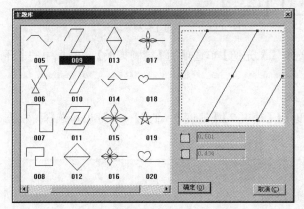

图 13-21

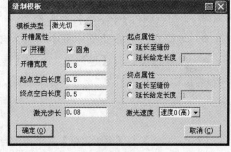

图 13-22

● 开槽属性、起点属性、终点属性与选择【缝制】单选项的【缝制模板】对话框中的【开槽属性】【起点缝制属性】【终点缝制属性】类似。

● 激光步长：在此文本框可输入步长，一般小于 1cm。

● 激光速度：有【速度 0（高）】【速度 1】【速度 2】【速度 3（低）】4 种速度可选择，应根据面料材质来定。

> **注：**
> 【激光步长】与【激光速度】只适用于自动缝纫机。

选择【刀切】单选项，【缝制模板】对话框如图 13-23 所示，其参数说明如下。

● 开槽属性、起点属性、终点属性与选择【激光切】单选项的【缝制模板】对话框中的【开槽属性】【起点属性】【终点属性】类似。

● 刀切步长：在此文本框可输入步长，一般输入小于刀宽的数值。

● 刀切速度：有【速度 0（高）】【速度 1】【速度 2】【速度 3（低）】4 种速度可选择，根据面料材质来定。

> **注：**
>
> 【刀切步长】与【刀切速度】只适用于自动缝纫机。

选择【笔画】单选项，【缝制模板】对话框如图 13-24 所示，其参数说明如下。

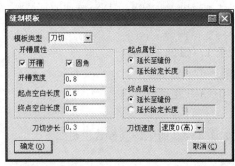
图 13-23

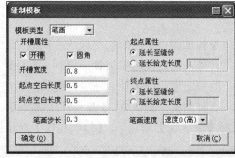
图 13-24

● 开槽属性、起点属性、终点属性与选择【激光切】单选项的【缝制模板】对话框中的【开槽属性】【起点属性】【终点属性】类似。

● 笔画步长：在此文本框中可输入步长。

● 笔画速度：有【速度 0（高）】【速度 1】【速度 2】【速度 3（低）】4 种速度可选择，根据面料材质来定。

> **注：**
>
> 【笔画步长】与【笔画速度】只适用于自动缝纫机。

【生成缝制模板】对话框如图 13-25 所示，其参数说明如下。

● 间距：制作的模板相对计算机屏幕的上、下、左、右预留的间距。

● 半径：模板一边的要切掉角的圆半径。

图 13-25

二、剪线并暂停

功能：将机器暂时停止，客户可以进行剪线及放置其他样片等操作，操作后可以继续缝制，在模板上显示为 P 。

操作：在工具属性栏里选择【剪线并暂停】选项，在需要暂停的位置单击。

三、对位点

功能：检查自动缝纫机上的针是否对准模板的对位点，在模板上显示为 申 。

操作：在工具属性栏里选择【对位点】选项，在需要对位的位置单击。

对位点说明：创建规则模板或普通模板时，软件会自动生成对位点，当不满意时可用【缝制模板】工具 来修改。

四、序号与切割参数

【序号与切割参数】选项下包含的单选项如图 13-26 所示。

图 13-26

1. 设置缝制序号。

功能：对纸样中的若干缝制线进行自动排序。

操作如下。

（1）选择【设置缝制序号】单选项，框选要排列的缝制线（按住【Ctrl】键框选可以取消选择），并单击起始的缝制线，如图 13-27 所示，弹出【自动排列缝制顺序】对话框，如图 13-28 所示。

（2）在【操作范围】栏内选择【仅平行的缝制线】单选项，在【排列效果】栏中选中合适的效果，在【开始序号】文本框中输入指定缝制线的序号，单击【确定】按钮，与指定的缝制线平行的缝制线即排好了顺序，如图 13-29 所示。

图 13-27　　　　　　　　图 13-28　　　　　　　　图 13-29

注：

平行线的数量可自动算出，方便指定缝制线的序号。

（3）用同样的方法，框选要排列的缝制线，并指定另一组平行线中的一条，如图 13-30 所示。在弹出的【自动排列缝制顺序】对话框中选择合适的单选项，输入相应的序号，如图 13-31 所示，单击【确定】按钮，结果如图 13-32 所示。

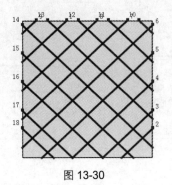

图 13-30

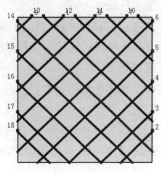

图 13-31　　　　　　　　图 13-32

2．设置切割序号。

功能：对纸样中的切割线进行排序。

操作：选择切割序号，如图 13-33 所示；选择【设置切割序号】单选项并输入具体的序号，在切割线上单击，如图 13-34 所示。

3．更换切割方向。

操作：选择切割线，如图 13-35 所示；选择【更换切割方向】单选项，直接在切割线上单击，如图 13-36 所示。

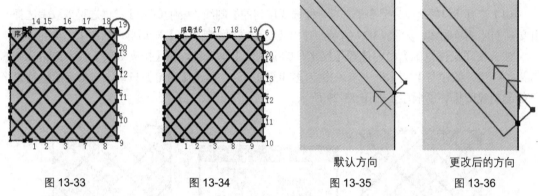

| 图 13-33 | 图 13-34 | 默认方向 图 13-35 | 更改后的方向 图 13-36 |

4．指定切割起点。

操作：选择【指定切割起点】单选项，在起始点处单击，如图 13-37 和图 13-38 所示。

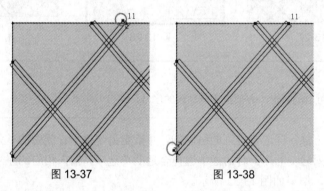

图 13-37　　　　　　　图 13-38

五、压线

功能：对指定的缝制线或全部缝制线设置压线，以确定自动缝纫机从什么位置移动到起针点。

操作如下。

（1）在【全局模板】栏中设置参数，单击【设置】按钮。

（2）单击一条缝制线，其压线参数将会显示在【当前模板】栏中，根据需要修改参数，如图 13-39 所示。

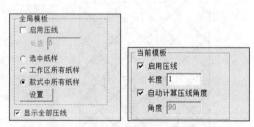

图 13-39

（3）勾选【显示全部压线】复选框后，所有缝制线的压线将会以虚线显示出来，如图 13-40 所示。

六、针步属性

功能：设置指定点的缝制速度及补偿。

操作如下。

（1）单击转折点设置速度，或者自动设置所有纸样的转折点的速度，如图 13-41 所示。

（2）单击【调整与补偿】按钮，在弹出的对话框中设置选中点的补偿参数，对话框中提供【针距调整】【长度补偿】【角度补偿】【位置偏移】这 4 个单选项，如图 13-42 所示。

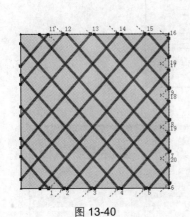

图 13-40

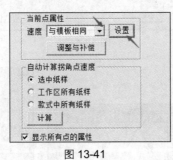

图 13-41

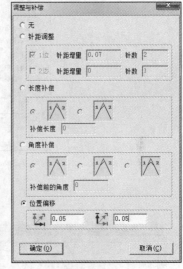

图 13-42

（3）勾选【显示所有点的属性】复选框后，将会在该点附近显示其速度值与补偿参数。

七、主题库

功能：保存主题针。

操作：下面以三角针为例进行介绍。

（1）用【智能笔】工具 画出一个三角针的循环 ABCDE，两点间的长度为针步长，如 0.25cm。

（2）选择【主题库】单选项，依次单击点 A、点 B、点 C、点 D、点 E，最后单击鼠标右键，弹出【主题库】对话框，如图 13-43 所示。

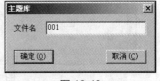

图 13-43

（3）软件会自动给出文件名，也可自己输入，单击【确定】按钮保存。

说明：主题库会自动保存在软件目录下的 GMotif 文件夹中；在用【缝制模板】工具 时，选择【缝制模板】对话框中的【使用主题针】单选项（见图 13-44），会弹出【主题库】对话框，如图 13-45 所示，在其中直接选择需要的主题针即可。

（4）勾选【显示所有点的属性】复选框，将会在该点附近显示其速度值与补偿参数。

八、绘制/切割模板

功能：按比例绘制或切割模板。

操作如下。

（1）单击【绘图】工具 ，把【当前绘图仪】（切割机）、【纸样大小】【工作目录】设置好，如图 13-46 所示（只需在此对话框中设置一次即可）。

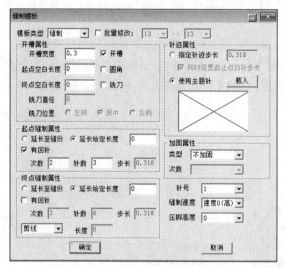

图 13-44

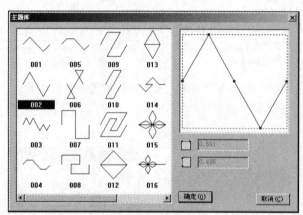

图 13-45

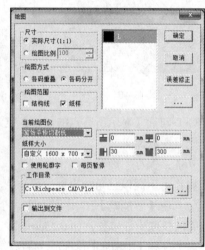

图 13-46

（2）按【F10】键显示切割范围。

（3）把需要绘制或切割的模板手动移到切割范围内，如图 13-47 所示（若纸样出界，则纸样上有红色的圆形警示）。

（4）单击 图标，弹出【绘图】对话框。

（5）选择需要的绘图比例及绘图方式，在不需要绘图的尺码上单击使其没有颜色填充。

（6）单击【确定】按钮即可绘图。

提示：在切割中心中设置连接切割机的端口，如果要更改纸样内外线的输出线型，更改布纹线、剪口等的设置，则需在【选项】→【系统设置】→【打印绘图】中进行设置。

【绘图】对话框如图 13-48 所示，其参数说明如下。

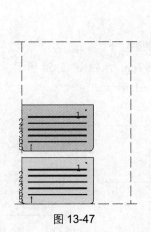

图 13-47

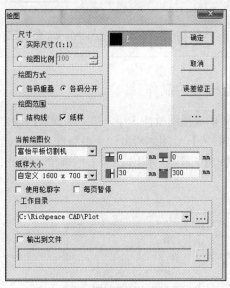

图 13-48

- 实际尺寸：将纸样按 1：1 的实际尺寸绘制。
- 绘图比例：选择该单选项后，在其后的文本框中可以输入绘制纸样与实际尺寸的百分比。
- 各码重叠：输出的结果是各码重叠显示。
- 各码分开：各码独立输出。对话框右边的号型选择框是用来选择输出号型的，显示为蓝色的码是输出号型。如果不想输出某个号型，单击该号型名使其显示为白色即可。默认为全选。
- 当前绘图仪：选择绘图仪的型号，单击旁边的三角按钮会弹出下拉列表，在下拉列表中可选择当前使用的绘图仪。
- 纸样大小：选择纸张类型，单击旁边的三角按钮会弹出下拉列表，在下拉列表中可选择纸张类型，也可以选择自定义。
- 工作目录：将绘图文件传输到指定目录。
- 输出到文件：输出 PLT 文件。

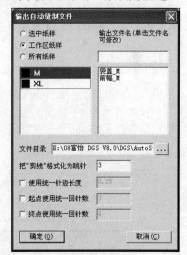

图 13-49

九、自动输出缝制文件

功能：把带有缝制模板槽或只有缝制线、切割线或笔画线的纸样输出成缝制文件，与自动缝纫机接驳。

操作如下。

（1）把带有模板的纸样文件打开。

（2）单击【自动输出缝制文件】按钮，弹出【输出自动缝制文件】对话框，如图 13-49 所示。

（3）选择需要输出的纸样、码数、文件目录等，单击【确定】按钮即可输出 DSR 文件。

十、传送缝制文件到机器

功能：将制作好的缝制文件传输到机器上。

操作：单击【传送缝制文件到机器】按钮，出现【传输缝制文件】对话框，选择相应的机器，选择文件类型，输入文件名，单击【发送】按钮。

13.3 实例制作：袋盖与领子

13.3.1 袋盖模板的制作

这里要制作的袋盖模板共 3 层，第一层模板的操作步骤如下。

1．用【智能笔】工具 画出一个矩形框（如 15cm×7cm），如图 13-50 所示。

2．用【圆角】工具 制作出袋盖的圆角，如图 13-51 所示。

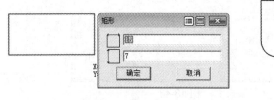

图 13-50

图 13-51

3．用【剪刀】工具 让袋盖生成裁片（带缝份），如图 13-52 所示。

4．用【缝制模板】工具 从起点（点 A）逆时针拖动到点 B，使线条生成开槽标示，输入【开槽宽度】为 "0.4"，起点空白长度与终点空白长度为 "0.5"，起点与终点的缝制属性选择【延长至缝份】单选项，如图 13-53 所示，结果如图 13-54 所示。

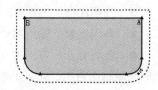

图 13-52

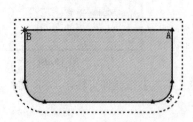

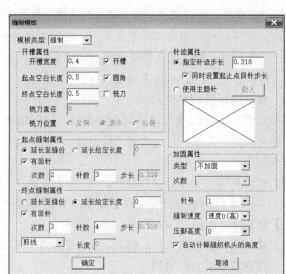

图 13-53

5．单击【缝制模板】工具 ，在裁片上单击鼠标右键，弹出【生成缝制模板】对话框，在【上侧】【下侧】【左侧】【右侧】文本框中输入 "4"，如图 13-55 所示，结果如图 13-56 所示。

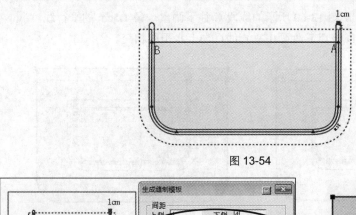

图 13-54

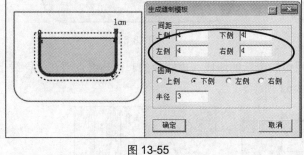

图 13-55

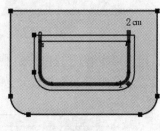

图 13-56

第二层模板的制作步骤如下。

1. 复制第一层模板（操作：用【选择】工具选中要复制的裁片，按【Ctrl+C】组合键复制，然后按【Ctrl+V】组合键粘贴）。

2. 用【智能笔】工具画出一条比口袋实样线内缩 0.3cm 的线，如图 13-57～图 13-59 所示。

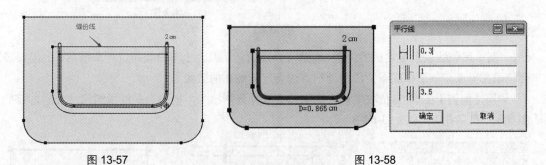

图 13-57

图 13-58

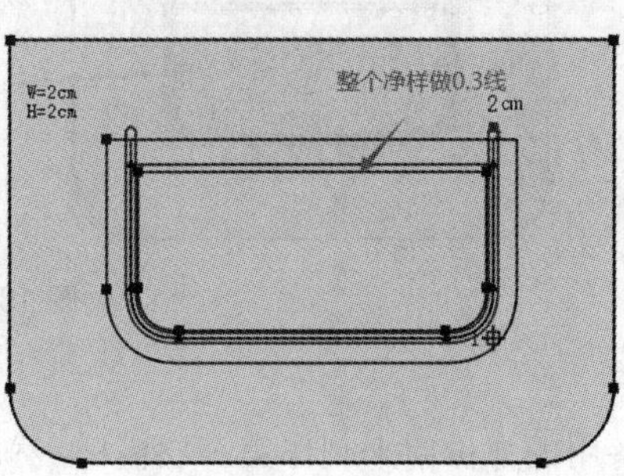

图 13-59

3．用【智能笔】工具 ✐ 从图 13-60 所示的线段 C 往下画出一条 1.5cm 的平行线。

4．从图 13-61 所示的点 D 与点 E 处画出垂直线，与上水平线相交。

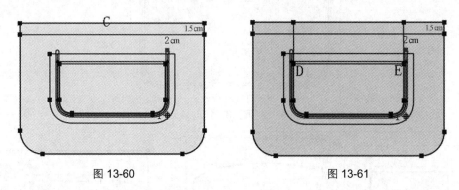

图 13-60　　　　　　　　　　　　　　　图 13-61

5．用【智能笔】工具 ✐ 画出一条用虚线表示的线段（虚线段的起点与终点要在实样线上，这是为了方便制作第三层模板），如图 13-62 所示。

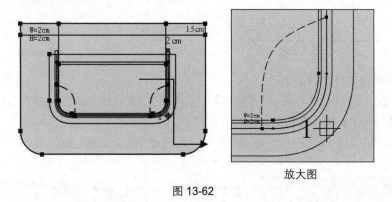

放大图

图 13-62

6．圆角黑色线表示要粘棉的位置，如图 13-63 所示（因为上下口袋布进行车缝后，上层口袋布会稍微大一点，下层口袋布的圆角处粘点棉会起到增高的效果）。

7．用【剪刀】工具 ✂ 拾取纸样，把第二个纸样分割出来，把多余的线段删除（分割之前把原图复制一份备用），如图 13-64 所示。

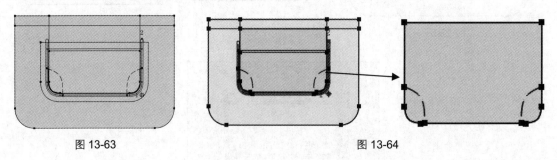

图 13-63　　　　　　　　　　　　　　图 13-64

第三层模板的制作步骤如下。

1.把第二层模板分割之前备用的那份用来制作第三层模板，然后把多余的线删除，如图 13-65 和图 13-66 所示。

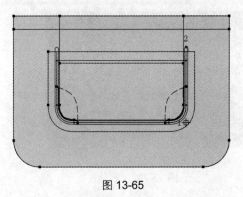
图 13-65

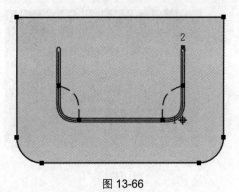
图 13-66

2. 用【设置线类型和颜色】工具 标示出切割位置，如图 13-67 所示。

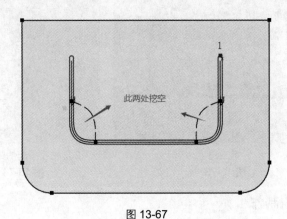
图 13-67

最后完成的效果（共 3 层）如图 13-68～图 13-70 所示。

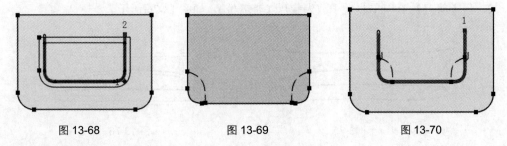

图 13-68   图 13-69   图 13-70

保存与输出（每个纸样要保存为 3 种文件）的操作步骤如下。

1. 保存为富怡软件的 DGS 文件：单击 按钮，指定好目录并输入文件名。

2. 保存为 DST 文件（此文件供自动缝纫机使用）：单击【缝制模板】工具 ，在工具属性栏里单击【自动输出缝制文件】按钮，指定好目录并输入文件名。

3. 保存为 PLT 文件（此文件供激光机使用）：单击 按钮，在对话框中选择【输出到文件】选项，单击 按钮，指定好目录并输入文件名。

样品如图 13-71～图 13-74 所示。

第一层
图 13-71

第二层
图 13-72

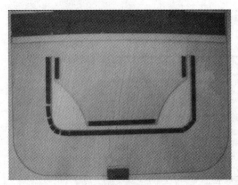

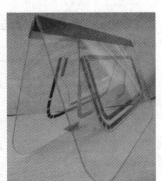

第三层
图 13-73

3 层粘在一起的效果
图 13-74

13.3.2　领子模板的制作

这里要制作的领子模板共两块，制作第一块模板的操作步骤如下。

1. 制作好领子，如图 13-75 所示。

2. 用【剪刀】工具 ✂ 将领子剪为裁片（带缝份），如图 13-76 所示。

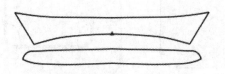

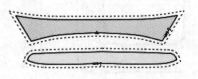

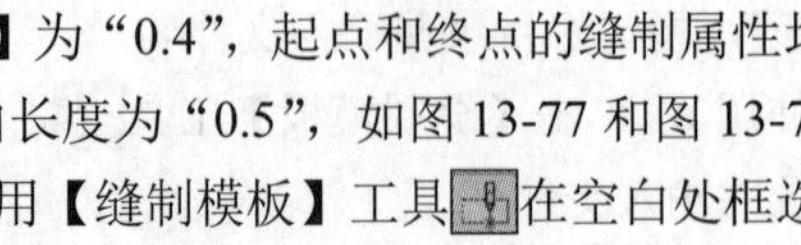

图 13-75

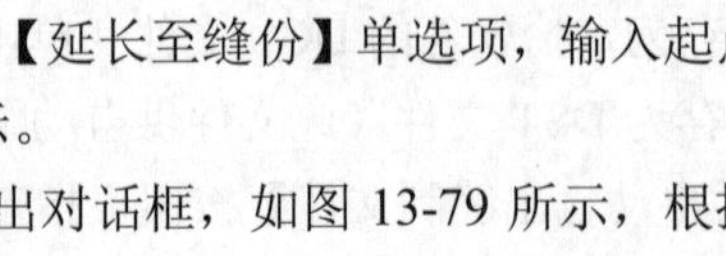

图 13-76

3. 用【缝制模板】工具 从起点（点 A）顺时针拖动到点 B，使线条生成开槽标示，输入【开槽宽度】为 "0.4"，起点和终点的缝制属性均选择【延长至缝份】单选项，输入起点空白长度与终点空白长度为 "0.5"，如图 13-77 和图 13-78 所示。

4. 使用【缝制模板】工具 在空白处框选，弹出对话框，如图 13-79 所示，根据机器大小创建规则模板，结果如图 13-80 所示。

5. 复制多个模板，一一摆放到规则模板里，如图 13-81 所示，在规则模板里单击鼠标右键，将纸样生成缝制模板，如图 13-82 所示，然后删除净样线，结果如图 13-83 所示。

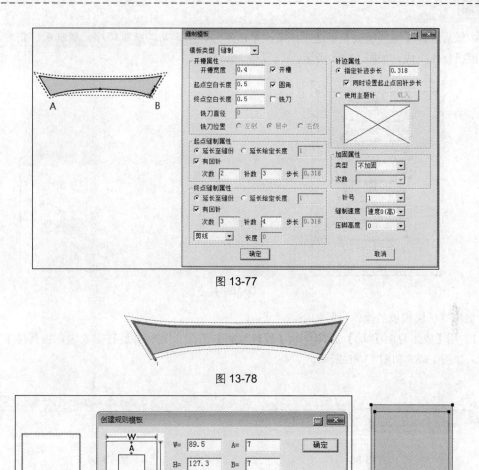

图 13-77

图 13-78

图 13-79   图 13-80

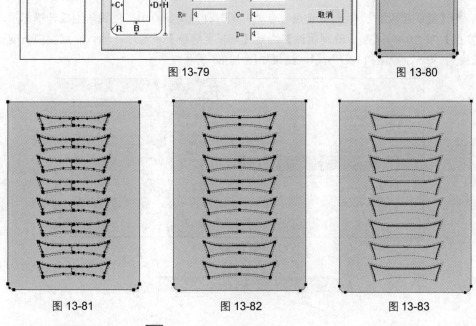

图 13-81   图 13-82   图 13-83

6. 单击【缝制模板】工具 ，在右侧工具属性栏里选择【对位点】单选项，定好机器的起止点；然后选择【缝制模板】单选项，依次单击序号，指定新的缝制顺序。缝制顺序定好后，第一层模板制作完成，如图 13-84 所示。

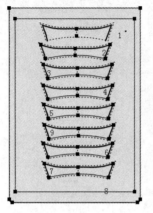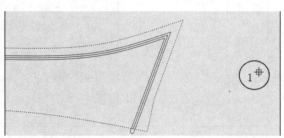

图 13-84

制作第二块模板的操作步骤如下。

1. 用【成组复制/移动】工具 和【旋转复制】工具 复制并旋转上衣领，将其与下衣领对接好，如图 13-85 和图 13-86 所示。

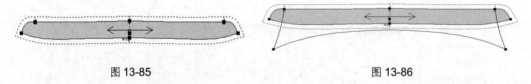

图 13-85　　　　　　　　　　　　　　　图 13-86

2. 用【缝制模板】工具 从起点（点 A）顺时针拖动到点 B，使线条生成开槽标示，输入【开槽宽度】为 "0.4"，【起点缝制属性】选择【延长至缝份】单选项，输入起点空白长度与终点空白长度为 "0.5"，如图 13-87 所示，结果如图 13-88 所示。

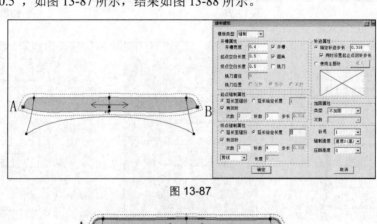

图 13-87

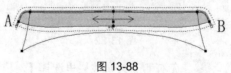

图 13-88

3．使用【缝制模板】工具 在空白处框选，弹出对话框，如图 13-89 所示。根据机器大小创建规则模板，如图 13-90 所示。

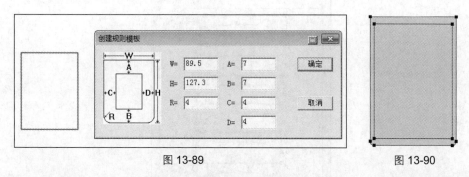

图 13-89　　　　　　　　　　　　　　　　　　　　图 13-90

4．把模板复制、摆放到规则模板里面，如图 13-91 所示，在规则模板里单击鼠标右键，将纸样生成缝制模板，如图 13-92 所示，删除净样线和不相干的线，结果如图 13-93 所示。

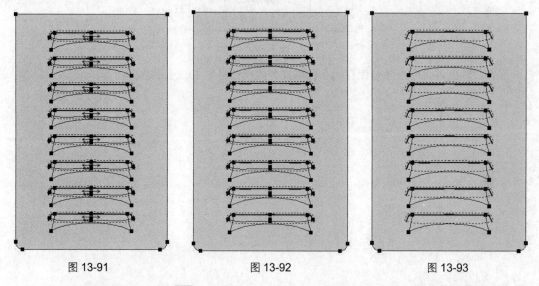

图 13-91　　　　　　　　　　　　图 13-92　　　　　　　　　　　　图 13-93

5．单击【缝制模板】工具 ，在右侧工具属性栏里选择【对位点】单选项,定好机器的起止点；然后选择【缝制模板】单选项，依次单击序号指定新的缝制顺序，如图 13-94 所示。

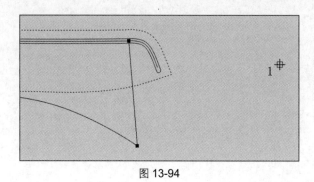

图 13-94

最后完成的效果（共二层）如图 13-95 所示。

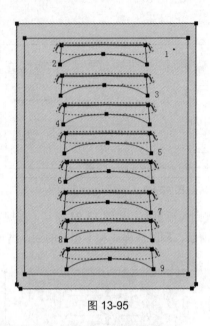

图 13-95

保存与输出（每个纸样要保存为 3 种格式）的操作参见 13.3.1 小节。

第 14 章

服装 CAD 排料

服装样板的排料在排料系统中进行，排料时可根据情况使用自动排料、手动排料、分布料排料和对条对格等功能。

 ## 14.1 自动排料

自动排料的操作步骤如下。

1. 双击快捷图标，进入排料系统界面。

2. 单击按钮，弹出【唛架设定】对话框，输入唛架的【长度】【宽度】【层数】等数据，单击【确定】按钮，如图 14-1 所示。

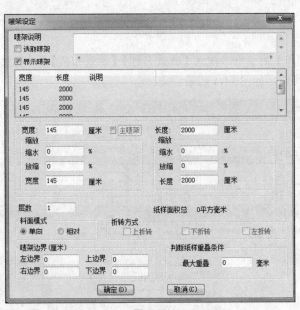

图 14-1

3. 弹出【选取款式】对话框，单击【载入】按钮，如图 14-2 所示。

4. 弹出【选取款式文档】对话框，选择"衬衫-放码.dgs"文件，单击【打开】按钮，如图 14-3 所示。

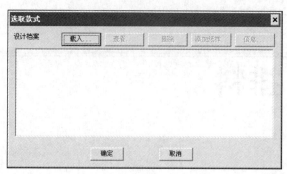

图 14-2

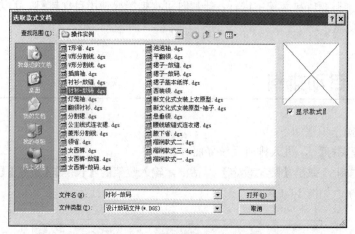

图 14-3

5. 弹出【纸样制单】对话框，输入【款式名称】【款式布料】【号型套数】，检查及修改纸样数据，单击【确定】按钮，如图 14-4 所示。

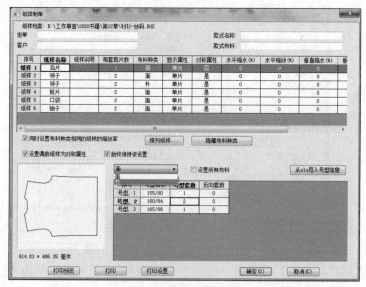

图 14-4

6. 选择相应的布料，单击【选取款式】对话框中的【确定】按钮，如图 14-5 所示。

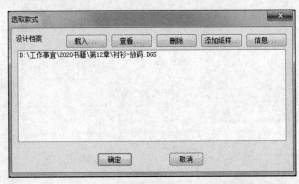

图 14-5

7. 纸样窗和尺码列表窗中会显示纸样的形状、号型、裁剪片数，如图 14-6 所示。

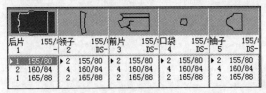

图 14-6

8. 设置纸样的显示参数。选择【选项】→【在唛架上显示纸样】命令，弹出【显示唛架纸样】对话框。取消勾选【件套颜色】复选框，在【说明】栏中单击【布纹线】框右边的三角按钮，选择【纸样名称】等需在布纹线上显示的内容，如图 14-7 所示。

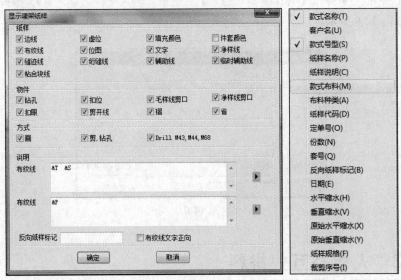

图 14-7

9. 选择【排料】→【开始自动排料】命令，计算机会自动排料，完成后弹出【排料结果】对话框，单击【确定】按钮，如图 14-8 所示。

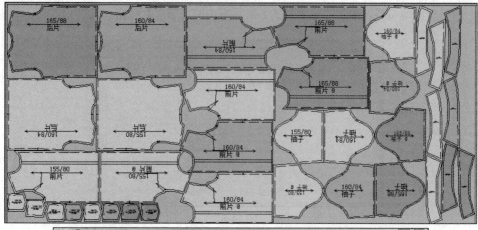

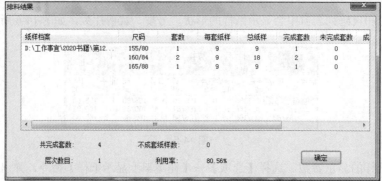

图 14-8

10. 单击 按钮，弹出【另存唛架文档为】对话框，输入文件名称"衬衫-排料"，单击【保存】按钮，如图 14-9 所示。

图 14-9

 # 14.2 人机交互式排料

人机交互式排料的操作步骤如下。

1. 双击快捷图标 ，进入排料系统界面。

2．单击 按钮，弹出【开启唛架文档】对话框，选择"衬衫-排料"文件，单击【打开】按钮，如图 14-10 所示。

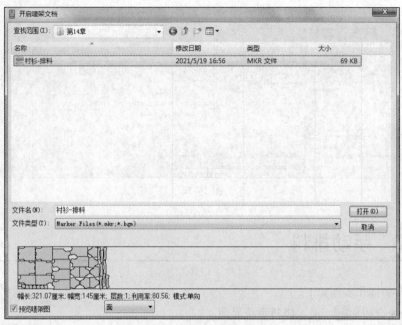

图 14-10

3．单击唛架中的纸样，选中的纸样呈斜线填充，按住鼠标左键并拖动，将纸样放在合适的位置后松开鼠标左键，如图 14-11 所示。

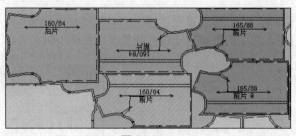

图 14-11

4．单击纸样，然后单击鼠标右键即可翻转纸样，如图 14-12 所示。

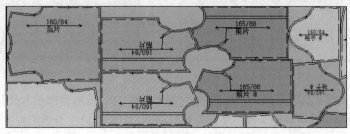

图 14-12

සිටම

5. 在纸样上按住鼠标右键，移动鼠标指针形成一条直线，松开鼠标右键，该纸样会沿着直线的方向自动靠紧已排纸样，如图 14-13 所示。

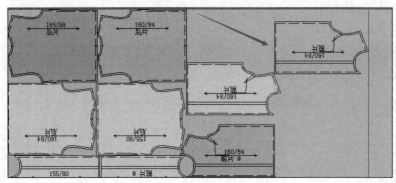

图 14-13

 ## 14.3　手动排料

手动排料的操作步骤如下。

1. 双击快捷图标，进入排料系统界面。

2. 单击按钮，弹出【开启唛架文档】对话框，选择"衬衫-排料"文件，单击【打开】按钮。

3. 单击按钮，弹出【富怡服装排料 CAD 系统】对话框，单击【是】按钮，如图 14-14 所示。

图 14-14

4. 唛架上的纸样会全部回到纸样窗中，如图 14-15 所示。

5. 双击衣片的号型，选中的纸样自动进入唛架区，如图 14-16 所示。

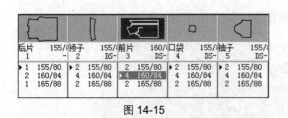

图 14-15

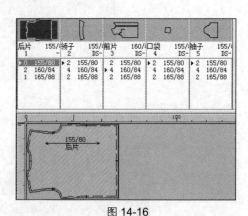

图 14-16

6. 双击其他纸样，直至尺码列表框的纸样数量显示为 0，纸样全部进入唛架区。单击唛架上的纸样，选中的纸样呈斜线填充，按住鼠标左键并拖动，将纸样放在合适的位置后松开鼠标左键，单击鼠标右键即可翻转纸样。在纸样上按住鼠标右键，移动鼠标指针形成一条直线，松开鼠标右键，该纸样会沿着直线的方向自动靠紧已排纸样，如图 14-17 所示。

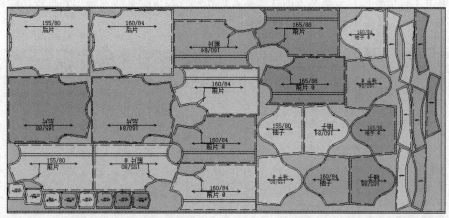

图 14-17

 ## 14.4　对格对条

对格对条的操作步骤如下。

1．双击快捷图标，进入排料系统界面。

2．单击按钮，弹出【开启唛架文档】对话框，选择"衬衫-排料"文件，单击【打开】按钮。

3．单击按钮，弹出【富怡服装排料 CAD 系统】对话框，单击【是】按钮，唛架上的纸样会全部回到纸样窗口中。

4．选择【选项】→【对格对条】/【显示条格】命令。

5．选择【唛架】→【定义条格对条】命令，弹出【对格对条】对话框。单击纸样窗口中的前衣片，对话框中会显示前衣片，如图 14-18 所示。

6．单击【对格对条】对话框中的【布料条格】按钮，弹出【条格设定】对话框。输入不同的数据可改变条格的形状，如图 14-19 所示，单击【确定】按钮，回到【对格对条】对话框。

图 14-18

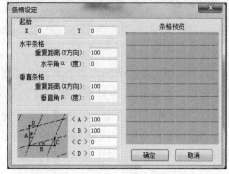

图 14-19

7．单击【对格对条】对话框中的【对格标记】按钮，弹出【对格标记】对话框，如图 14-20

所示。

8. 单击【对格标记】对话框中的【增加】按钮，弹出【增加对格标记】对话框。输入标记名称"口袋"，单击【确定】按钮，如图 14-21 所示。

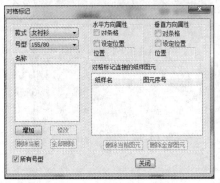

图 14-20   图 14-21

9.【对格标记】对话框中会显示出增加的标记名称，单击【关闭】按钮，如图 14-22 所示。

10. 在【对格对条】对话框中连续单击【下一个》】按钮，直到图示中显示前片位置的记号变成红色，表示被选中，并且在【序号】和【类型】文本框中会显示相应的数据。勾选【设对格标记】复选框，右侧的下拉列表变成可选。单击旁边的三角按钮，在下拉列表中选择刚才输入的对格标记名称。单击【采用】按钮，对话框中会显示采用对格标记的样片名称和标记序号，如图 14-23 所示。

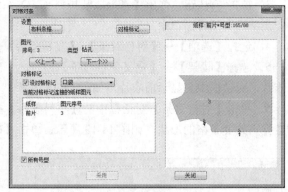

图 14-22   图 14-23

11. 单击纸样窗中的口袋纸样，在【对格对条】对话框中显示出口袋纸样，连续单击【下一个》】按钮，直到图示中显示口袋位置的记号变成红色，表示被选中，并且在【序号】和【类型】文本框中显示相应的数据。勾选【设对格标记】复选框，右侧的下拉列表变成可选。单击旁边的三角按钮，在下拉列表中选择刚才输入的对格标记名称。单击【采用】按钮，对话框中会显示采用对格标记的样片名称和标记序号，如图 14-24 所示，完成后单击【关闭】按钮。

12. 双击纸样窗中的前片纸样，纸样会自动进入唛架区。双击纸样窗中相同号型的口袋纸样，该纸样会自动根据前片的对格标记调整位置，如图 14-25 所示。

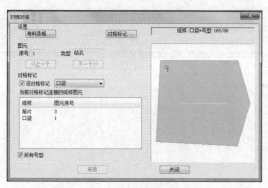

图 14-24

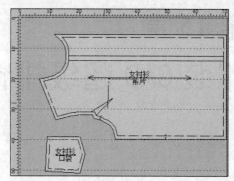

图 14-25

13．选择【排料】→【开始自动排料】命令，结果如图 14-26 所示。

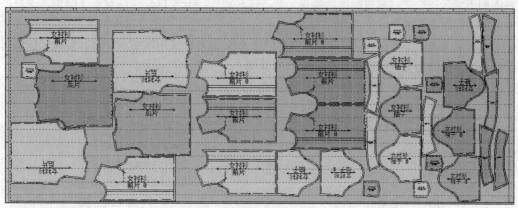

图 14-26

14．选择【文档】→【另存为】命令，弹出【另存唛架文档为】对话框，输入文件名称"衬衫-对格对条排料"，单击【保存】按钮保存文件。

第 15 章

服装 CAD 超级排料

超级排料（简称超排）是服装设计与制造领域的一种国际领先技术，只需在软件里输入固定时间，计算机在短时间内即可快速完成一个唛架。超级排料的布料利用率可以达到甚至超过手动排料的利用率。超级排料可进行排队超排、避段差和边差、分段排、对格对条等操作，这样可以节省时间，提高工作效率。

富怡服装 CAD 中的超排功能需要另外购买，如果读者想试用该功能，可以与售后技术支持人员联系，富怡公司会视情况提供少量时间的试用。

选择【排料】→【超级排料】命令，弹出图 15-1 所示的对话框。

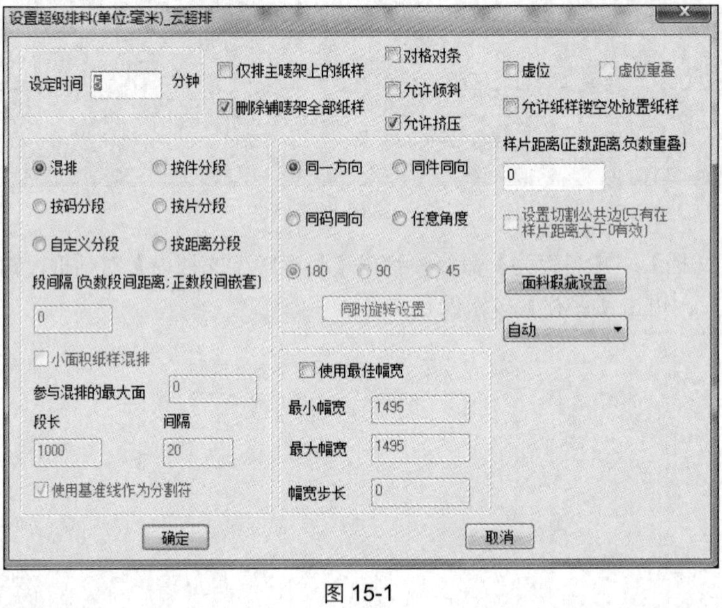

图 15-1

下面介绍该对话框中各主要选项的功能。

一、常用选项设置

对话框中的常用选项介绍如下。

● 设定时间：输入此床唛架需要进行超排的时间。

● 仅排主唛架上的纸样：排板时只有主唛架中的纸样进行排料，辅唛架及纸样框中的纸样不进行排料，如图 15-2 所示。

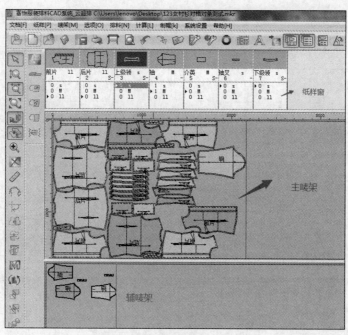

图 15-2

- 删除辅唛架全部纸样：将辅唛架中的纸样放入纸样框中。
- 允许倾斜：系统会根据整床唛架的排板情况来确定哪些或哪个纸样在指定角度范围内倾斜（需提前设定倾斜范围，操作为：单击【纸样资料】工具 ▦，在对话框中选择【纸样总体资料】选项卡，输入倾斜角度，如图 15-3 所示。）

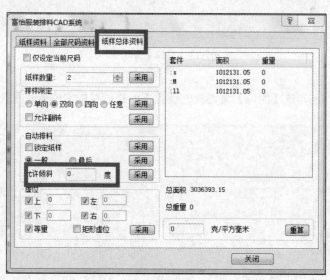

图 15-3

- 允许挤压：使唛架上纸样之间的间距最小。
- 虚位：勾选【虚位】复选框后，靠近唛架左、上、下边界的纸样不参与排料。图 15-4 所示为勾选【虚位】复选框与不勾选【虚位】复选框的结果。

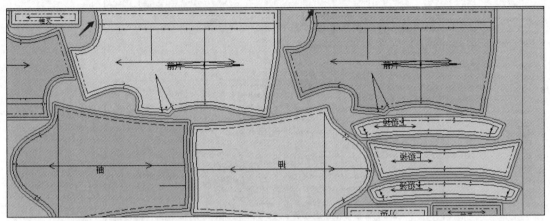

勾选【虚位】复选框

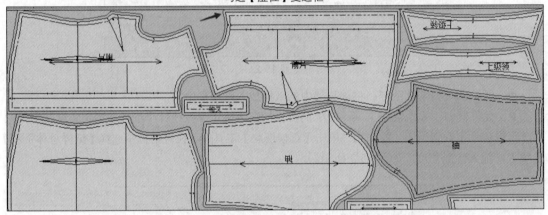

不勾选【虚位】复选框

图 15-4

● **虚位重叠**：在勾选【虚位】复选框的前提下，排的时候虚位会有重叠，如图 15-5 所示。

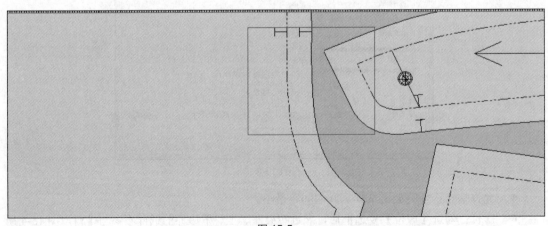

图 15-5

● 允许纸样镂空处放置纸样：勾选该复选框，镂空的地方可以放纸样；不勾选该复选框，镂空的地方不允许放其他纸样。图 15-6 所示为勾选与未勾选的结果。

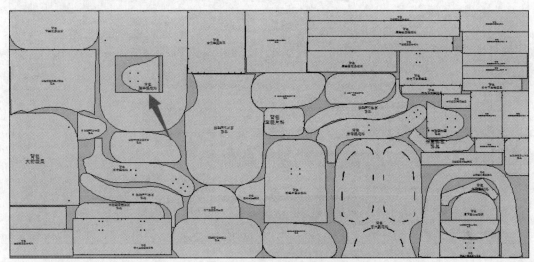

勾选【允许纸样镂空处放置纸样】复选框

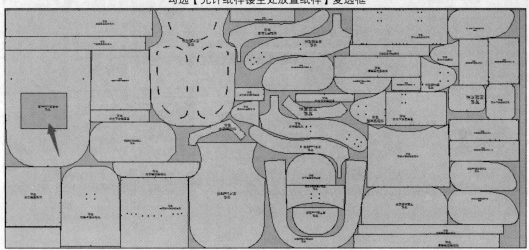

未勾选【允许纸样镂空处放置纸样】复选框

图 15-6

● 样片距离：在下面的文本框中可输入数值，输入正数为样片间隔的最大距离，输入负数为最大重叠距离。

二、纸样方向设置

● 同一方向：当布纹线方向是双向时，同一个码的不同套（件）纸样的方向不受限制；当布纹线方向为单向时，相同的码的同套（件）纸样的方向一致。图 15-7 所示为双向与单向的对比。

● 同件同向：每个码的同一套（件）纸样的方向保持一致。例如，S 有两套（件），那么为 1 的方向保持一致，为 2 的方向保持一致，如图 15-8 所示。

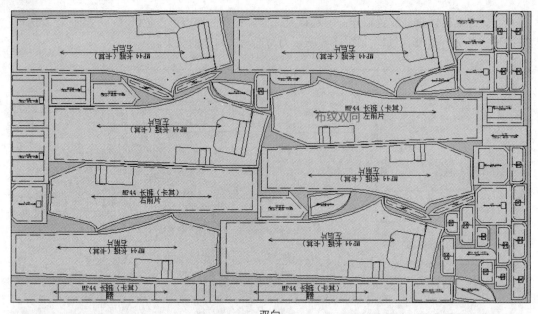

双向

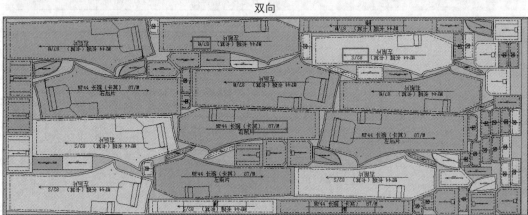

单向

图 15-7

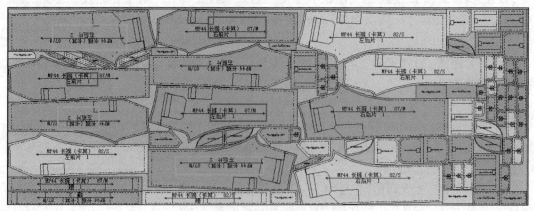

图 15-8

● 同码同向：同一个码的纸样方向保持一致，如图 15-9 所示。

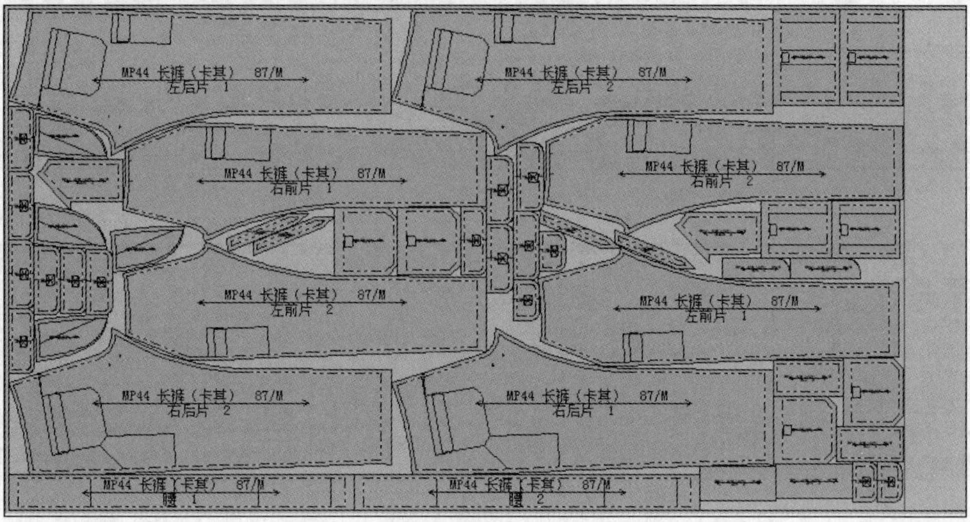

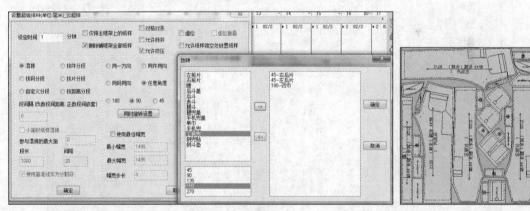

图 15-9

● 任意角度：包括【180】【90】【45】3 个选项。如果选择了 45°，则唛架上的每个纸样会根据排料需要单独按 45°依次循环旋转，然后寻找合适的角度（即纸样可能旋转的角度是 45°、90°、135°、180°、225°、270°、315°、360°）。同时，也可以单击【同时旋转设置】按钮，指定的纸样会同时旋转给定的角度，如图 15-10 所示。

图 15-10

三、分段设置

● 混排：常规排料，没有具体的分段限制。

● 按件分段：每一件（套）纸样在长度方向分段，排完一个码的其中一件（套）纸样，再排另外一件（套）纸样，依次类推；全部排完后再排其他码，如图 15-11 所示。

● 按码分段：按码在长度方向分段，每个码排完后再排另外一个码，如图 15-12 所示。

● 按片分段：一个纸样名称的样片分在一段，排列顺序按纸样列表框中的顺序，如图 15-13 所示。

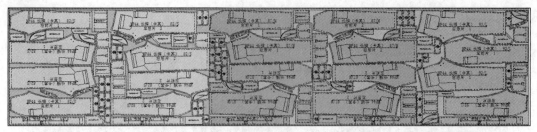

图 15-11

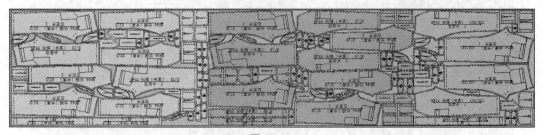

图 15-12

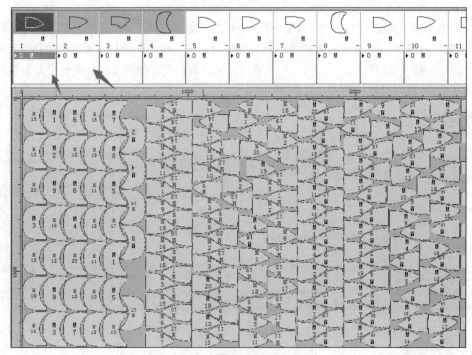

图 15-13

● 段间隔：输入负数为段间距离，输入正数为段间嵌套。图 15-14 所示分别为设置为正数、负数的情况。

● 小面积纸样混排：参与混排的最大面积小于设定的最大面积的纸样可以跨段排。

● 按距离分段：输入段长与间隔，纸样在指定的段长内排列，该单选项多用于平板切割机。可以使用基准线作为分割符，如图 15-15 所示。

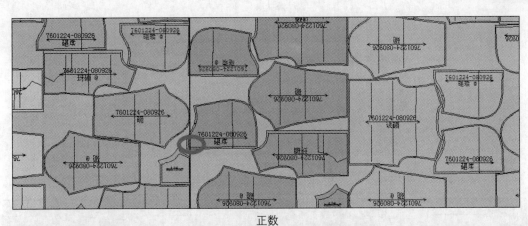

正数

负数

图 15-14

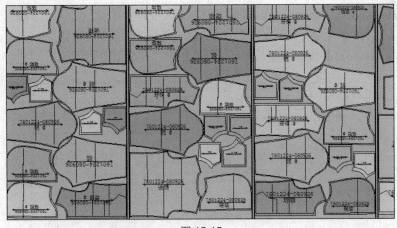

图 15-15

- 自定义分段：详见本章后续的"七、自定义分段详解"。

四、面料瑕疵设置

单击【面料瑕疵设置】按钮，在弹出的对话框中单击【增加】按钮，输入【偏移 X1】【便移 X2】【便移 Y1】【偏移 Y2】的距离，形成的矩形为瑕疵部分，矩形内部不排纸样，如图 15-16 所示。

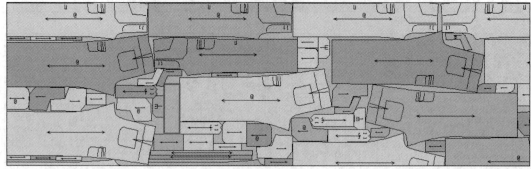

图 15-16

五、最佳幅宽设置

输入【最小幅宽】【最大幅宽】【幅宽步长】的值，系统会根据整体样片数找出最适合的幅宽，以便达到很好的利用率，如图 15-17 所示。

六、对格对条设置

1. 选择【选项】→【显示条格】/【对条对格】命令。

2. 选择【唛架】→【定义对条对格】命令，弹出【对格对条】对话框。

图 15-17

3. 单击【布料条格】按钮，输入水平及垂直距离，如图 15-18 所示。

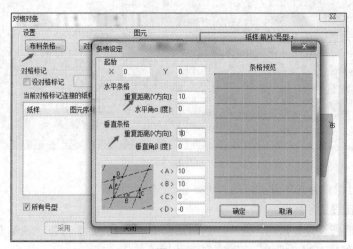

图 15-18

4. 单击【对格标记】按钮，单击【增加】按钮，输入名称，设置是水平方向还是垂直方向，如图 15-19 所示。

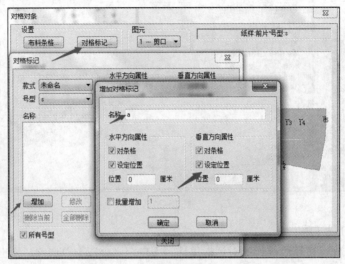

图 15-19

5. 选择前片纸样，在【图元】下拉列表框中选择【1…剪口】选项，勾选【设对格标记】复选框，在右侧下拉列表中选择【a】选项，单击【采用】按钮，如图 15-20 所示。

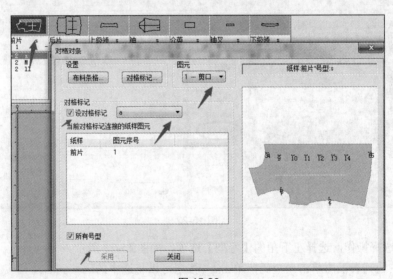

图 15-20

6. 选择后片纸样，选择【图元】下拉列表框中的【9…剪口】选项，勾选【设对格标记】复选框，在右侧下拉列表中选择【a】选择，单击【采用】按钮，如图 15-21 所示。

7. 其他的对位可参照步骤 4～6 的操作。

8. 设置好后，勾选超级排料的对话框里的【对格对条】复选框，单击【确定】按钮，开始超排。

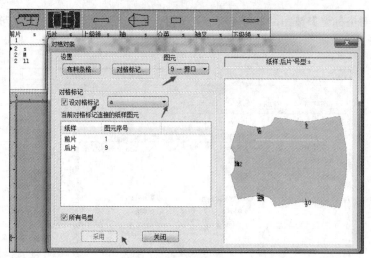

图 15-21

七、自定义分段详解

1. 单击 按钮，在超级排料的对话框里选择【自定义分段】单选项，弹出【分段】对话框，如图 15-22 所示。

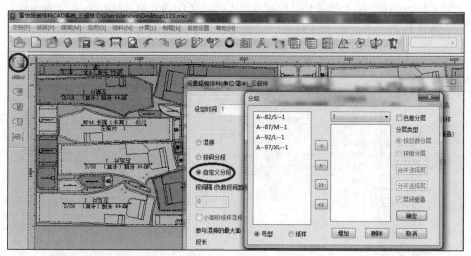

图 15-22

2. 号型选择操作，选择左下角的【号型】选项，如图 15-23 所示。

（1）在左边列表框内单击一个码，单击 ⟶ 按钮可以将选中的码移到右边相应的分段处。单击 ⟵ 按钮可让右边列表框中的码回到左边列表框中，单击 ⟫ 按钮可让所有码都到右边列表框中，单击 ⟪ 按钮可让所有码都回到左边列表框中。

（2） 此处为设置哪个码放到哪一段，例如此处选择【1】选项，右边选择的是 A--87/M--1 和 A--92/L--1，那么这两个码就在第一段。每选完一段，单击【增加】按钮。选择【2】选项，右边选择 A--82/S--1 和 A--97/XL--1，那么这两个码就在第二段，依次类推。

单击【删除】按钮可取消当前分段；单击【取消】按钮可关闭窗口，不进行超排。

3．选择【号型】单选项，选择相应的码数进行超排；选择【纸样】单选项，选择相应的纸样进行超排，如图 15-24 所示。

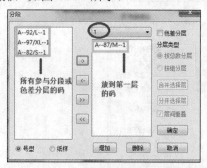

图 15-23　　　　　　　　　　　　　　　　　图 15-24

4．不勾选【色差分层】复选框，在长度方向分段，在同一段内混排。例如 A--82/S--1 和 A--97/XL--1 为第一段，A--87/M--1 和 A--92/L--1 为第二段。单击【确定】按钮，开始超排。图 15-25 所示为码的选择方法及排料结果。

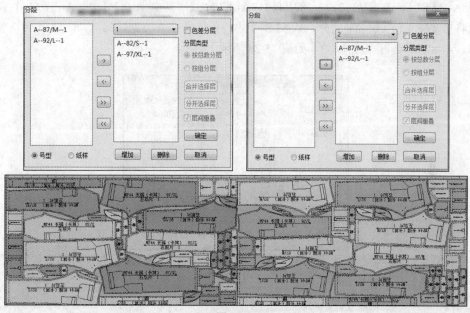

图 15-25

5．勾选【色差分层】复选框，在宽度方向分层，在长度方向分段。码的选择方式与上面步骤介绍的相同，如图 15-26 所示。

图 15-26

（1）如果没有单击【合并选择层】按钮，则码会按布宽方向排列，在长度方向分段。

（2）右边列表框中的码可以合并，也可以分开。按住【Ctrl】键或【Shift】键选择需要合并的码，单击【合并选择层】按钮，也可以单击【分开选择层】按钮将其分开，如图 15-27 所示。

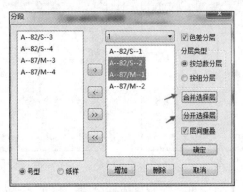

图 15-27

（3）如果选择【按总数分层】单选项，有几套就把宽度分成几份（层）。如果第一段选了 4 个选项 A--82/S--1，A--82/S--2，A--87/M--1，A--87/M--2（其中 A--82/S--2，A--87/M--1 合并），那么就将布宽按 4 份（层）平均分，A--82/S--1 占一份（层），A--82/S--2、A--87/M--1 占两份（层）并混排，A--87/M--2 占一份（层），如图 15-28 所示。

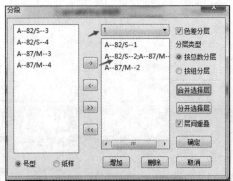

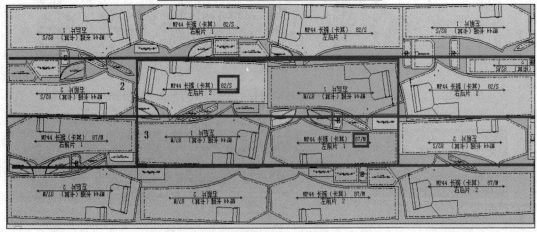

图 15-28

（4）如果选择【按组分层】单选项，有几组就把宽度分成几份（层）。如果第一段选了 4 个选项 A--82/S--1，A--82/S--2，A--87/M--1，A--87/M--2（其中 A--82/S--2，A--87/M--1 合并），那么就有 3 组，将布宽按 3 份（层）平均分，A--82/S--1 占一份（层），A--82/S--2、A--87/M--1 占一份（层），A--87/M--2 占一份（层），如图 15-29 所示。

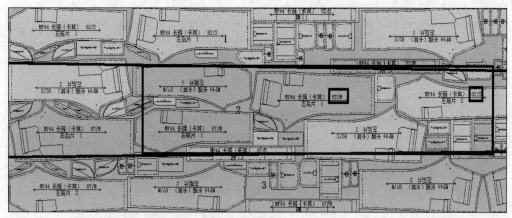

图 15-29

（5）勾选【层间重叠】复选框，层与层之间一定会重叠；不勾选该复选框，会根据最大宽度的纸样是否能放下纸样，来决定是否重叠。

八、排队超排

功能：在一个排料界面中排队超排。

操作如下。

（1）选择【排料】→【超级排料】命令，弹出【排队超排_云超排】对话框，如图 15-30 所示。

（2）单击【添加】按钮，把需要超排的唛架文件打开，如图 15-31 所示。

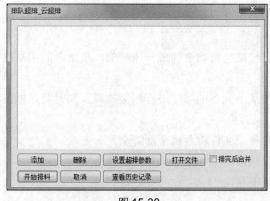

图 15-30

图 15-31

（3）设置超排参数，单击【开始排料】按钮，即可开始排料。

【排队超排-云超排】对话框中的参数说明如下。

● 添加：添加需要超排的唛架文件，并以透明文本背景显示添加进来的唛架文件。同时状态栏信息为"等待"，利用率为"－"（因为这些情况是未知），标题栏显示当前添加进来的唛架文件的全路径。

● 删除：删除不需要超排的唛架文件。

● 设置超排参数：当选中列表框中的一个唛架文件后，可以对这个唛架文件的超排参数进行设置。单击该按钮弹出设置界面，如图 15-32 所示，其和一般的单击▦按钮弹出的界面大部分一样，不同的是在右下角可以对布料进行选择。

➢ 选中布料：选择的布料按当前设置进行排料。

➢ 所有布料一致：款式里所有布料按当前设置进行排料。

➢ 所有布料分别设置：款式里不同布料可设置不同的排料参数。

➢ 上一种、下一种：对布料进行选择。

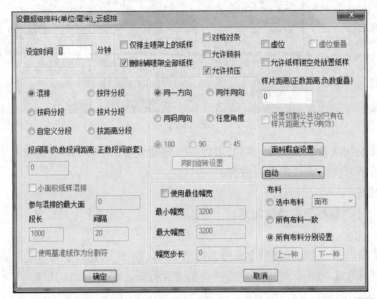

图 15-32

● 打开文件：打开选中的唛架文件。

● 排完后合并：勾选该复选框，排队超排的唛架会自动合并成一床唛架，唛架之间用基准线分隔开。

● 开始排料：开始对列表框中的唛架文件按从上到下的顺序进行超级排料，同时对话框下边将会展开，显示当前正在超级排料的信息。

● 取消：单击【取消】按钮，则当前添加的唛架文件将会被全部清空。

● 查看历史记录：查看所有的排队超级排料记录。

● 上下拖动唛架文件可以将唛架文件上移或下移。

九、将半件或一片纸样放入主唛架

对纸样窗中的半件纸样（一套或一件纸样的一半）进行排料，也可以把对应号型纸样的一片放到主唛架。

（1）在尺码列表框中选择纸样，可以拖选，也可以单击第一片，按住【Shift】键单击最后一片，如图 15-33 所示。

图 15-33

（2）按住【Shift】键单击鼠标右键，将选中的号型纸样按半件放入主唛架。

（3）按住【Ctrl】键单击鼠标右键，将选中的号型纸样按 1 片放入主唛架，该方法多用于打印头样。

（4）单击【超排】工具，在对话框里设置时间等，注意勾选【仅排主唛架上的纸样】复选框进行超排。

十、固定纸样与不固定纸样

1．固定纸样

功能：对唛架上任意的一片或多片纸样进行固定。

操作：选中需要固定的纸样，单击按钮。

说明：排料时被固定的纸样的位置和形状始终不变，不能拖拉，也不能旋转。单次固定的纸样为一个单独的组。

2．不固定纸样

功能：固定纸样的一个反操作，使固定纸样不再具有固定属性。

操作：选中固定的纸样，单击按钮。

附录

快捷键

一、设计与放码系统的快捷键

设计与放码系统的快捷键如表 F-1 所示。

表 **F-1**   设计与放码系统的快捷键

快捷键	功能	快捷键	功能	快捷键	功能
A	调整	B	相交等距线	C	圆规
D	等份规	E	橡皮擦	F	智能笔
G	成组复制/移动	K	对称复制	L	角度线
M	对称调整	N	合并调整	Q	等距线
R	比较长度	S	矩形	T	靠边
V	连角	W	剪刀	Z	剪断线
F2	切换影子与纸样边线	F3	显示/隐藏两个放码点间的长度	F4	显示所有号型/仅显示基码
F5	切换缝份线与纸样边线	F7	显示/隐藏缝份线	F9	匹配整段线/分段线
F10	显示/隐藏绘图纸张宽度	F11	仅匹配一个码	F12	将工作区所有纸样放回纸样列表框
Ctrl+F11	1∶1 显示纸样	Ctrl+F12	将纸样列表框中的所有纸样放入工作区	Ctrl+N	新建
Ctrl+O	打开	Ctrl+S	保存	Ctrl+A	另存为
Ctrl+C	复制纸样	Ctrl+V	粘贴纸样	Ctrl+D	删除纸样
Ctrl+G	清除纸样放码量	Ctrl+E	号型编辑	Ctrl+F	显示/隐藏放码点
Ctrl+K	显示/隐藏非放码点	Ctrl+J	颜色填充/不填充纸样	Ctrl+H	调整时显示/隐藏弦高线
Ctrl+R	重新生成布纹线	Esc	取消当前操作	Shift	画线时，按住【Shift】键在曲线与折线间转换或转换结构线上的直线点与曲线点
Enter	文字编辑的换行操作/更改当前选中的点的属性/弹出鼠标指针所在关键点的对话框	X	与各码对齐结合使用，放码量在 x 轴方向上对齐	Y	与各码对齐结合使用，放码量在 y 轴方向上对齐
U	按住【U】键的同时，单击工作区中的纸样，可将其放回到纸样列表框中				

310

下面介绍设计与放码系统另外一些快捷操作的方法。

1．鼠标滚轮

在使用任何工具的情况下，向前滚动鼠标滚轮，工作区中的纸样或结构线会向下移动；向后滚动鼠标滚轮，工作区中的纸样或结构线会向上移动；按住鼠标滚轮会全屏显示。

2．按住【Shift】键

按住【Shift】键，向前滚动鼠标滚轮，工作区中的纸样或结构线会向右移动；向后滚动鼠标滚轮，工作区中的纸样或结构线会向左移动。

3．键盘方向键

按上方向键，工作区中的纸样或结构线会向下移动。

按下方向键，工作区中的纸样或结构线会向上移动。

按左方向键，工作区中的纸样或结构线会向右移动。

按右方向键，工作区中的纸样或结构线会向左移动。

4．小键盘+、−键

每按一次小键盘+键，工作区中的纸样或结构线会按一定的比例放大显示。

每按一次小键盘−键，工作区中的纸样或结构线会按一定的比例缩小显示。

5．【Space】键

（1）在选中任何工具的情况下，把鼠标指针放在纸样上，按一下【Space】键，即可移动纸样。

（2）在使用任何工具的情况下，按住【Space】键（不弹起）鼠标指针会转换成放大工具，此时向前滚动鼠标滚轮，工作区中的内容就会以鼠标指针所在位置为中心放大显示；向后滚动鼠标滚轮，工作区中的内容就会以鼠标指针所在位置为中心缩小显示；单击鼠标右键会全屏显示。

6．对话框不弹出的数据输入方法

（1）输入一组数据：按数字键，按【Enter】键。

例如，用【智能笔】工具 画 30cm 的水平线，单击起点，在水平方向输入"30"，按【Enter】键即可。

（2）输入两组数据：按第一组数字键，按【Enter】键；按第二组数字键，按【Enter】键。

例如，用【矩形】工具 画 24cm×60cm 的矩形的操作为用【矩形】工具 确定起点后，输入"20"，按【Enter】键；再输入"60"，按【Enter】键。

7．在表格对话框中单击鼠标右键

在表格对话框中的表格上单击鼠标右键可弹出菜单，选择菜单中的数据可提高输入效率。例如，要在表格中输入 1 寸 8 分 3，可先在表格中输"1"，再单击鼠标右键，选择"3/8"。

二、排料系统的快捷键

排料系统的快捷键如表 F-2 所示。

表 F-2   排料系统的快捷键

快捷键	功能	快捷键	功能	快捷键	功能
Ctrl + A	另存为	Ctrl + C	将工作区纸样全部放回到纸样窗口中	Ctrl + I	纸样资料
Ctrl + M	定义唛架	Ctrl + N	新建	Ctrl + O	打开
Ctrl + S	保存	Ctrl + Z	后退	Ctrl + X	前进
Alt + 1	主工具匣	Alt + 2	唛架工具匣 1	Alt + 3	唛架工具匣 2
Alt + 4	纸样窗口	Alt + 5	尺码列表框	Alt + 0	状态条
Space	切换工具（在【纸样选择】工具选中的状态下，按【Space】键切换【放大显示】工具与【纸样选择】工具；在其他工具选中的状态下，按【Space】键可以切换该工具与【纸样选择】工具）	F3	重新按号型套数排列辅唛架上的纸样	F4	将选中纸样的整套纸样旋转 180°
F5	刷新	Delete	移除所选纸样	双击	双击唛架上选中的纸样可将选中的纸样放回到纸样窗内；双击尺码列表框中的某一纸样，可将其放于唛架上
8、2、4、6	可将唛架上选中的纸样向上【8】、向下【2】、向左【4】、向右【6】滑动，直至碰到其他纸样	5、7、9	可对唛架上选中的纸样进行 90° 旋转【5】、垂直翻转【7】、水平翻转【9】	1、3	可对唛架上选中的纸样进行顺时针旋转【1】、逆时针旋转【3】

注：9 个数字键与键盘最左边的 9 个字母键相对应，有相同的功能，如表 F-3 所示。

表 F-3   对应表

1	2	3	4	5	6	7	8	9
Z	X	C	A	S	D	Q	W	E

【8】键与【W】键、【2】键与【X】键、【4】键与【A】键、【6】键与【D】键和【Num Lock】键有关，当使用【Num Lock】键时，按这几个键选中的纸样会慢慢滑动；不使用【Num Lock】键时，按这几个键，选中的纸样将会直接移至唛架的最上、最下、最左、最右边。

按上方向键、下方向键、左方向键、右方向键可分别将唛架上选中的纸样向上、向下、向左、向右移动，且移动一个步长（无论纸样是否会碰到其他纸样）。